国防科技工业无损检测人员资格鉴定与认证培训教材

泄漏检测

《国防科技工业无损检测人员资格鉴定与认证培训教材》编审委员会　编

主　编　吴孝俭　闫荣鑫

主　审　朱毓坤

机械工业出版社

本书是泄漏检测技术的培训教材。系统地介绍了泄漏检测技术的理论基础和各种泄漏检测技术、方法、设备以及相关标准与法规。其中涉及的泄漏检测方法有：气泡检漏、压力变化检漏、卤素检漏、氦质谱检漏、渗透和化学示踪物检漏及其他检漏方法。对电子元器件的检漏也作了详细阐述。另外，各部分还选取了一些具有一定代表性的案例，介绍了它们的泄漏检测技术要点。

本书适合无损检测Ⅱ、Ⅲ级人员培训班师生使用，亦可供从事泄漏检测的技术人员及大专院校相关专业师生参考。

图书在版编目（CIP）数据

泄漏检测/《国防科技工业无损检测人员资格鉴定与认证培训教材》编审委员会编. –北京：机械工业出版社， 2005.1(2024.10重印)
国防科技工业无损检测人员资格鉴定与认证培训教材
ISBN 978-7-111-15970-4
Ⅰ.泄… Ⅱ.国… Ⅲ.泄漏–检测–技术培训
Ⅳ.115

中国版本图书馆CIP数据核字（2004）第142626号

机械工业出版社（北京市百万庄大街22号邮政编码100037）
责任编辑：吕德齐　武　江
责任印制：张　博
三河市国英印务有限公司印刷
2024年10月第1版第9次印刷
184mm×260mm・15.75印张・360千字
标准书号：ISBN 978-7-111-15970-4
定价：49.00元

凡购本书，如有缺页、倒页、脱页、由本社发行部调换
电话服务　策划编辑：(010)88379772
社服务中心：(010)88361066　网络服务
销售一部：(010)68326294　门户网：http//www.cmpbook.com
销售二部：(010)88379649　教材网：http//www.cmpedu.com
读者购书热线：(010)88379203　**封面无防伪标均为盗版**

编审委员会

主　任：马恒儒

副主任：陶春虎　郑　鹏

成　员：（以姓氏笔画为序）

王自明　王任达　王跃辉　史亦韦　叶云长　叶代平　付　洋
任学冬　吴东流　吴孝俭　何双起　苏李广　杨明纬　林猷文
郑世才　徐可北　钱其林　郭广平　章引平

审定委员会

主　任：吴伟仁

副主任：徐思伟　耿荣生

成　员：（以姓氏笔画为序）

于　岗　王海岭　王晓雷　王　琳　史正乐　任吉林　朱宏斌
朱春元　孙殿寿　刘战捷　吕　杰　花家宏　宋志哲　张京麒
张　鹏　李劲松　李荣生　庞海涛　范岳明　赵起良　柯　松
宫润理　徐国珍　徐春广　倪培君　贾慧明　景文信

编委会办公室

主　任：郭广平

成　员：（以姓氏笔画为序）

任学冬　朱军辉　李劲松　苏李广　徐可北　钱其林

序言

无损检测技术是产品质量控制中不可缺少的基础技术，随着产品复杂程度的增加和对安全性保证的严格要求，无损检测技术在产品质量控制中发挥着越来越重要的作用，已成为保证军工产品质量的有力手段。无损检测应用的正确性和有效性一方面取决于所采用的技术和设备的水平，另一方面在很大程度上取决于无损检测人员的经验和能力。无损检测人员的资格鉴定是指对报考人员正确履行特定级别无损检测任务所需知识、技能、培训和实践经历所作的验证；认证则是对报考人员能胜任某种无损检测方法的某一级别资格的批准并作出书面证明的程序。对无损检测人员进行资格鉴定是国际通行做法。美国、欧洲等发达国家都建立了有关无损检测人员资格鉴定与认证标准，国际标准化组织 1992 年 5 月制定了国际标准 ISO 9712，规定了人员取得级别资格与所能从事工作的对应关系，通过人员资格鉴定与认证对其能力进行确认。无损检测人员资格鉴定与认证对确保产品质量的重要性日益突出。

改革开放以来，船舶、核能、航天、航空、兵器、化工、煤炭、冶金、铁道等行业先后开展了无损检测人员资格鉴定与认证工作，对提高无损检测人员素质，确保产品质量发挥了重要作用。随着社会主义市场经济体制不断完善，国防科技工业管理体制改革逐步深化，技术进步日新月异，特别是高新技术武器装备科研生产对质量工作提出的新的更高要求，现有的无损检测人员资格鉴定与认证工作已经不能适应形势发展的要求。未来十年是国防科技工业实现跨越发展的重要时期，做好无损检测人员资格鉴定与认证工作对确保高新技术武器装备研制生产的质量具有极为重要的意义。

为进一步提高国防科技工业无损检测技术保障水平和能力，"国防科工委关于加强国防科技工业技术基础工作的若干意见"提出了要研究并建立与国际惯例接轨，适应新时期发展需要的国防科技工业合格评定制度。2002 年国防科技工业无损检测人员的资格鉴定与认证工作全面启动，各项工作稳步推进，2002 年 11 月正式颁布 GJB 9712—2002《无损检测人员的资格鉴定与认证》；2003 年 8 月出版了《国防科技工业无损检测人员资格鉴定与认证考试大纲》；2003 年 9 月国防科工委批准成立国防科技工业无损检测人员资格鉴定与认证委员会，授权其统一管理和实施承担武器装备科研生产的无损检测人员资格鉴定与认证工作，标志着国防科技工业合格评定制度的建立开始迈出了重要的第一步。鉴于国内尚无一套能满足 GJB 9712 和《国防科技工业无损检测人员资格鉴定与认证考试大纲》要求的教材，为了做好国防科技工业无损检测人员资格鉴定与认证考核工作，国防科工委科技与质量司组织有关专家编写了这套国防科技工业无损检测人员资格鉴定与认证培训教材。

本套教材比较全面、系统地体现了 GJB 9712—2002《无损检测人员的资格鉴定与认证》和《国防科技工业无损检测人员资格鉴定与认证考试大纲》的要求，包括了对无损检测Ⅰ、Ⅱ、Ⅲ级人员的培训内容，以Ⅱ级要求内容为主体，注重体现Ⅲ级所要求的深度和广度，强调实际应用；同时教材体现了国防科技工业无损检测工作的特色，增加了典型应用实例、典型产品及事故案例的介绍，并力图反映无损检测专业技术发展的最新动态。全套教材共11册，包括《无损检测综合知识》、《涡流检测》、《渗透检测》、《磁粉检测》、《射线检测》、《超声检测》、《声发射检测》、《计算机层析成像检测》、《全息和散斑检测》、《泄漏检测》和《目视检测》。

由于无损检测技术涉及的基础科学知识及应用领域十分广泛，而且计算机、电子、信息等新技术在无损检测中的应用发展十分迅速，教材编写难度较大，加之成书比较仓促，难免存在疏漏和不足之处，恳请培训教师和学员以及读者不吝指正。愿本套教材能够为国防科技工业无损检测人员水平的提高和促进无损检测专业的发展起到积极的推动作用。

本套教材参考了国内同类教材和培训资料，编写过程中得到许多国内同行专家的指导和支持，谨此致谢。

《国防科技工业无损检测人员
资格鉴定与认证培训教材》编审委员会
2004年3月

前　言

根据国防科技工业无损检测人员资格鉴定与认证培训教材的编写要求和分工，我们承担了《泄漏检测》教材编写，并贯彻以下编制原则：一是紧密围绕考试大纲，强调解决实际问题；二是突出共性并体现国防科技工业无损检测工作特色，适当增加典型应用及案例的介绍；三是教材内容编排应按照基础理论、相关标准、编制检测规程和实验与操作四大部分进行编排。

全书共分 18 章。第 1 章简要介绍了检漏在国防科技工业中的作用、任务、工作内容以及对从业人员的要求；第 2 章介绍检漏的基础知识；第 3 章介绍检漏技术的物理基础；第 4 章介绍真空技术的基本知识；第 5 章至第 9 章分别介绍五种常用的检漏方法——气泡检漏、压力变化检漏、卤素检漏、氦质谱检漏、渗透和化学示踪物检漏；第 10 章介绍在国防科技工业中使用得比较少的一些检漏方法，如声波及超声波检漏、离子泵检漏等；第 11 章介绍电子元器件检漏；第 12 章介绍检漏安全知识；第 13 章介绍设备与材料的应用；第 14 章介绍检漏前的准备技术；第 15 章介绍氦质谱检漏、气泡检漏的操作过程；第 16 章介绍检漏结果的记录与评定及检漏报告的编写；第 17 章介绍与检漏相关的法规与标准；第 18 章介绍了工艺规程（工艺卡）的编写内容与编写格式。

第 1~4 章、第 8、10 章由肖祥正编写，第 5 章、第 12~15 章、第 17、18 章由吴孝俭编写，第 6、7 章由闫荣鑫编写，第 9 章由吴孝俭、刘哲军编写，第 11 章由吴孝俭、闫荣鑫编写，第 16 章由吴孝俭、肖祥正编写。全书由朱毓坤主审，闫荣鑫整理定稿。

本教材的主要特点，一是在基本理论方面，系统地介绍了泄漏检测技术的基础理论；二是在应用方面，结合国防科技工业泄漏检测的要求，选取了一些具有一定国防科技工业应用特点的事例，介绍了它们的泄漏检测技术要点；三是教材从国防科技工业泄漏检测工作考虑，介绍了一些其他泄漏检测技术。

本教材在编写中，除了参考了国内外公开出版的一些专著、教材、手册、文献外，还特别参考了航天、核工业编写的泄漏检测培训教材，编写组对有关作者表示衷心感谢。此外，教材也写入了编写组成员多年从事泄漏检测工作积累的经验和在培训教学中的一些体会。

限于编者水平，错误和疏漏在所难免，热诚欢迎培训学员、培训教师、读者提出宝贵意见。

《泄漏检测》编写组

2004 年 10 月

目　录

第1章 概 论

“泄漏检测”在行业中简称为“检漏”，本书中也采用此简称。

1.1 泄漏的危害性

设备或器件因功能不同，泄漏的大小、部位和泄漏的物质不同，泄漏所带来的危害程度和危害表现也就不同。泄漏的危害性主要表现在以下几方面。

1. 破坏真空设备或真空器件的工作真空度

真空设备和器件要求在一定的真空度下工作，因此必须预先将真空设备和真空器件预抽到相应的或更高的真空度。一般真空设备本身带有抽气系统，设备工作时真空系统仍然对其抽气，微小的泄漏存在一般不会影响其工作真空度，但是比较严重的泄漏仍然会破坏设备的平衡压力，干扰甚至破坏设备的正常工作。如：加速器真空度的破坏，将损失粒子的能量；镀膜机真空度的破坏，将影响膜层质量；对于电真空器件来说，在制造过程中用相应的真空系统将它抽到一定的真空度后便将它密封，如果器件有漏，器件中的压力将随时间上升，漏孔越大，器件中的压力上升得越快，由于电真空器件（如电子管）的体积一般很小，因此微小的漏孔也将很快使器件内的真空度破坏，使器件无法工作。

2. 破坏仪器设备内部的工作压力

各种仪器或设备的工作压力是不同的。如装在卫星上的天地通信应答机为了保证机内半导体器件很好散热，要求在大气条件下工作，因此它是用一密闭外壳将大气封存起来的；驱动阀门的气路则要求较高的工作压力，否则阀门无法驱动和密封；供宇航员生活和工作的生活舱和返回舱，不仅要求保持大气压力，而且要求空气不受污染。然而，由于泄漏现象的存在，就会使这些仪器设备或舱体的工作压力降低，破坏了正常工作的条件，甚至危及宇航员的生命。

3. 使贮存的高压气体或燃料损失

贮存高压气体或燃料的气瓶和贮罐如果有泄漏，大量的气体或燃料将会白白损耗掉，造成一定的经济损失。航天器姿态控制系统的气瓶和贮罐一旦发生泄漏，会造成后期用气和燃料的不足，影响航天器的功能和寿命，使航天器因失控而失效。

4. 对器件内部气氛造成污染

有些微电子器件不仅要求在一定的压力下工作，而且只允许在某些气体下工作，因此其内部一般要充入保护性气体。然而，由于漏孔存在，外部环境中的有害气体（如水蒸气）也可能通过漏孔进入到设备或器件内部，使器件内部气体成分发生改变，即造成污染，使器件不能正常工作甚至失效。

5. 污染大气环境

装有易燃、易爆、有毒、放射性及其他有害人们身体健康的物质的贮罐（如运载火箭燃料箱体）一旦有漏，这些有害物质便进入周围大气环境中，对大气环境造成污染，影响人们的身体健康。有些易燃、易爆物质的泄漏，还可能产生燃烧和爆炸，危及人们的生命安全。

6. 造成产品失效

航天产品因泄漏造成发射失败，危及宇航员生命安全，甚至机毁人亡的事故屡屡发生。1986 年 1 月 28 日，美国“挑战者”号航天飞机进行第 10 次飞行，航天飞机升空后减速飞行，顺利穿过高空湍流区后，地面控制中心通知航天飞机指令长将发动机恢复到全速，此时，由于右侧固体助推器下壳体接头的 O 形密封圈失效，燃料外泄起火，烧断固体助推器与外挂贮箱的下端连接柱，使助推器晃动，撞坏贮箱，造成推进剂大量外泄燃烧，最终导致航天飞机爆炸并坠落大海。这次爆炸是世界载人航天史上最大的空难事故，不但使 12 亿美元的航天飞机化为灰烬，而且使 7 名宇航员全部遇难，美国航天飞机计划也因此推迟了两年，总经济损失达 20 多亿美元。

1.2 检漏的任务及工作内容

随着科学技术的进步和工业生产的发展，对设备气密性的要求也就越来越高。因此，除了设计和加工过程中应采取有效措施，防止泄漏隐患外，在设备的生产、组装、调试及使用过程中，还要运用有效的检漏手段，将不允许存在的漏孔找出来，以便进行修补。

值得指出的是，任何设备既使设计、加工和安装都非常满意，也不可能做到绝对不漏气。严格地讲，漏气是绝对的，不漏气是相对的，绝对不漏气是不存在的。我们通常所说的“不漏”是相对检漏仪器灵敏度而言的，是指设备上存在的漏孔的漏率小于检漏仪器的最小可检漏率。

泄漏检测的任务是：

1）用适当的方法迅速判断漏气是否是主要矛盾；

2）测定总漏率（漏孔定量），确定它是否在允许漏率范围之内；

3）选择合适的检漏方法找出漏孔的确切位置（漏孔定位），以便进行修补。

应该强调指出，只有当设备上存在的所有漏孔的总漏率超出允许漏率值时才进行漏孔定位工作。设备上虽有漏孔，但其总漏率并没有超出设计的允许值，一般不必再进行找漏。然而在有些情况下，除了规定设备总漏率的允许值外，还规定了设备上单个漏孔漏率的允许值。在这种情况下，既使总漏率达到了要求，仍然要求找出每个漏孔的位置，并测定出每个漏孔的漏率，以便确定每个漏孔的漏率是否在允许范围之内。

设备检漏方法运用和经济性首先取决于良好的设计，其次才取决于检漏程序、所选用的方法及正确的操作。检漏工作应该从设计开始并贯穿于设备生产、安装、调试和使用的各个阶段，因此检漏的主要工作内容应该是：

（1）在设备的设计阶段　检漏人员除了协助设计人员合理提出允许漏率值外，还要向设计人员了解设备的结构、材料、焊接及密封形式、敷层、连接件、技术要求等设计方面的问题，并从检漏角度提出对设计的要求，如消除或减少双面焊缝之间、多层垫圈之间等一切使反应时间过长的“寄生体积”，不要采用连续双面焊结构，设计能与检漏仪器、充压系统或抽气系统方便连接的检漏接头，尽量减少总装后无法检查的焊缝，不要采用铸件等。针对设计提出的漏率指标，拟定零部件及总体的检漏方案、程序，并设计出检漏中所需的工装和附件（如检漏盒、盲板、接头等）。

（2）在设备的加工阶段　检漏人员要向生产单位了解加工工艺及加工工序，并从检漏角度提出对加工工艺及加工工序的要求。加工过程中要根据加工工序与焊接人员紧密配合，及时地不失时宜地对各种零部件，特别是制造完毕后无法接触或修理的部件（如冷阱内胆）的焊缝进行严格检漏，不合格的要求重焊或补焊，重焊或补焊后要重新检漏，符合要求后才允许进行下一工序。对于大型复杂结构的设备来说，它直接影响到总装后总体检漏工作的成败与速度，不可忽视。

（3）在设备的安装、调试阶段　主要检查连接部位的密封性。检漏人员要根据安装的顺序一步一步地有计划的进行检漏。条件允许的话，最好是每安装一个零部件便对其有密封要求的连接部位进行一次检漏，达到要求后再安装下一个零部件，要避免将所有零部件装完后再检漏，否则会给总体检漏工作带来极大的困难。因为在这种情况下，除了怀疑部位太多外，有些连接部位可能难以实现检漏。调试过程中，一般先进行总漏率测试，以便确定总漏率是否在允许范围之内。前面已讲过，如果总漏率在允许范围内就不需再进行检漏了。如果超出允许漏率范围，检漏人员应根据需要和可能选用最简单、经济的方法去进行找漏。

（4）在设备的运转或使用阶段　由于机械振动造成连接部位松动；经常拆卸的密封部位或转动密封部位，出现密封圈的划伤、损坏、磨损；某些部位由于冷热冲击而疲劳，由于应力而破裂；某些部位受工作液的腐蚀而破损；某些曾被油、水蒸气及其他脏物堵塞的漏孔的疏通等，这些都可以使设备出现漏气现象。因此，经常需要进行检漏。检漏人员应根据设备的使用情况、故障现象来分析故障原因，判断漏气的可能位置，然后采取相应的检漏手段找出漏气位置，使设备尽快恢复正常运转。

1.3　对检漏人员的要求

1）检漏工作本身是一项非常艰苦细致的工作，从事检漏工作的人员必须有高度的责任心，有不怕麻烦，细致、认真的工作态度。

2）检漏技术牵涉到的科学、生产知识比较广，因此要求检漏人员除了对各种检漏方法、检漏仪器、检漏的基本知识非常熟悉之外，还要掌握一定的机械设计、加工工艺、电子线路、物理、化学、材料以及质量管理、安全生产等方面的知识。只有这样，才能解释和解决检漏工作中出现的形形色色的问题，确保检漏质量和安全。

3）为了确保国防科技工业产品质量，国防科技工业检漏人员应根据 GJB 9712—2002《国防科技工业无损检测人员资格鉴定与认证》标准，按照《国防科技工业无损检测人员资格鉴定与认证考核大纲》参加有关技术培训，经考试合格后，方可持证上岗。

复　习　题

1．泄漏有哪些危害性？
2．检漏的主要任务是什么？
3．检漏的主要内容有哪些？
4．检漏中漏孔的定位工作是不是必须进行的？为什么？
5．“不漏”的确实含意是什么？

第2章　检漏的基础知识

2.1　泄漏的部位

设备出现泄漏的位置随机性较大，产生泄漏的原因也是多种多样的。容易出现泄漏的部位是法兰及其他接头的密封面、动密封部位、焊缝特别是搭头和交叉部位、不匹配封接、出现应力集中的部位、经多次补焊的部位、受高低温冲击的部位、焊接后又经机械加工的部位、长期遭受腐蚀的部位等。

2.2　漏率及其单位

表示漏孔大小的最直观的方法有两个，一是漏孔的几何尺寸，二是单位时间内流过漏孔的气体的质量或分子数。由于我们研究的漏孔是极其微小的，实际漏孔的截面形状极不规则，漏气路径也各式各样。因此，漏孔的大小既难以用它的几何尺寸来度量，也难以直接测量气体的质量和分子个数。那么用什么方法表示漏孔的大小呢?由理想气体状态方程

$$pV = \frac{m}{M}RT \tag{2-1}$$

可知

$$m = pV(\frac{M}{RT}) \tag{2-2}$$

式中　R——摩尔气体常数；

M——气体的摩尔质量，也是常数。

当 T 一定时，$\frac{M}{RT}$ 项为常数。因此，对应某一质量 m 就有确定的 pV 值。即气体的质量 m 可以用气体的压力与体积的乘积 pV 值来表示，pV 值又称为气体量。而 p、V 的测量却是非常方便的。这样，漏孔的大小就可以用单位时间内流过漏孔的气体量来表示。单位时间内流过漏孔的气体量叫做漏率，以 Q 表示。即

$$Q = \frac{\mathrm{d}(pV)}{\mathrm{d}t} \tag{2-3}$$

常见漏率单位有 Pa·m³/s、Pa·L/s、Torr·L/s、atm·cc/s、μHg·ft³/h、μHg·L/s（lusec）、mbar·L/s、mol/s、g/a、molecular/s 等。我国法定的漏率单位为 Pa·m³/s。美国真空协会推荐使用 mol/s 作漏率单位。主要漏率单位之间的换算关系见表 2-1。

表 2-1　漏率单位换算表（T=0℃）

从＼换算到	Pa·m³/s	Pa·L/s	mbar·L/s	torr·L/s	μmHg·L/s	μmHg · ft³/s	μmHg · ft³/h	空气 Molecules/s（空气分子数/s）	空气 oz/a	空气 kg/a	空气 mg/s	cm³/s（标准状态）	kmol/s	mol/s
Pa·m³/s	1	1.0×10^{3}②	1.0×10^{1}②	7.50062	7.50062×10^{3}	2.64882×10^{2}	9.53574×10^{5}	2.65162×10^{20}	1.41869×10^{4}	4.02191×10^{2}	1.27534×10^{1}	9.86923	4.40319×10^{-7}	4.40319×10^{-4}
Pa·L/s	1.0×10^{-3}②	1	1.0×10^{-2}②	7.50062×10^{-3}	7.50062	2.64882×10^{-1}	9.53574×10^{2}	2.65162×10^{17}	1.41869×10^{1}	4.02191×10^{-1}	1.27534×10^{-2}	9.86923×10^{-3}	4.40319×10^{-10}	4.40319×10^{-7}
mbar·L/s	1.0×10^{-1}②	1.0×10^{2}②	1	7.50062×10−1	7.50062×10^{2}	2.64882×10^{1}	9.53574×10^{4}	2.65162×10^{19}	1.41869×10^{3}	4.02191×10^{1}	1.27534	9.86923×10^{-1}	4.40319×10^{-8}	4.40319×10^{-5}
torr·L/s	1.33322×10^{-1}	1.33322×10^{2}	1.33322	1	1.0×10^{3}②	3.53147×10^{1}	1.27133×10^{5}	3.53520×10^{19}	1.89143×10^{3}	5.36211×10^{1}	1.70031	1.31579	5.87044×10^{-8}	5.87044×10^{-5}
μmHg·L/s	1.33322×10^{-4}	1.33322×10^{-1}	1.33322×10^{-3}	1.0×10^{-3}②	1	3.53147×10^{-2}	1.27133×10^{2}	3.53520×10^{16}	1.89143	5.36211×10^{-2}	1.70031×10^{-3}	1.31579×10^{-3}	5.87044×10^{-11}	5.87044×10^{-8}
μmHg·ft³/s	3.77527×10^{-3}	3.77527	3.77527×10^{-2}	2.83168×10^{-2}	2.83168×10^{1}	1	3.600×10^{3}	1.00106×10^{18}	5.35593×10^{1}	1.51838	4.81475×10^{-2}	3.72590×10^{-2}	1.66232×10^{-9}	1.66232×10^{-6}
μmHg·ft³/h	1.04869×10^{-6}	1.04869×10^{-3}	1.04869×10^{-5}	7.86579×10^{-6}	7.86579×10^{-3}	2.77778×10^{-4}	1	2.78072×10^{14}	1.48776×10^{-2}	4.21772×10^{-4}	1.33743×10^{-5}	1.03497×10^{-5}	4.61756×10^{-13}	4.61756×10^{-10}
空气 molecules/s（空气分子数/s）	3.77128×10^{-21}	3.77128×10^{-18}	3.77128×10^{-20}	2.82869×10^{-20}	2.82869×10^{-17}	9.98943×10^{-19}	3.59619×10^{-15}	1	5.35027×10^{-17}	1.51678×10^{-18}	4.80966×10^{-20}	3.72196×10^{-20}	1.66057×10−27	1.66057×10^{-24}
空气 oz/a	7.04877×10^{-5}	7.04877×10^{-2}	7.04877×10^{-4}	5.28701×10^{-4}	5.28701×10^{-1}	1.86709×10^{-2}	6.72153×10^{1}	1.86907×10^{16}	1	2.83495×10^{-2}	8.98957×10^{-4}	6.95659×10^{-4}	3.10371×10^{-11}	3.10371×10^{-8}
空气 kg/a	2.48638×10^{-3}	2.48638	2.48638×10^{-2}	1.86494×10^{-2}	1.86494×10^{1}	6.58597×10^{-1}	2.37095×10^{3}	6.59294×10^{17}	3.52740×10^{1}	1	3.17098×10^{-2}	2.45387×10^{-2}	1.09480×10^{-9}	1.09480×10^{-6}
空气 mg/s	7.84105×10^{-2}	7.84105×10^{1}	7.84105×10^{-1}	5.88127×10^{-1}	5.88127×10^{2}	2.07695×10^{1}	7.47702×10^{4}	2.07915×10^{19}	1.11240×10^{3}	3.15360×10^{1}	1	7.73851×10^{-1}	3.45256×10^{-8}	3.45256×10^{-5}
cm³/s（标准状态）	1.01325① $\times10^{-1}$	1.01325① $\times10^{2}$	1.01325①	7.06×10^{-1}②	7.60×10^{2}②	2.68391×10^{1}	9.66209×10^{4}	2.68675×10^{19}	1.43749×10^{3}	4.07520×10^{1}	1.29224	1	4.46153×10^{-8}	4.46153×10^{-5}
kmol/s	2.27108×10^{6}	2.27108×10^{9}	2.27108×10^{7}	1.70345×10^{7}	1.70345×10^{10}	6.01568×10^{8}	2.16564×10^{12}	6.02205×10^{26}	3.22195×10^{10}	9.13409×10^{8}	2.89640×10^{7}	2.24138×10^{7}	1	1.0×10^{3}□
mol/s	2.27108×10^{3}	2.27108×10^{6}	2.27108×10^{4}	1.70345×10^{4}	1.70345×10^{7}	6.01568×10^{5}	2.16564×10^{9}	6.02205×10^{23}	3.22195×10^{7}	9.13409×10^{5}	2.89640×10^{4}	2.24138×10^{4}	1.0×10^{-3}□	1

注：1．空气的相对分子质量为 28.964u；1mol=22.41383L（在 STP 下的理想气体）；1oz（盎司）=$2.8349523125\times10^{-2}$kg；定义为：$T$=0℃，$p$=1atm。

2．标准状态（STP）定义为 1atm=101.325kPa。

①换算系数是精确的，所有后面的数字是零。

②是由定义得到的。

2.3　影响漏率大小的因素

漏孔的漏率也就是气体通过漏孔的流量。对于某一密封结构来说，影响其漏率大小的因素是多方面的，主要有：间隙的大小，内外的压差，气体的粘度及分子质量，密封的长度，环境的温度，密封材料本身的性能，密封面的加工精度，相对运动的线速度或转速，受机械振动和冲击的情况等。

漏孔几何尺寸一定时，漏孔的漏率与下列因素有关：

（1）漏孔两端的压差　不仅漏孔两端压力的大小影响气体的流动状态，而且漏孔两端压差的大小对气体的流动起关键作用。既使漏孔两端的压力很大，但如果其压力相同，即压差为零，漏孔中也不会有气体流动。只有当漏孔两端存在压差时，才会出现气体从高压端向低压端的流动现象。且压差越大，其流量也越大。

1）在分子流状态下，漏孔的漏率与漏孔两端的压差成正比；

2）在粘滞流状态下，漏孔的漏率与漏孔两端的压力的平方差成正比。

（2）气体的分子量和粘滞系数　不同气体，通过漏孔的难易程度不一样。

1）在分子流状态下，漏孔的漏率与气体分子量的平方根成反比；

2）在粘滞流状态下，漏孔的漏率与气体的粘滞系数成反比。

（3）环境温度　环境温度不同，气体分子热运动的平均速度也就不同，漏率也就不同。

2.4　标准漏率的定义

在真空技术中，为了设计、计算和运用方便起见，引入了标准漏率的概念。即在环境温度为（23±7）℃，入口压力为 100kPa（±5%），出口压力低于 1kPa 时的干燥空气（露点温度低于-25℃）通过漏孔的漏率。

2.5　允许漏率的计算

设备的密封性能合格与不合格都是相对允许漏率而言的。不同设备要求的功能不一样，对气密性的要求就不一样，因此其允许漏率也是不一样的。这个允许漏率一般是由设计人员根据设备对气密性的要求经过周密的考虑和计算而提出来的。允许漏率不仅是有气密性要求的设备的一项主要的设计指标，也是对设备进行检漏的依据。那么，如何去计算允许漏率值呢?下面就六种典型情况进行讨论。

1. 动态真空系统的允许漏率

所谓动态真空系统，指工作时泵仍然对它进行抽气的系统，如真空冶炼炉、真空镀膜机、粒子加速器等。

动态真空系统一般是利用抽速较大的泵来获得和维持工作真空的。因此，既使系统上存在较大的漏孔仍然可以工作，对气密性的要求相应降低。但是这种系统一旦与泵隔开，真空度将会急剧下降。这种系统的允许漏率可以用气体流量稳定关系来计算。在空载情况下，系统达到动态平衡时单位时间进入系统空间的气体量必然等于被泵抽走的气体量。此时的平衡压力就是系统所能达到的极限压力 p_0。根据流量稳定关系有

$$Q = Sp_0 \tag{2-4}$$

式中 Q ——气体流量，包括漏气和放气两部分，即 $Q=Q_L+Q_F$；

S ——泵对系统的有效抽速。

在设计真空系统时，如果泵对系统的有效抽速 S 确定，要求系统达到的极限压力 p_0 也已知，那么系统允许的气体流量[Q]为

$$[Q] \leqslant Sp_0 \tag{2-5}$$

一般选取[Q]的 $\frac{1}{10}$ 作为允许漏率[Q_L]。那么，动态系统的允许漏率应为：

$$[Q_L] = \frac{1}{10}[Q] \leqslant \frac{1}{10}Sp_0 \tag{2-6}$$

例如：一台镀膜机，对蒸发室的有效抽速 S 为 100L/s，要求达到的极限压力 p_0 为 1×10^{-5}Pa，那么该镀膜机的允许漏率

$$[Q_L] = \frac{1}{10}Sp_0 = \frac{1}{10}\times100\times1\times10^{-5}\ \text{Pa}\cdot\text{L/s} = 1\times10^{-4}\ \text{Pa}\cdot\text{L/s}$$

2. 静态真空系统的允许漏率

所谓静态真空系统，即工作时已与泵隔离的真空系统，一般又称密闭容器或密闭器件，如显像管、电子管等。

静态系统的特点是：体积较小，要求的极限压力较低，而且要求在与真空泵隔离后的相当长时间内，其真空度仍能满足工作要求，即寿命长。因此这种系统对漏气和放气的要求都是很高的。假设不考虑封闭系统中加有的消气剂的抽气作用，设器件封离时的压力为 p_0，保证器件正常工作所需的最高压力为 p_t，器件的内腔容积为 V，器件封离后保存和工作的时间为 t，那么器件所允许的总气载[Q]（漏气和放气）应为

$$[Q] \leqslant \frac{V(p_t - p_0)}{t} \tag{2-7}$$

取器件的允许漏率[Q_L]为[Q]的 $\frac{1}{10}$，即

$$[Q_L] = \frac{1}{10}[Q] \leqslant \frac{1}{10}\frac{V(p_t - p_0)}{t} \tag{2-8}$$

例如：某只电子管，其内腔容积为 0.1L，封离时的压力 p_0 为 1×10^{-7}Pa，电子管正

常工作的最高压力 p_t 为 1×10^{-3}Pa，要求器件保存和工作的时间 t 为 50000h。那么，该电子管允许漏率应为

$$[Q_L]\leqslant\frac{1}{10}\frac{V(p_t-p_0)}{t}=\frac{1}{10}\times\frac{0.1\times(1\times10^{-3}-1\times10^{-7})}{50000\times3600}\text{Pa·L/s}=3.6\times10^{-14}\text{ Pa·L/s}$$

3. 压力系统的允许漏率

压力系统是指贮存气体的容器、贮箱和气瓶、要求在高压下工作的高压设备等。对压力系统提出的气密要求无非是在多长时间内其压力下降不能大于多少，或气体量的损失不能大于多少，因此，其允许漏率是很容易计算的。假设压力系统的容积为 V，充入的气体压力为 p_0，下面分三种情况来讨论：

1）如果要求在 t 时间内其压力下降不得大于 Δp 值，则该系统的允许漏率 $[Q_L]$ 为

$$[Q_L]\leqslant\frac{1}{n}\frac{\Delta pV}{t}\tag{2-9}$$

2）如果要求在 t 时间内其压力不得下降到 p_t，该系统的允许漏率 $[Q_L]$ 为

$$[Q_L]\leqslant\frac{1}{n}\frac{V(p_0-p_t)}{t}\tag{2-10}$$

3）如果要求 t 时间内其气体量损失不得大于 q，则该系统的允许漏率 $[Q_L]$ 为

$$[Q_L]\leqslant\frac{1}{n}q/t\tag{2-11}$$

上述式中的 n 为安全系数，建议 n 取值为 2～5。

2.6 对检漏方法的要求

检漏的方法很多，且各有各的特点和使用范围，究竟选用哪种方法，要视具体情况，如所要求的检漏灵敏度、被检件的结构、材料、耐压程度、现有人员、设备、示漏气体等条件及经费等而定。总之，选用的检漏方法既要满足检漏要求，又要尽可能简单方便和经济，作为理想的检漏方法应该满足下述方面的要求：

1）检漏灵敏度高；

2）反应时间短；

3）能对漏孔进行定位和定量；

4）能无损检漏，即检漏时不需破坏被检件原来结构，也不致使被检件受到污染；

5）稳定性好，即在足够长的时间内灵敏度稳定可靠；

6）所用示漏物质在空气中含量低，无腐蚀作用，对人体无害，不堵塞漏孔；

7）检漏范围广，即从大漏到小漏都能检测；

8）检漏仪器结构简单，启动快，操作维修方便。

上述要求往往是互相矛盾的，要求一种方法同时满足上述所有要求也是不可能的。所以只能针对不同检漏对象去选择合适的方法，以解决好主要矛盾为原则。

2.7 检漏方法的分类

检漏的方法很多，它们的原理、使用条件和适应范围等既有相同之处，又有许多不同之处，纵横交错很难严格加以分类。习惯上按检漏时被检件内部所处的状态将检漏方法分为两类。

（1）加压检漏法　将被检件内部充以比外部压力更高的示漏气体，当被检件器壁上存在漏孔时，示漏气体通过漏孔漏出，在被检件外面用适当的方法判断有无示漏气体漏出，从哪里漏出、漏出量多少等，就可以判断有无漏孔，漏孔的位置和大小。属于这类方法的有：压降法、气泡法、卤素检漏仪外探头法、卤素喷灯法、氨检漏法、着色检漏法、超声波检漏法、声发射检漏法、氦质谱吸枪法等。当外部压力为大气时的加压检漏法叫正压检漏法。

（2）真空检漏法　将被检件内部抽成真空，将示漏气体施于被检件外部，如果被检件器壁上有漏，示漏气体通过漏孔进入被检件内部，利用某种方法将漏进的示漏气体检测出来，从而判断出漏孔的存在，漏孔的位置和大小。属于这种方法的有：静态升压法、放电管法、卤素检漏仪内探头法、各类真空计法、离子泵检漏法、氦质谱喷吹检漏法等。

还有一些方法不好归属于上述两类之中，如荧光法、背压法等。

2.8 检漏灵敏度与仪器灵敏度

所谓检漏灵敏度，是指在具体检漏工作状态下，采用某种检漏方法或检漏仪所能检出的最小漏率，用 Q_{min} 表示。

通常我们说的仪器灵敏度，是指检漏仪在最佳工作状态下所能检出的最小漏率，它是由仪器本身性能所决定的。仪器灵敏度又称最佳灵敏度，一般比检漏灵敏度高。检漏灵敏度反映检漏仪在检漏条件下仪器灵敏度的发挥程度，所以又称有效灵敏度。为了提高氦质谱检漏法的检漏灵敏度，有时采用了累积检漏法。采用累积检漏法后，检漏灵敏度有可能超过仪器灵敏度。

2.9 检漏的基本术语

检漏的术语很多，国际国内的许多标准对检漏术语已做了严格的定义。这里介绍一些最基本的检漏术语。

标准环境条件 —— 指温度为 20℃，相对湿度为 65%，大气压力为 101325Pa 的环境条件。

气体的标准状态 —— 指温度为 0℃，压力为 101325Pa 的气体状态，用符号 STP 表示。

漏孔 —— 在压力或浓度差的作用下，使气体从壁的一侧流到另一侧去的孔洞、孔隙、渗透元件或一个封闭器壁上的其他结构。

通道漏孔 —— 可以把它理想地当成是毛细管的，由一个或多个通道组成的一种漏孔。

薄膜漏孔 —— 气体通过渗透穿过薄膜的一种漏孔。

校准漏孔 —— 在规定条件下，对于一种规定气体提供已知质量流率的一种漏孔。

标准漏孔 —— 在规定条件[入口压力为 100（1±5%）kPa，出口压力低于 1kPa，温度为 23℃±7℃]下对干燥空气（露点温度低于-25℃）漏率是已知的一种校准漏孔。

虚漏 —— 检漏时，造成漏气假象的一些现象，如气体或蒸气的放出引起压力增加的现象。

实漏 —— 气体通过装置上的漏孔或材料晶格从高压侧流到低压侧去的现象，它包括漏气与渗漏。

检漏 —— 寻找漏气部位及测量漏率大小的过程。

漏率 —— 在规定条件下，一种特定气体通过漏孔的流量。

示漏（探索）气体 —— 用来对被检件进行检漏的气体。

本底 —— 在没有注入示漏气体时，检漏仪给出的指示值。

噪声 —— 在规定周期内本底比较迅速的最大变化值，又叫本底噪声。

检漏仪 —— 用来检测漏孔位置及漏率大小的仪器。

最小可检信号 —— 检漏仪能分辨出的信号的最小值。它取决于仪器本底噪声的大小。当噪声明显可读时，最小可检信号为一倍的噪声值；当噪声读不出时，最小可检信号为输出指示最小可分辨的读数。

检漏仪的最小可检漏率 —— 当存在本底噪声时，将仪器调整到最佳情况下，纯示漏气体通过漏孔时检漏仪所能检出的最小漏率，也就是最小可检信号所代表的漏率值。

有效最小可检漏率 —— 被检设备与检漏系统连接后，检漏仪和检漏系统在具体的工作条件下，纯示漏气体通过漏孔时检漏仪所能检出的最小漏率。

反应时间 —— 从示漏气体施加到漏孔进气端开始，到检漏仪输出指示的净偏转值达到最大漏气信号的 63%所经历的时间，用τ表示。

清除时间 —— 从漏孔进气端停止施加示漏气体开始，到检漏仪输出指示的净偏转下降至最大漏气信号的 37%所经历的时间，用τ 表示。

施氦时间 —— 检漏时，示漏气体施加到漏孔进气端的时间，用 t 表示。施氦时间应不小于反应时间的 3 倍。

冷漏 —— 仅当设备在低温下才表现出来的漏气现象。当温度恢复常温后，漏气现象也随之消失。

超漏 —— 是一种特殊的冷漏现象。即当温度低于氦气的三相点之后，液氦 II 能以比 2.19K 温度时的流动速率大几个数量级的流动速率泄漏的一种现象。

正压检漏 —— 被检容器内部压力高于大气压力，外部压力为大气压力的一种检漏状态。

正压漏孔 —— 进气端压力高于大气压力，出气端压力为大气压力，对某种气体漏率已知的一种校准漏孔。

复 习 题

1．设备中哪些地方容易出现漏气？

2．经检漏合格的焊缝为什么不允许再进行机械加工？

3．何谓漏率？漏率的法定单位是什么？当漏孔几何尺寸一定时，影响漏孔漏率大小的主要因素有哪些？

4．何谓标准漏孔？

5．一台真空镀膜机，扩散泵的抽速为 200L/s，泵口与镀膜机钟罩之间的连接管道的流导为 200L/s，要求达到的极限压力为 1×10^{-3}Pa，允许漏率为多大？

6．一个体积为 1L 的电真空器件，封离时的压力为 1×10^{-4}Pa，器件的最大工作压力为 1×10^{-3}Pa，要求器件的寿命为 10^4h，那么该器件的允许漏率应为多大？

7．有一压力贮箱，容积为 62L，充有 250MPa 压力的氧气，要求 1 年内其压力不得降至 240MPa，若安全系数取 2，该贮箱允许漏率为多大？

8．检漏灵敏度与仪器灵敏度有什么区别？又有什么关系？

第 3 章 检漏技术的物理基础

3.1 基本物理量和概念

（1）体积　表示一个物体所占空间的大小。符号为 V，法定计量单位为 m^3，L。

（2）容积　容器能容纳物体体积的大小，也就是容器的内部体积。符号与单位与体积的相同。

（3）压力（压强）　气体分子作用于容器器壁单位面积上的法向力。符号为 p，法定计量单位为 Pa。

（4）时间　是物质存在的一种客观形式，由过去、现在、将来构成的连绵不断的系统，是物质运动、变化的持续性的表现，通常表示有起点和终点的一段时间。符号为 t，法定计量单位为 s（秒）。其他时间单位还有：min（分）；h（小时）；d（日）；a（年）。

（5）温度　表示物体冷热程度的量，实质上是物体分子平均动能的标志。符号为 T，法定计量单位为热力学温度单位 K。其他单位还有摄氏温度℃；华氏温度 ^{o}F；列氏温度 ^{o}R。它们之间的关系为

$$K = C + 273.16 = \frac{5}{9}(F - 32) + 273.16 = \frac{5}{4}R + 273.16$$

（6）质量　表示物质多少的量。符号为 m，法定计量单位为 kg。

（7）相对原子质量　元素原子的相对质量。原子的质量是极其微小的，为了计算方便，将质量数为 12 的碳的原子质量定为 12，其他元素的相对原子质量就是该元素原子的质量和碳元素原子的质量之比所得到的值。如氢的相对原子质量为 1.0079，氦的相对原子质量为 4.0026。相对原子质量是一个无量纲的数。

（8）相对分子质量　组成分子的各个原子的相对原子质量的总和。如 CO_2 的相对分子质量=12+16×2=44。

（9）摩尔（克分子）　表示物质的量的基本单位。它是从粒子数这一角度出发来描述物质多少的单位，即分子、原子、离子或其他粒子等含有个数为 6.023×10^{23} 时的量就是 1 摩尔，符号为 mol，而不是从质量或其他角度来描述物质的多少。1 克分子就是 1mol，但不能说多少克等于 1mol。

（10）摩尔质量　表示 1mol 物质的质量，符号为 M。某物质的摩尔质量数值上等于该物质的相对分子质量，以 g 为单位，如氦的相对分子质量为 4，1mol 氦的质量就是 4g，或 4×10^{-3}kg。

（11）物质的量（摩尔数）　表示物质多少的量，从粒子、分子、原子或其他基本粒子的特定组合的粒子数这一角度出发所表示的物质的多少，符号为 n，单位为 mol。数值上通常为物质的质量除以该物质摩尔质量所得的商。例如 196g 氦的量 n=196/4mol=49mol。

（12）阿伏伽德罗常量　1mol 的任何气体的分子数都是 6.0228×10^{23} 个，我们把 6.0228×10^{23}/mol 这个量称为阿伏伽德罗常量，用符号 N_A 表示。即

$$N_A=6.0228\times10^{23}/\text{mol}。$$

（13）气体普适常量　对于 1mol 的任何气体，其气体的压力与体积的乘积与温度之比值是一个常量，称为气体普适常量，用 R 表示。即

$$R=pV/T=8.3144\text{J/（mol}\cdot\text{K）}$$

（14）玻尔兹曼常量　表示单原子分子在气体温度升高 1K 时每一自由度所增加的平均动能。数值上等于气体普适常量 R 对阿伏伽德罗常量 N_A、之比，以 k 表示，即

$$k=R/N_A=1.381\times10^{-23}\text{J/K}。$$

（15）空气的湿度

1）绝对湿度：单位体积的空气（连水蒸气在内）中实际所含有的水蒸气的质量叫绝对湿度。

2）相对湿度：空气中实际所含水蒸气密度和同温度下饱和水蒸气密度的百分比值叫相对湿度。由于同温度下蒸气密度与蒸气压成正比，所以相对湿度也等于实际水蒸气压力和同温度下饱和水蒸气压力的百分比值。

（16）露点　在气压不变的条件下，使空气里原来的未饱和水蒸气冷却变成饱和水蒸气的温度叫露点。一般用露点下的饱和水蒸气压来测量空气中的绝对湿度。

（17）原子　元素的最小组成单元是原子。原子是构成化学元素的最小粒子，也是物质进行化学反应的最基本的粒子。

（18）分子　一般物质都是由大量的互不连续的分子组成的。分子是物质能独立存在并保持原来物质的化学性质的最小微粒。

3.2　物质的状态

1. 物质存在的状态

自然界物质的存在有三种状态，即固态、液态和气态。固态有一定的体积和一定的形状，质地比较坚硬，分子间的距离最小。液态有一定的体积，没有一定的形状，其形状随着盛装它的容器的形状而变化，具有流动性，分子间的距离较小。气态既没有一定的形状，也没有一定的体积，可以流动，它可以占满盛装它的任意大小的容器的全部空间，分子间的作用力很小。

2. 物态的变化

物质由于温度或由于所受的压力发生变化，或者由于温度和压力同时发生变化，其存在状态就要发生变化，即发生所谓的物态变化。物态变化现象有熔化、凝固、汽化、液化、升华、凝华等。

3. 三相点

三相点表示气、液、固三态共存时的温度和压力。对于某一物质来说，三相点具有确定的温度和压力。例如水的三相点温度为 273.16K，压力为 610.6Pa（4.58mmHg）。国际上规定将水的三相点温度 273.16K 作为热力学温标的固定点。

3.3 理想气体基本定律

3.3.1 理想气体及气体分子运动论的基本假设

1. 理想气体

为了建立气体分子运动理论，需要对客观气体分子进行一些假设来限定，这些经过限定了的气体便称为理想气体，其假设条件如下：

1）气体分子的体积与其活动空间相比是微不足道的。在考虑分子的运动时，可以将分子看成几何点。

2）分子之间没有相互作用力。除了碰撞之外，每个分子的运动是完全独立的，不受其他分子的影响。

稀薄气体与理想气体很接近，因此在真空技术中完全可以应用理想气体的模型。

一般气体当其压力不太高（与大气压相比），温度不太低（与室温相比）时，都可以看成是理想气体，遵守理想体的基本定律。蒸气未达到饱和状态之前，也可以看成为理想气体，遵守理想体的基本定律。

2. 气体分子运动论的基本假设

气体分子运动论的基本假设如下：

1）任何气体均由大量微小的质点组成。在单一气体中，这些质点是完全相同的。这些质点称为分子。

2）分子作永不停息的杂乱无章的热运动。分子虽然很小，但仍然有一定的体积，因此，它们在运动时，不断地相互碰撞，并且与容器壁相碰撞。分子的运动和碰撞服从牛顿定律，可以应用经典力学来处理。

3）分子的数量是巨大的，而气体的宏观性质是大量分子微观性质的统计平均值，可以用统计学的方法求出。

气体的压力、温度、密度等宏观特性都是大量分子热运动的反映。

3.3.2 玻义耳—马略特定律

一定质量的气体，在恒定温度下，其体积 V 与压力 p 成反比，即体积 V 与压力 p 的乘积为常数。

$$p_1V_1 = p_2V_2 \tag{3-1}$$

3.3.3 盖·吕萨克定律

一定质量的气体，在恒定压力下，其体积 V 与热力学温度 T 成正比，即

$$\frac{V_1}{T_1}=\frac{V_2}{T_2} \tag{3-2}$$

3.3.4 查理定律

一定质量的气体，在恒定体积下，气体的压力 p 和热力学温度 T 成正比，即

$$\frac{p_1}{T_1}=\frac{p_2}{T_2} \tag{3-3}$$

3.3.5 阿伏伽德罗定律

同体积不同种类的气体，在同温度同压力下有相同的分子数。例：1L 氧气和 1L 氢气在同样的温度、压力下，氧与氢的分子数相等。

阿伏伽德罗常量：在标准状态下，1mol（摩尔）的任何气体所占有的体积是 22.4L，其中包含的分子数为 $N_0=6.023\times10^{23}$ 个，这个数目称为阿伏伽德罗常数。

标准状态：即压力为 101.325kPa（1atm），热力学温度为 273K（即摄氏 0℃）的气体状态。

在标准状态下，$1m^3$ 中的任何气体的分子数 n_0 为 2.687×10^{25} 个，人们把 n_0 叫洛施密特常量。

3.3.6 理想气体的状态方程

一定质量的气体，不管其状态如何变化，它的压力和体积的乘积除以热力学温度，所得之商始终不变，即

$$\frac{p_1V_1}{T_1}=\frac{p_2V_2}{T_2} \tag{3-4}$$

对于 1mol 气体，可写出表达式

$$\frac{pV}{T}=R \tag{3-5}$$

式中　R ——摩尔气体常数，是气体普适常量，即对所有气体均普遍适用的常量。

对于质量为 m，摩尔质量为 M 的气体，则表述为

$$pV=\frac{m}{M}RT \tag{3-6}$$

式中 R 的单位取决于 p、V、T 所用的单位。在国际单位制中，p 的单位为 Pa，V 的单位为 m^3，T 的单位为 K，则 R=8.3144 J/（mol·K）。

理想气体的状态方程实际上是上述四个定律的概括。

3.3.7 道尔顿定律（分压力定律）

由多种成分组成的气体称为混合气体。混合气体中，各个气体成分单独占有混合气体原有体积时的压力叫分压力。

相互不起化学作用的混合气体的总压力等于各个成分分压力之和，即

$$p=p_1+p_2+\cdots+p_n \tag{3-7}$$

这个定律称为道尔顿定律。

3.3.8 理想气体的压力，质量和密度

理想气体的压力、质量和密度分别表示如下：

$$p=nkT$$

$$m=pV\frac{M}{RT}$$

$$\rho=\frac{Mp}{RT}$$

式中　m ——气体的质量，kg；

p ——气体的压力，Pa；

n ——单位体积中的分子数，个/m³；

k ——玻尔兹曼常数，$k=1.380662\times10^{-23}$J/K；

T ——气体的热力学温度，K；

V ——气体的体积，m³；

M ——气体的摩尔质量，kg/mol；

ρ ——气体的密度，kg/m³；

R ——摩尔气体常数，$R=8.314$J/（mol・K）。

3.3.9　气体分子的热运动速度及它们之间的关系

气体分子的热运动速度有三种：

1. 最可几速度 V_m

最可几速度就是气体分子所具有的各种不同热运动速度中出现机会最多的速度，也就是大多数气体分子所具有的速度。

$$V_m=\sqrt{\frac{2kT}{m_0}}=\sqrt{\frac{2RT}{M}}=4.078\sqrt{\frac{T}{M}}$$

2. 算术平均速度 V_a

把所有气体分子的速度都加起来，然后被分子总数除，所得到的就是算术平均速度 V_a。

$$V_a=\sqrt{\frac{8kT}{\pi m_0}}=\sqrt{\frac{8RT}{\pi M}}=4.601\sqrt{\frac{T}{M}}$$

3. 均方根速度 V_s

把所有气体分子速度的平方加起来，然后被分子总数除，再开方就得到均方根速度 V_s。

$$V_s=\sqrt{\frac{3kT}{m_0}}=\sqrt{\frac{3RT}{M}}=4.994\sqrt{\frac{T}{M}}$$

由上可知：

1）在给定温度下，均方根速度最大，算术平均速度次之，最可几速度最小。

2）在某一瞬间，具有均方根速度的分子数最少，具有算术平均速度的分子数次之，具有最可几速度的分子数最多。

3）气体分子的速度与热力学温度的平方根成正比，与气体分子的摩尔质量的平方根成反比。

3.4　气体分子的平均自由程

1. 平均自由程

一个气体分子与其他气体分子每连续两次碰撞走过的路程称为自由程。相当多的不同自由程的平均值，叫平均自由程。由于气体分子间的碰撞纯属随机过程，自由程有长有短，它们的差异很大，然而相当多的自由程的平均值却是一定的。

平均自由程用符号λ_a表示，单位是 m。

2. 单一气体分子的平均自由程

平均自由程λ_a与气体的温度 T 成正比，与气体的压力 p 成反比。当 T 一定时，λ_a 与 p 的乘积为一常数。

$$\lambda_a = \frac{kT}{\sqrt{2}\pi\delta^2 p} \tag{3-8}$$

式中 λ_a —— 平均自由程，m；

δ —— 气体分子直径，m；

T —— 气体热力学温度，K；

k —— 玻尔兹曼常数，1.381×10^{-23}，J/K；

p —— 气体压力，Pa；

对于 20℃的任一气体

$$\lambda_a = \frac{9.108\times10^{-22}}{p\delta^2} \tag{3-9}$$

对于 20℃的空气

$$\lambda_a = \frac{6.667\times10^{-3}}{p} \tag{3-10}$$

3. 某气体分子在混合气体中的平均自由程

在混合气体中，某气体分子的自由程由下式计算：

$$\lambda_{a1} = \left[\pi\sum_{i=1}^{k}\sqrt{1+\frac{m_1}{m_i}}\left(\frac{d_1+d_i}{2}\right)^2 n_i\right]^{-1} \tag{3-11}$$

式中 λ_{a1} —— 成分 1 在混合气体中的平均自由程；

m_1，m_i —— 第一种、第 i 种气体分子质量；

d_1，d_i —— 第一种、第 i 种气体分子的直径；

n_i —— 第 i 种气体分子的密度。

这个概念中，要讨论某种气体的自由程，它两次与何种气体成分碰撞，是没有区别的。

4. 离子和电子在气体中的平均自由程

离子和电子均为带电粒子，它的自由程是指连续与两个气体分子之间碰撞所经历的路程。离子在电场加速下，运动速度比分子热运动速度快得多，因此可把分子看成是静止的。

通过计算即得

$$\lambda_{ai} = \sqrt{2}\lambda_a \tag{3-12}$$

由于电子运动速度更快，同样可得到

$$\lambda_{ae} = 4\sqrt{2}\lambda_a \tag{3-13}$$

3.5　分子与表面的碰撞——余弦定律

1. 碰撞频度

真空技术中经常涉及到气体分子与器壁的碰撞。用υ表示在单位时间内气体分子打在与之接触的表面的单位面积上的分子数，称之为碰撞频度，可由下式决定：

$$\upsilon=\frac{1}{4}nv_{\mathrm{a}} \tag{3-14}$$

式中　υ——单位时间碰撞在单位面积上的分子数，个/（s·m^2）；

n——气体分子密度，个/m^3；

v_{a}——气体分子的平均速率，m/s。

根据$p=nkT$，$v_{\mathrm{a}}=\sqrt{\frac{8kT}{\pi m}}$，式（3-14）可写成

$$v_{\mathrm{a}}=\frac{p}{\sqrt{2\pi mkT}} \tag{3-15}$$

由式（3-14）可见，碰撞频度υ正比于n和v_{a}，由于分子平均速率v_{a}很大，故υ值也很大。这个物理量对于研究表面吸附、表面沉积、气体流动和扩散泵抽速都很有用。

2. 余弦定律

碰撞于固体表面的分子，飞离表面的方向与原来方向无关，并按与表面法线方向所成角度θ的余弦而分布，这就是余弦定律，亦称克努森定律。

设某一分子碰撞于器壁表面，则其离开表面时位于立体角$\mathrm{d}\omega$中的概率为

$$\mathrm{d}p=\frac{\mathrm{d}\omega}{\pi}\cos\theta \tag{3-16}$$

如图 3-1 所示，Z表示表面的法线方向，$\mathrm{d}\omega$表示与法线夹角为θ的某一立体角。这一定律中“与原来飞来方向无关”很重要。为了解释此定律，克努森提出“吸附层”假说，即认为，凡是碰撞于表面的分子，都被表面所暂时吸附，停留一些时间后重新逸出，重新逸出后当然与原来方向无关。这一点已被许多实验所证明。

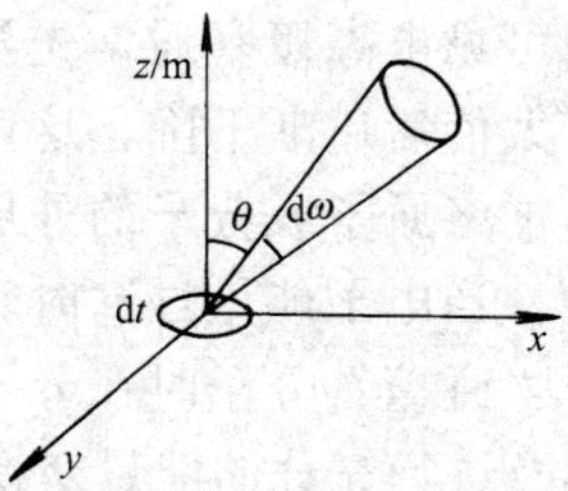

图3-1　余弦定律

这一定律揭示了固体表面能够吸附气体分子的内在因素，具有实际意义。由于具有一定的停留时间，便能够使气体与固体表面进行能量、动量交换。各种吸附泵就是基于这一原理而工作的。

3.6　气体的电离

1. 电离电位

真空技术中，往往发生气体分子变成离子的过程，这个过程称之为电离，即一个或

几个价电子脱离原子或分子的过程。原子电离后形成原子离子，分子电离后形成分子离子，除此之外，也有将分子离解而形成原子、离子的。结构复杂的分子在遭电子碰撞后常常分解为简单分子。

引起气体电离的外部因素很多，如热致电离、光致电离、电子碰撞电离。无论哪种电离方式，其根本点在于使得原子或分子获得能量。引起气体电离的能量称为电离能（以 eV 计），电离能所对应的电位称为电离电位（以 V 计）。表 3-1 示出一些气体（蒸气）的电离电位。

表 3-1 一些气体（蒸气）的电离电位

气体（蒸气）	电离电位/V	气体（蒸气）	电离电位/V
H_2	15.427	Na	5.1
He	24.5	K	4.3
Ne	21.5	Cs	3.9
Ar	15.7	CO	14.013
Kr	14.0	CO_2	13.77
Xe	12.1	NH_3	10.2
N_2	15.58	SO_2	12.34
O_2	12.063	H_2O	12.6
F_2	15.7	CH_4	12.6
Cl_2	11.48	C_2H_2	11.4
Br_2	10.54	C_6H_4	9.6
I_2	9.28	C_2H_5OH	10.5
Hg	10.4		

2. 电离概率

当电子能量大于气体分子电离电位时，并非每次碰撞都能引起电离，而仅有一部分引起电离。引起电离的碰撞数与总碰撞数之比称为电离概率。图 3-2 示出了几种气体（蒸气）电离概率与电子能量的关系。由图可见电离概率通常先随电子能量增高而增大，达到最大值后逐渐下降。这可解释为，电子能量越高，越易于将原子或分子的外层电子撞出，造成电离概率增大。当电子能量过高时，电子运动速度很快，快速电子“碰撞”分子时在分子力场中滞留的时间很短，来不及进行充分的能量交换，电离概率也就减小了。

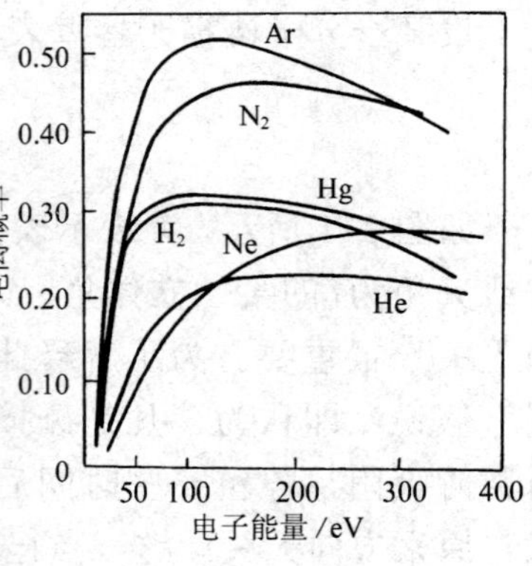

图3-2 电离概率与电子能量的关系

3.7 气体的流动状态及其判别方法

气体沿管道的流动状态可分为四种：湍流、粘滞流、粘滞-分子流、分子流。

3.7.1 湍流

当气体的压力和流速较高时，气体流动是惯性力在起作用，气体流线不直，也不规则，而是处于旋涡状态，即旋涡时而出现，时而消失。管路中每一点气体的压力和流速随时间而变化。气体分子的运动速度和方向与气流的平均速度和气流的方向大致相同。管道中的流量与气体压力梯度的平方根成正比，即 $q \propto \sqrt{\mathrm{d}p/\mathrm{d}x}$ 。

湍流仅在粗抽泵开始工作的一瞬间才出现。粗抽泵在大气压附近工作时就会形成湍流。除了特别大的真空容器外，一般湍流持续的时间很短，因而计算时通常不考虑这一流动状态。

3.7.2　粘滞流

粘滞流出现于气体压力较高、流速较小的情况下。它的惯性力很小，气体的内摩擦力起主要作用。此时流线的方向变为直线，只是在管道的不规则处稍许弯曲。管道中气体的流量与压力梯度成正比。即与管道两端压力的平方差成正比，则 $q \propto \rho \dfrac{\mathrm{d}p}{\mathrm{d}x} \propto (p_1^2 - p_2^2)$。

管道中各层气体具有不同的速度，流动层次分明。管壁附近的气体几乎不流动，一层气体在另一层气体上滑动，流速的最大值在管道的中心。气体分子的平均自由程比管道截面线性尺寸小得多，即 $\lambda_a \ll d$。

3.7.3　分子流

分子流出现于管道内压力很低，气体分子的平均自由程 $\lambda_a \gg d$（管道直径）的情况下。此时，气体分子的内摩擦已不存在，分子间的碰撞可以忽略，分子与管壁之间碰撞频繁。气体分子沿管道作热运动，分子自由而独立地通过管道。通过管道的气体流量与管道两端的压力差成正比。即 $q \propto (p_1 - p_2)$。

3.7.4　粘滞-分子流

介于粘滞流和分子流之间的流动状态称为粘滞-分子流，也称过渡流。它在压力不太高，气体分子平均自由程 $\lambda_a \approx d$ 时发生。

3.7.5　气体流动状态的判别方法

1. 湍流与粘滞流

湍流与粘滞流之间，通常用所谓的雷诺数 Re 来判别。雷诺数

$$Re = \frac{dv\rho}{\eta} = \frac{4Mq}{\pi R \eta d T} \tag{3-17}$$

式中　d —— 管道直径，m；

v —— 气流速度，m/s；

ρ —— 气体质量密度，kg/m^3；

η —— 气体的粘滞系数，Pa·s；

M —— 气体的摩尔质量，kg/mol；

T —— 气体的热力学温度，K；

R —— 摩尔气体常数，8.3144J/（mol·K）；

q —— 气体流量，Pa·m^3/s。

当 $Re > 2200$ 时，为湍流；

当 $Re<1200$ 时，为粘滞流。

若管道直径为 d，通过的气体流量为 q，则

当 $q \geqslant 1.44\times10^4\left(\eta\dfrac{T}{M}\right)d$ 时，为湍流；

当 $q \leqslant 7.84\times10^3\left(\eta\dfrac{T}{M}\right)d$ 时，为粘滞流。

对于 20℃的空气，η=1．829×10^{-5}Pa·s，则

当 $q \geqslant 2.67d$ 时，为湍流；

当 $q \leqslant 1.45d$ 时，为粘滞流。

2. 粘滞流，粘滞一分子流和分子流的判别

（1）根据管道中气体的平均压力和直径的乘积来判别，即

$p_{a}d>0.67$ 粘滞流

$p_{a}d<0.02$ 分子流

$0.02<p_{a}d<0.67$ 粘滞-分子流

（2）根据气体分子的平均自由程和管道直径之比来判别，即

$\dfrac{\lambda_a}{d}<\dfrac{1}{100}$ 粘滞流

$\dfrac{\lambda_a}{d}>1$ 分子流

$1>\dfrac{\lambda_a}{d}>\dfrac{1}{100}$ 粘滞-分子流

式中 p_a——管道中气体的平均压力，Pa；

d——管道直径，m；

λ_a——气体分子的平均自由程，m。

对于漏孔来说，由于漏孔形状相当复杂，因此通过漏孔的气流状态用上面方法去判别是比较困难的。据有关资料介绍，当漏孔直径 $d>5\mu m$ 时，可以认为是粘滞流，对应漏率为 $10^{-6}Pa\cdot m^3/s$ 以上。当漏孔直径 $d<1\mu m$ 时认为是分子流，对应漏率为 $10^{-9}Pa\cdot m^3/s$ 以下。对于铂丝-玻璃标准漏孔来说，当漏量小于 $10^{-7}Pa\cdot m^3/s$ 时为分子流。

3.8 气体流量和管道流导

3.8.1 气体量

处于平衡状态的理想气体所占有的体积 V 同其压力 p 的乘积称为气体量，用符号 G 表示，单位是 $Pa\cdot m^3$。

$$G=pV \tag{3-18}$$

由于气体量与温度有关，在使用时必须注明气体温度。

3.8.2　流量

在给定的时间间隔 t 内通过某一截面的气体量除以该时间称为流量，用符号 q 表示，法定计量单位是 $Pa\cdot m^3/s$。

$$q=\frac{pV}{t} \tag{3-19}$$

流量的单位与漏率单位相同，其换算见表 2-1。

在稳定流动状态下，单位时间内流过真空系统任一截面的气体流量是相等的，可用流量连续方程来表示

$$q=p_1S_1=p_2S_2=\cdots p_iS_i \tag{3-20}$$

式中　S——抽速，m^3/s。

所谓稳定流动状态是指管道任何截面上单位时间内通过的气体量相等的状态，此时管道任何截面的压力也不随时间变化，但管道各个截面上的压力不相等，压力大小与抽速有关。

3.8.3　流导

在等温条件下，气体通过导管或孔流动时，其流量与导管的两规定截面或孔的两侧的压差之比称为流导，用符号 U 表示：

$$U=\frac{q}{p_1-p_2} \tag{3-21}$$

流导的单位是 m^3/s。

3.8.4　管道串联的流导

管道串联的总流导的倒数等于各段管道流导倒数之和，即

$$\frac{1}{U}=\frac{1}{U_1}+\frac{1}{U_2}+\cdots+\frac{1}{U_n} \tag{3-22}$$

3.8.5　管道并联的流导

管道并联的总流导等于各分支管道流导之和，即

$$U=U_1+U_2+\cdots+U_i \tag{3-23}$$

几根尺寸相同的管道并联时的总流导要大於串联时的总流导。

3.8.6　流导计算

1. 粘滞流流导计算

（1）孔的流导

$$U_{孔}=\sqrt{\frac{2\gamma}{\gamma-1}\frac{RT}{M}}X^{1/\gamma}\sqrt{1-X^{\left(\frac{\gamma-1}{\gamma}\right)}}\frac{1}{1-X}A_0 \tag{3-24}$$

式中　γ —— 绝热指数，$\gamma=\dfrac{C_p}{C_V}$，C_p 为定压比热，C_V 为定容比热；

X —— 压力比，$X=\dfrac{p_2}{p_1}$，p_1 为孔的入口压力，p_2 为孔的出口压力；

A_0 —— 小孔面积，m^2。

小孔在 20℃下对空气的流导：

1）当 $1\geqslant X\geqslant 0.525$ 时

$$U_{孔20°C}=766X^{0.712}\sqrt{1-X^{0.288}}\frac{A_0}{1-X} \tag{3-25}$$

2）当 $X\leqslant 0.525$ 时

$$U_{孔20°C}=\frac{200A_0}{1-X} \tag{3-26}$$

3）当 $X\leqslant 0.1$ 时

$$U_{孔20°C}=200A_0 \tag{3-27}$$

（2）圆截面长管道的流导（$L>20d$）

$$U_{管}=\frac{\pi d^4}{128\eta L}p_a \tag{3-28}$$

对 20℃空气

$$U_{管20°C}=1.34\times10^3\frac{d^4}{L}p_a \tag{3-29}$$

式中　d —— 管道直径，m；

L —— 管道长度，m；

η —— 气体粘滞系数，Pa·s；

p_a —— 管道中的平均压力，Pa。$p_a=\dfrac{p_1+p_2}{2}$。p_1，p_2 分别为管道两端气体的压力，Pa。

（3）圆截面短管道的流导（$L\leqslant 20d$）

计算短管道时，应考虑入口（孔）的影响，通常用入口孔与管道本身串联后的总流导来表示

$$\frac{1}{U_{短}}=\frac{1}{U_{孔}}+\frac{1}{U_{管}} \tag{3-30}$$

式中　$U_{管}$ —— 按粘滞流下长管流导公式计算的流导；

$U_{孔}$ —— 粘滞流下入口孔的流导。

（4）各种气体流导关系

$$U_2=\frac{\eta_1}{\eta_2}U_1 \tag{3-31}$$

式中　U_1 —— 管道对第一种气体的流导；

U_2 —— 管道对第二种气体的流导；

η_1、η_2 —— 分别为第一、二种气体的粘滞系数。

因此，粘滞流时，气体的流导与其粘滞系数成反比。粘滞流时，管道对各种气体的流导为空气流导的倍数，见表 3-2。

表 3-2　粘滞流时管道对各种气体的流导为空气流导的倍数

各种气体	Ne	Hg 蒸气	Ar	O_2	He	CO	N_2	CO_2	NH_3	H_2O 蒸气	H_2
倍数 $Q/Q_{空气}$	0.58	0.79	0.82	0.90	0.93	1.02	1.04	1.24	1.86	1.90	2.10

2. 分子流流导计算

（1）孔的流导

$$U_{孔}=\sqrt{\frac{RT}{2\pi M}}A_0=1.15\sqrt{\frac{T}{M}}A_0=0.9\sqrt{\frac{T}{M}}d^2 \tag{3-32}$$

对 20℃空气

$$U_{孔20℃}=116A_0=91.2d^2 \tag{3-33}$$

（2）长管的流导（$L>20d$）

$$U_{管}=3.81\frac{d^3}{L}\sqrt{\frac{T}{M}} \tag{3-34}$$

对 20℃空气

$$U_{管20°C}=12.1\frac{d^3}{L} \tag{3-35}$$

（3）短管的流导（$L\leqslant 20d$）

$$\frac{1}{U_{短}}=\frac{1}{U_{孔}}+\frac{1}{U_{管}} \tag{3-36}$$

（4）各种气体流导的关系

$$U_2=\sqrt{\frac{M_1}{M_2}}U_1 \tag{3-37}$$

式中　M_1，M_2——分别为第一、二种气体的摩尔质量；

　　U_1，U_2——分别为第一、二种气体的流导。

因此，分子流下气体流导与其相对分子质量的平方根成反比。

分子流时，各种气体流导为空气流导的倍数见表 3-3。

表 3-3　分子流时，各种气体流导为空气流导的倍数

各种气体	Hg 蒸气	Co_2	Ar	O_2	CO	N_2	Ne	H_2O 蒸气	NH_3	He	H_2
倍数	0.38	0.81	0.85	0.95	1.02	1.02	1.20	1.26	1.30	2.67	3.78

3. 粘滞-分子流管道的流导

圆截面管道的流导

$$U_{管}=\frac{\pi d^4 p_a}{128\eta L}+\frac{1}{6}\sqrt{\frac{2\pi RT}{M}}\frac{d^3}{L}\frac{1+\sqrt{\frac{M}{RT}}\frac{dp}{\eta}}{1+1.24\sqrt{\frac{M}{RT}}\frac{dp}{\eta}} \tag{3-38}$$

对 20℃空气

$$V_{管20°C}=182\frac{d^4p_a}{L}+12.1\frac{d^4}{L}\frac{1+256\mathrm{d}\,p_a}{1+316\mathrm{d}\,p_a} \tag{3-39}$$

3.9 吸附

真空系统中，除了在空间作无规则运动的气体分子之外，还有在器壁和内部元件等各种材料表面上附着的气体分子及材料内部溶解的气体分子。

空间的气体分子在运动中与固体表面碰撞时，或是由表面弹性反射回来，或是附着在表面上一段时间，然后按余弦定律逸回空间。在大多数情况下，碰撞表面的分子都在界面上停留一定的时间。此时间的长短取决于气体分子与表面相互作用的一些因素，如表面的组成、结构和状态以及气体分子的种类及其动能等。在一定的压力下，将有一定数量的分子连续不断地碰在界面上。由于分子在重新逸回空间之前要在固体表面上停留一些时间，故气体在界面上的浓度必将高于其在气相中的浓度，表现为一部分气体分子附着于固体表面上，这种现象称之为“吸附”。反之，在一定条件下，这些被吸附的分子又可重新逸回空间的现象称之为“脱附”。气体分子在表面与空间之间的这种相互转换的物理现象，在真空技术中有着特别重要的意义。

表面上吸附空气分子的密度决定于单位时间碰撞表面的分子数及其在表面上停留的时间。若单位时间内有 v 个分子碰撞到单位面积上，且它们的平均停留时间（或称吸附时间）是 t，则表面上吸附气体分子的密度（即单位表面积的吸附量）σ（个/cm^2）为

$$\sigma=vt \tag{3-40}$$

式中，v 正比于空间气体分子密度 n（或压力 p），真空度越高，v 越小；t 则依气体分子与表面相互作用的不同性质和条件而有很大的差别，其数值可在 10^{-4}s 直到无穷长时间的宽广范围之内。因此，即使在真空度很高的情况下，表面吸附的分子数仍大大多于空间的气相分子数。

固体表面上能够吸附大量气体，这对于高真空技术，尤其是超高真空、极高真空技术来说，显然是一个具有突出意义的问题。如一个体积为 1L 的球形容器，若其内表面吸附有单分子层的气体，则表面上共吸附有约 5×10^{11} 个分子。当这些分子全部脱附成气相后，将在容器中造成 1.86Pa 的压力，即使不是全部脱附，而仅仅是 1%脱附，亦将造成 1.86×10^{-2}Pa 的压力。因此，为了获得尽量高的真空，必须尽可能除去表面吸附分子或抑制其逸回空间。当然，洁净表面具有吸附大量气体分子的能力，便可被积极地利用作为主要的抽气手段。

按照气体分子与固体表面之间相互作用的力的性质，表面吸附大体上可以分为物理吸附和化学吸附两大类。通常，在各种固体、液体中，分子（或原子）之间的内聚力以及真空气体分子之间的不同于理想气体的相互作用力，本质上就是产生吸附作用的原因。物理吸附的作用力是范德瓦耳斯（Van Der Waals）引力。这种力来源于分子偶极矩的涨落，存在于任何分子（原子）之间，它也就是在低温下使气体凝成液体的聚结力。因此，物理吸附相当于气体分子在表面上的凝聚，吸附分子和表面的化学性质都保持不变。化

学吸附的作用力与化合物中原子之间的作用力相似，比范德瓦耳斯力强得多，但作用距离较小。在化学吸附的过程中将会发生气体分子与表面原子之间的电子转移或者分子被离解成原子（或自由基），并分别被化学键束缚在表面上。因此，化学吸附相当于表面化学反应。

1. 物理吸附

吸附分子与表面之间的作用力，可以通过它们之间的位能变化曲线显示其特性。在任何一对常态分子或原子（电子能量处于基态）之间都存在范德瓦耳斯力。图 3-3 表示一个气体分子在固体表面吸附由范德瓦耳斯力产生的位能曲线。由图可见，在距离较远时，分子受到吸引力，当过了位阱以后，分子受到的是斥力。位阱即为分子的平衡位置，也就是物理吸附的位置．气体分子多余的能量以热量的形式释出，称为物理吸附热 q_p（$q_p=E_p$）。因此，表面吸附是一种放热过程。

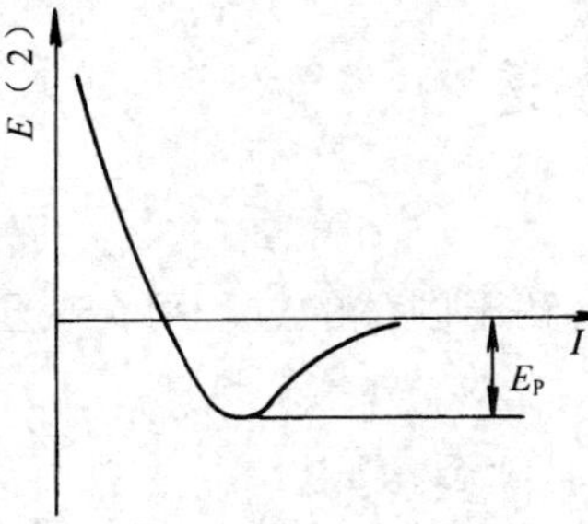

图3-3 物理吸附的位能曲线

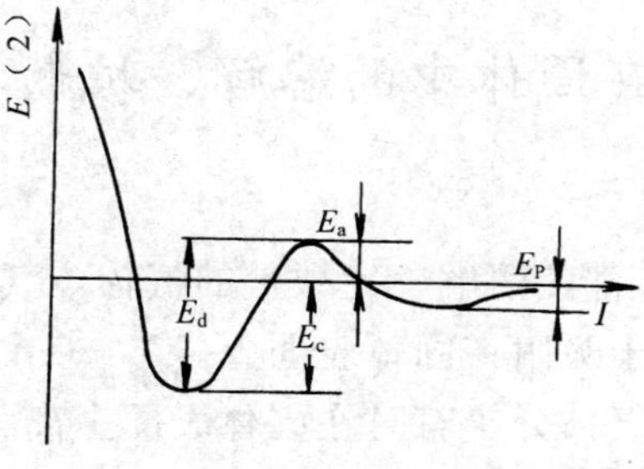

图3-4 化学吸附的位能曲线

2. 化学吸附

产生化学吸附的作用力是化学键力。与通常的化学反应类似。只有在一定条件下，具有一定的化学活性的分子（原子）才能与表面发生化学吸附。图 3-4 表示分子吸附时的化学吸附位能曲线。这曲线有两个位阱，相应的有两个平衡距离。分子先处于物理吸附，当获得能量并能越过激活能 E_a 时，就转变为化学吸附，并进一步接近表面。化学脱附能为 $E_d=E_a+q_c$， $q_c=E_c$。这里 q_c 为化学吸附热，一般大于 41.868kJ/mol，E_a 为化学吸附激活能。

3. 物理吸附与化学吸附的区别

综上所述，物理吸附和化学吸附归结起来有下列主要区别：

（1）吸附的选择性　物理吸附无选择性，任何气体在任何固体表面上，在气体沸点附近都可以物理吸附；化学吸附具有选择性，一种固体表面只能吸附某几种气体，而不是吸附任何气体。

（2）吸附作用范围　化学吸附限于单分子层；物理吸附可以是单分子层，也可以是多分子层。

（3）吸附热　物理吸附的吸附热较小，一般在几百至几千焦/摩尔，与气体的液化热接近；化学吸附热一般大于上百千焦/摩尔，与化学反应的反应热接近。

（4）吸附温度　引起物理吸附的温度一般接近于气体的沸点温度，所以对永久气体来说物理吸附主要发生在低温下，真空技术中的低温吸附大体都属于这种情况；化学吸附温度较高，真空技术中吸气剂和吸气剂泵的吸附、电离规灼热灯丝的化学清除作用多属这种情况。

（5）吸附的稳定性　物理吸附不稳定，易脱附，一般来说过程可逆；化学吸附较稳定，不易脱附。

（6）吸附和脱附的速度　物理吸附类似于凝聚现象，无需激活能，所以吸附和脱附速度都很快；化学吸附类似于化学反应，需要一定的激活能，因而吸附、脱附速度比物理吸附慢。

应当指出，物理吸附和化学吸附在一定条件下可以相互转化。物理吸附和化学吸附在实际进行的过程中并设有严格的界限，不能简单地认为某一种吸附过程只有化学吸附或物理吸附，而应当考虑两种吸附在整个吸附过程中的作用。

3.10　气体在固体中的溶解、扩散与渗透

1. 溶解

固体中通常都能溶解一定数量的气体。气体溶解于固体的过程可分为五个步骤：

1）气体分子吸附在固体表面上。

2）吸附的气体分子有时在固体表面上离解为原子态。

在非金属材料（塑料、橡胶、玻璃、陶瓷等）表面上，气体分子不离解。双原子气体分子（如 H_2，O_2，N_2 等）在金属材料中溶解时，首先以分子态吸附在金属表面上，然后金属表面的亲合力使较弱的 H—H，O—O，N—N 键断裂，气态离解成原子态。锗、硅等半导体材料可溶解氢和氦，其中 H_2 也离解为原子态。

3）气体分子（或原子）在固体表层达到与环境气压相对应的溶解浓度。

4）由于表层浓度比较高，在浓度梯度的作用下气体分子（或原子）向固体深部扩散，直到浓度均匀为止。

5）扩散了的气体分子（或原子）有的能与固体分子发生化学反应形成化合物，有的可起某种化学作用，形成不稳定的“假”化合物，有的则构成溶体。有化学反应的一般伴随有放热效应。

在一定温度、一定气压下，固体能溶解气体的饱和浓度称为该温度及气压下的“溶解度”。从宏观来看，溶解度与气体-固体组合的性质、气体压力、温度有关。气体在固体中的溶解度一般是很小的。那么，在一定温度下气体在固体中的溶解度与环境气体压力成正比。如果环境气氛是多种成分的气体混合物，则每一气体成分的溶解度与相应的气体分压成正比．这个规律称为亨利定律，即

$$C = Sp \tag{3-41}$$

式中　C ——气体在固体中的溶解度，cm^3（STP）/cm^3 或 cm^3（STP）/100g；

S —— 一个大气压下的气体溶解度，cm^3（STP）/（$cm^3 \cdot Pa$）或 cm^3（STP）/（$100g \cdot Pa$）；

p ——环境气体压力，Pa。

如前所述，双原于气体分子在金属中溶解时往往离解成原予态，式（3-40）须改写成

$$C = S\sqrt{p} \tag{3-42}$$

这里，S 的单位是 cm^3（STP）/（$cm^3 \cdot Pa^{1/2}$）。

式（3-40）和式（3-41）可统一写成

$$C = Sp^J \tag{3-43}$$

式中　J——离解度（分子不离解时 J=1，离解为原子态时 $J=\frac{1}{2}$）。

2. 扩散

气体进入和通过固体的扩散遵循菲克（Fick）的扩散定律，即菲克第一定律。在气体浓度与时间无关的稳态时，单位时间通过单位面积扩散的气体量[cm^3（STP）/（$s \cdot cm^2$）]为

$$Q = -D\frac{\partial c}{\partial x} \tag{3-44}$$

式中　D——扩散系数，（cm^3/s）；

$\frac{\partial c}{\partial x}$——浓度梯度，（$cm^3/cm^4$）（STP），负号表示气流与浓度梯度相反。

菲克第二定律：在扩散过程中，固体材料内溶解气体的浓度不但是位置 x 的函数，而且随着时间 t 而变化，即 $C=C(x, t)$。若扩散系数 D 与 x 无关，则浓度随时间 t 的变化率为

$$\frac{\partial c}{\partial t} = D\frac{\partial^2 c}{\partial x^2} \tag{3-45}$$

扩散系数 D 由气体-固体组合的性质决定，是标志扩散的基本参量。此外，它又是温度的指数函数，即

$$D = D_2 \exp\left(-\frac{E_D}{RT}\right) \tag{3-46}$$

式中　D_2——给定气体和材料的常数；

E_D——扩散激活能。

因此，温度越高，扩散进行得越快。

3. 渗透

任何固体材料都或多或少地能够渗透过一些气体。当一个真空设备或电真空器件的外部是大气环境时，壳体材料吸收大气中的各种成分的气体，然后在真空器内侧解吸。渗透的全过程是：吸附；气体分子离解（对于金属壳体材料）；在表层达到平衡溶解度；向内侧扩散；在管壳内壁表面上，离解的气体原子重新结合为分子态；脱附和释出（参看图 3-5）。多数情况下，扩散是最慢的步骤，因此渗透速率主要由扩散速率决定。

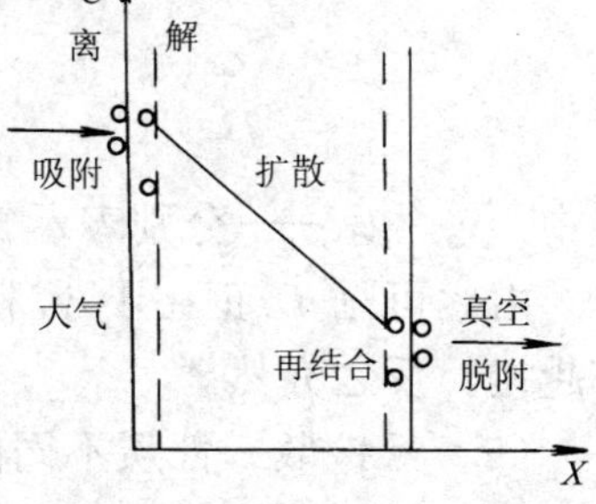

图3-5　吸附和脱附图解

扩散系数 D 与溶解度 S 的乘积称为渗透系数（或渗透率）K，$K=DS$。渗透系数的大小与固体材料及气体种类有关。有很多材料，气体的渗透系数很小，实际上可忽略不计，例如不锈钢、铜、钼等，可以充当真空系统的构造材料。一般的硬玻璃对大多数气体（氦、氢除外）渗透系数也较小，亦可充当真空系统或真空器件的材料。很多有机材料对气体的渗透系数很大，如橡胶、塑料等，所有气体均能渗透，这类材料就不能充当器壁材料。有些材料仅对某种气体或某些气体渗透系数特别大，表现出一定的选择性，如钯（Pd）特别容易透过氢，银特别容易透过氧等，这些性质可利用于进行气体提纯以及真空检漏等。

在材料的制造过程中和在大气中存放时所溶解的气体，当材料暴露于真空中时，则原有的动态平衡破坏，气体趋向于解吸。解吸是造成真空中材料出气的最主要原因。一般来说，解吸出气过程也由扩散速率决定。如有机材料的出气，金属材料的高温出气，以及玻璃、金属表层的出气等大体属于这种情况。

3.11 气体的输运现象

如果描述气体的宏观量在空间分布不均匀，换句话说，空间中气体的压力、温度各不相同（例如真空泵在抽气时，泵口的压力小于被抽容器内的压力），则为非平衡（状）态。在非平衡态情况下，气体各部分的物理量不等，其相互传送、交换的过程称之为输运过程，或称输运现象、迁移现象。主要的输运现象有粘滞性、热传导、扩散和热流逸。

输运现象与压力高低关系密切，不同的压力范围，输运现象的本质亦不同。本节仅介绍当压力较高时的输运现象。

1. 气体的粘滞性（内摩擦）

在压力较高时，气体的运动具有层流性，即气体好像分成一层层，以不同速度运动，因为各层速度不同，层与层之间有相对运动，所以就形成了内摩擦现象。

2. 气体中的热传导

气体的热传导是气体分子进行热量传输的一种形式。气体分子通过热运动，具有较高温度的分子将热量逐步传输到较低温度的分子中。根据热传导现象，可制成热传导真空计，用以测量低真空范围的真空度。

3. 气体中的扩散

（1）自扩散　指在总压力 p（或分子密度 n）到处一致的情况下，同种气体分子之间的扩散现象。自扩散系数表示为

$$D=\frac{1}{3}v_a\lambda_a \tag{3-47}$$

式中　v_a，λ_a ——分别表示气体分子的平均速率和平均自由程。

由此可见 D 正比于 v_a 和 λ_a，压力越高（λ_a 越小），自扩散就越慢。v_a 越小，自扩散亦越慢。反之亦然。

（2）互扩散　性质不同的气体之间的扩散称为互扩散，这是较常见的现象。其进行的条件是总压力处处一致，而各成分的分压力在各空间分布不均匀。互扩散系数表示为

$$D_{1-2} = D_{2-1} = \frac{1}{3}\frac{n_1\lambda_{a2}v_{a2} + n_2\lambda_{a1}v_{a1}}{n_1 + n_2} \tag{3-48}$$

式中　$D_{1\text{-}2}$，$D_{2\text{-}1}$ —— 互扩散系数；

n_1，n_2 —— 分别为第 1 种、第 2 种气体分子的密度；

v_{a1}, v_{a2} —— 分别为第 1 种、第 2 种气体分子的平均速率：

$\lambda_{a1}, \lambda_{a2}$ —— 分别为第 1 种、第 2 种气体分子的平均自由程。

当两种气体分子相同时，式（3-48）可简化为式（3-47）。

4. 热流逸现象

在低压力时，在两相连而温度不同的容器中，气体压力和分子密度均不相等，这种由于温度差而引起的分子的迁移现象称为热流逸现象。在温度高的容器中，其压力也高，但分子密度低，它们之间的关系为

$$P_A / P_B = \sqrt{T_A / T_B}$$

$$n_A / n_B = \sqrt{T_B / T_A}$$

而在常压下，不论温度 T 是否相等，两相连的容器中的压力在稳定状态时是相等的，但分子密度却不等，而与热力学温度 T 成反比，即：

$$P_A = P_B$$

$$n_A / n_B = T_B / T_A$$

复　习　题

1. 何谓摩尔质量？空气的摩尔质量是多少千克？580g 空气的量是多少？

2. 何谓理想气体？实际气体在什么情况下可以看成是理想气体？

3. 一个容积为 60L 的气瓶内装氢气，当温度为 27℃时其压力为 80 个大气压，问氢气的质量是多少？当温度升高到 57℃时，气瓶内的压力是多少？

4. 某容器的容积为 5L，装有 100Pa 的氮气，如果它和另一容积为 10L 的“空”容器相连，如果温度不变，此时两容器中的压力是多少？

5. 温度 557℃，1g 水银滴在 100cm^3 密闭容器中完全蒸发，水银蒸气的压力是多少？

6. 物理吸附与化学吸附的主要区别是什么？

7. 何谓余弦定律？余弦定律的实际意义是什么？

8. 何谓电离？电离有哪几种方式？引起电离的根本原因是什么？

9. 粘滞流和分子流的漏率与漏孔两端的压差关系有什么不同？

10. 何谓稳定流动状态？在稳定流动状态下管道任何截面的压力是不是相等？

11. 几根相同的管道串联或并联时的总流导与各管道分流导是什么关系？是串联流导大还是并联流导大？

12. 分子流下，同一管道的空气流导大还是氦气的流导大，为什么？

13. 何谓气体的渗透？渗透有哪几个过程？影响渗透速度的主要是哪个过程？

第 4 章　真空技术的基本知识

4.1　真空的基本概念

1. 真空

真空（vacuum）是指气体压力低于地面上人类环境气压的状态。当地球在 50 多亿年前生成的时候，就紧紧地包围着一层厚厚的大气层。大气虽然是一种看不见、摸不着、无色、无味的气体，但它占有一定的空间，有一定的质量。早在 1775 年就有人测出，大气是氧气和氮气的混合体。后来经过科学家的严格测定，发现大气由十几种成分组成。表 4-1 列出了大气的主要组成成分。

表 4-1　大气的成分

成分	N_2	O_2	Ar	CO_2	Ne
相对分子质量	28	32	40	44	20
体积分数	78.1	21.0	0.9	3.1×10^{-2}	1.84×10^{-3}
质量分数	75.5	23.1	1.3	4.8×10^{-2}	1.3×10^{-3}
分压力 / Pa	7.9×10^{4}	2.12×10^{4}	9.46×10^{2}	32	1.87
成分	He	Kr	Xe	H_2	CH_4
相对分子质量	4	84	131	2	16
体积分数	5.2×10^{-4}	1.1×10^{-4}	8.7×10^{-6}	5×10^{-5}	2×10^{-4}
质量分数	6.9×10^{-3}	3.3×10^{-4}	3.9×10^{-3}	3.5×10^{-6}	1×10^{-4}
分压力 / Pa	5.33×10^{-1}	1.16×10^{-1}	8.8×10^{-3}	5.33×10^{-2}	2.0×10^{-1}

注：CO_2 在各地的含量不同。

2. 真空度及压力的单位

真空度是表示真空状态下气体的稀薄程度，通常用压力值来表示。在国际单位制中，真空度以压力单位帕（Pa）来度量。但是由于历史原因，在真空技术领域里常以托（Torr）作为真空度的单位。此外，历史上曾用的单位有：巴（bar）、大气压（atm）、千克力/厘米 ^{2}（kgf/cm^2）及磅力/英寸 ^{2}（bf/in^2）。

我国法定计量单位制度规定的压力（压强）单位为帕（Pa）。非法定单位有：巴（bar），1bar=100kPa；标准大气压（atm），1atm=101.325kPa；毫米汞柱（mmHg），1mmHg=133.322kPa；千克力每平方厘米（kgf/cm^2），$1kgf/cm^2$=98.0665kPa；磅力每平方英寸（$1b/in^2$），$1b/in^2$=6.89476kPa。

常用压力单位的换算见表 4-2。

表 4-2　压力单位换算表

换算到 / 从	帕（Pa）或牛/米²（N/m²）	托（Torr）或毫米汞柱（mmHg）	微巴（μba）或达因/cm²（dyn/cm²）	巴（ba）	大气压（atm）	磅/英寸²（lb/in²）或普西（psi）
1Pa（1N/m²）	1	7.50062×10^{-3}	10	10^{-5}	9.86923×10^{-6}	1.450×10^{-4}
1Torr（1mmHg）	133.322	1	1333.22	1.3332×10^{-3}	1.31579×10^{-3}	9.34
1μba（1dyn/cm²）	10^{-1}	7.50062×10^{-4}	1	10^{-6}	9.86923×10^{-7}	4.5×10^{-3}
1ba	10^{5}	7.50062×10^{2}	10^{6}	1	9.86923×10^{-1}	4.5×10^{3}
1atm	101325	760	1013.25×10^{3}	1.01325	1	14.696
1lb/in²（1psi）	6895	51.715	6.895×10^{4}	6.895×10^{-4}	6.805×10^{-2}	1

3. 真空区域划分及其物理特点

在真空技术中，使用的压力范围很宽。目前实验上可达到的真空度，从 10^5Pa 到 10^{-11}Pa，跨越 15 个数量级。人们为了技术交流，常把这么宽的压力范围划分为几个真空区域。目前划分真空区域的方法较多，但根据真空状态中，真空度越高，气体状态就越稀薄，气体分子的物理特性就逐渐发生变化等规律，把气体分子数的量变直到引起真空性质的质变过程来作为划分真空区域的依据是比较合适的。

在 GB/T3163—1993 中，将真空区域划分为四个区域，即：

低真空　$10^5\sim10^2$ Pa
中真空　$10^2\sim10^{-1}$ Pa
高真空　$10^{-1}\sim10^{-5}$ Pa
超高真空　$<10^{-5}$Pa

但是，随着真空技术的发展，许多人认为将真空区域划分为五个区域更加合理、适用。这五个区域是：

低真空区域：　$10^5\sim10^2$Pa（其中 $10^5\sim10^3$Pa 称粗真空）。
中真空区域：　$10^2\sim10^{-1}$Pa
高真空区域：　$10^{-1}\sim10^{-5}$Pa
超高真空区域：　$10^{-5}\sim10^{-9}$Pa
极高真空区域：　$<10^{-9}$Pa。

4. 真空环境的特性

1）压力小于地面上的压力，而且真空与大气之间存在着压力差。地球被大气层包围着，关于大气层的厚度，确切地说它是没有明显界限的，按照气体密度的概念，粗略地说有 16 km 厚。因为在这 16km 的高空里，集中了所有大气的 90%以上，而且密度较大的水蒸气又全部集中在这里。

2）分子密度低。

3）分子平均自由程大。

4）在超高真空下形成单分子层的时间长，容易产生清洁的固体表面。

5）在真空环境下光和电磁波的传播不仅不受影响，其传播性能优于大气中。

4.2 真空获得设备（真空泵）

4.2.1 真空泵的分类和特性

1. 真空泵定义

产生、改善和（或）维持真空的装置称为真空泵。利用现代真空泵能把一个容器从大气压抽至 10^{-11}Pa 以下的真空度，它比标准大气压力大约低 16 个数量级。但是，至今尚未研制出一种能直接从大气抽至高真空或超高真空范围的泵。

2. 真空泵按原理分类

各类真空泵按抽气原理可归纳为气体传输泵和气体捕集泵两大类型。

气体传输泵按原理又可分为以下几类：

（1）机械泵　利用泵腔容积的周期变化使气体压缩和膨胀来完成吸气和排气的泵。如往复（活塞）泵、水环泵、旋片泵、定片泵、滑阀泵、罗茨泵、余摆线真空泵等；

（2）喷射真空泵　利用高速射流的粘滞效应把气体输送到出口的泵。如：液体（水）喷射泵、气体喷射泵、蒸气（水、油、汞等蒸气）喷射泵；

（3）扩散泵　利用气体分子扩散到低压高速蒸气流中而被输送到出口的泵。如：油扩散泵、汞扩散泵，油增压泵等；

（4）分子泵　利用气体分子与高速转动的转子相碰撞获得动量而被送到出口的泵。如牵引分子泵和涡轮分子泵。

气体捕集型泵按原理分为以下几类：

（1）吸附泵　利用具有大表面的吸附剂（如多孔物质）的物理吸附作用来抽气的泵，如分子筛吸附泵。

（2）低温泵　利用低温表面捕集气体的泵，如贮槽式低温泵、流程低温泵、小型制冷机低温泵等。

（3）吸气剂泵　利用吸气剂以化学结合方式捕集气体的泵，如升华钛泵、蒸发钛泵、锆铝吸气泵、钡吸气剂泵等。

3. 真空泵按功能分类

真空泵按功能分类如下：

（1）主泵　在真空系统中，用来获得所要求的真空度的真空泵。

（2）粗抽泵　从大气压开始降低系统的压力到另一抽气系统能开始工作的真空泵。

（3）前级真空泵　用以维持另一个泵的前级压力在其临界前级压力以下的真空泵。

（4）低（粗）真空泵　从大气压开始降低容器压力的真空泵。

（5）维持真空泵　在真空系统中，当气体量很小时不能有效地利用主前级泵，为此，在真空系统中配置一种容量较小的辅助前级泵，维持主泵正常工作或维持已抽空容器所需之低压的真空泵。

（6）高真空泵　在高真空范围工作的真空泵。

（7）超高真空泵　在超高真空范围工作的真空泵。

4. 真空泵的特性参数

选用真空泵要考虑各类泵的特性。表征真空泵特性的主要参数是：

（1）极限压力　是指泵装有标准试验罩并按规定条件工作，在不引入气体的情况下趋向稳定的最低压力。

（2）抽气速率　简称抽速，是指当泵装有标准试验罩并按规定条件工作时，从试验罩流过的气体流量与在试验罩上指定位置测得的平衡压力之比。也就是在泵进气口处，在给定压力下，单位时间内流入泵的气体体积。抽速的单位为 $m^3 \cdot s^{-1}$ 和 $L \cdot s^{-1}$。

（3）抽气量　是指流经泵入口的流量。抽气量的单位为 $Pa \cdot m^3 \cdot s^{-1}$。

（4）起动压力　是指泵无损坏起动并有抽气作用的压力。

（5）前级压力　是指排气压力低于一个大气压力的真空泵的出口压力。

（6）最大前级压力　是指超过就就会使泵损坏的前级压力。也就是泵能够正常工作的最高前级压力。

（7）最大工作压力　是对应最大抽气量的入口压力。在此压力下泵能连续工作而不恶化或损坏。

（8）压缩比　是泵对给定气体的出口压力与入口压力之比。

5. 真空泵的工作压力范围

常用真空泵的工作压力范围如下：

水环真空泵	$10^5 \sim 5\times10^3$ Pa
往复真空泵	$10^5 \sim 10^3$ Pa
旋片真空泵	$10^5 \sim 10^{-2}$ Pa
滑阀真空泵	$10^5 \sim 10^{-1}$ Pa
罗茨真空泵	$10^3 \sim 10^{-2}$ Pa
涡轮分子泵	$5\times10^{-1} \sim 10^{-8}$ Pa
油增压泵	$10 \sim 10^{-2}$ Pa
油扩散泵	$10^{-2} \sim 10^{-6}$ Pa
钛泵	$10^{-1} \sim 10^{-8}$ Pa
溅射离子泵	$10^{-1} \sim 10^{-8}$ Pa
分子筛吸附泵	$10^5 \sim 10^{-1}$ Pa
低温泵	$10^{-4} \sim 10^{-10}$ Pa

4.2.2　油封式旋转机械真空泵

1. 概述

油封式旋转机械真空泵按照结构形式可分为定片式、旋片式、滑阀式、直联式四种。在检漏技术中应用最多的是旋片式和直联式两种。

旋片式真空泵国内已有定型系列化产品（2x 型），在它适用的真空度范围内，可以单独使用，也可以与其他真空泵配套作为预真空抽气设备。如用于抽除密封容积中的干燥气体或含有少量可凝性蒸气的气体，用作油扩散泵、油增压泵、罗茨泵、涡轮分子泵的前级真空泵。旋片泵只能在环境温度 5～40℃范围内使用，不适用于抽除含氧过高的、有爆炸性的、对金属有腐蚀性的、对真空泵油起化学反应的以及含有颗粒尘埃的气体。

直联高速旋片泵是在旋片泵的基础上经过结构、材料和制造工艺上的改进后产生的新泵种。旋片泵采用间接传动（带轮或齿轮减速），因而转速低（400r/min 左右），体积大，质量大，并有较大的来自减速器的振动和噪声。直联泵采用直接传动，泵的转速与电动机相同，使抽速大大提高。对于相同抽速来说，直联泵具有体积小、质量轻、振动小、噪声低等特点。适于安装在精密仪器设备上使用，如氦质谱检漏仪。

2. *旋片泵结构原理*

单级旋片泵只有一个工作室。泵主要由定子、旋片、转子组成，见图 4-1。在定子缸内偏心地装有转子，转子槽中装有两块旋片，由于弹簧弹力（转动后还有旋片离心力）作用而紧贴于缸壁。定子上的进、排气口被转子和旋片分为两部分。当转子在定子缸内旋转时周期性地将进气口方面的容积逐渐扩大而吸入气体，同时逐渐缩小排气口容积，将已吸入的气体压缩并从排气阀排出。排气阀浸在油里以防止大气流入泵中。油通过泵体上的缝隙、油孔及排气阀进入泵腔，使泵腔内所有的运动表面被油覆盖，起到润滑和密封作用。同时油还充满了泵腔内的一切有害空腔，以消除它们对极限压力的影响。

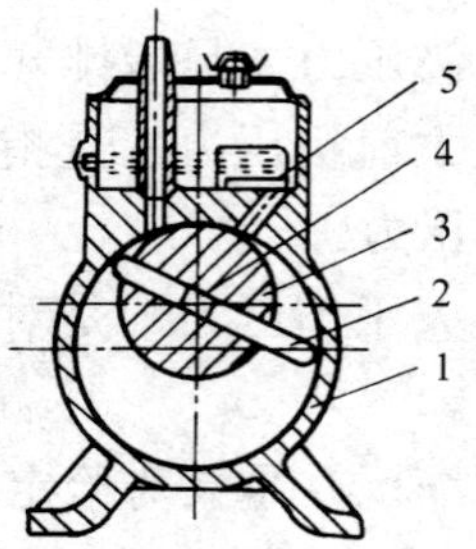

图4-1 单级旋片泵结构
1—定子 2—旋片 3—转子 4—弹簧 5—排气阀

双级旋片泵由两个工作室串联组成，其转子同向等速旋转。Ⅰ室是Ⅱ室的前级，Ⅰ室是低真空级，Ⅱ室是较高真空级。双级旋片泵比单级旋片泵的极限压力低。

3. *直联泵结构原理*

直联泵是采用三相或单相交流电动机直接驱动，使转子在缸内高速旋转和滑片在转子槽内的往复运动以改变工作室的容积而进行抽气的。

直联泵为双级结构，两级前后串联，被抽气体逐级被压缩后，推开排气阀排至泵外。

4. *气镇真空泵的作用原理*

泵工作中，经气镇阀放入适量的非可凝性气体到泵的压缩区，以降低被抽气体中可凝性蒸气在泵内凝结程度的机械真空泵叫气镇泵。

用旋片泵抽除含有大量可凝性蒸气（如水蒸气）时，在压缩排气阶段当可凝蒸气的分压超过该温度下的饱和蒸气压时，蒸气就凝结，凝结的液体与泵油混合后循环至低压侧时，由于压力降低，液体就会蒸发，使泵的极限压力上升，并影响泵的抽气性能，因此一般旋片泵不能抽除含有蒸气的混合气体。为改善泵抽除蒸气的性能，在泵的排气侧装有称为气镇阀的掺气装置，可定时将一定量的空气放入压缩区，使混合气体在压缩到推开排气阀压力时，蒸气分压仍小于该温度下可凝蒸气的饱和压力，因而蒸气不会凝结，并能随其他气体一起被排至泵外。

一般气镇泵只能抽除进气口水蒸气分压数百帕至 5000Pa，大量的水蒸气不能靠气镇泵抽除。

5. 真空泵油

在油封真空泵中，用来密封、冷却和润滑的液体叫真空泵油。真空泵油的性质直接影响泵的性能。为使泵能获得规定的抽气性能，要求真空泵油具有适当的粘度，低的饱和蒸气压，良好的化学稳定性和热稳定性，燃点高，成本低。一般机械泵的泵油使用温度约在 80℃以下，而直联泵的泵温可达 90℃以上，采用烷萘油比较合适。

4.2.3　涡轮分子泵

1. 概述

涡轮分子泵是靠高速转动的转子携带气体分子获得超高真空的一种机械真空泵。该泵的工作压力范围为 1～10^{-8}Pa，抽气速率一般在 5000L/s 以下，泵的转速为 10000～50000r/min。该泵主要用作高真空泵和超高真空泵，但不能直接对大气排气，需要配置前级泵。泵的主要性能（如极限压力和抽速）与配置的前级泵的容量、泵的转数、被抽气体的种类有关。分子泵对较轻的气体抽速较大，对氢的抽速比空气的抽速大 20%。

涡轮分子泵与其他高真空泵和超高真空泵相比较具有以下优点：

1）极限压力低，先进的泵可以获得 10^{-9}Pa 的极限压力。

2）工作压力范围宽，在 9 个数量级的压力范围内具有稳定的抽速。

3）结构紧凑，由置于泵体内的中频电动机直接驱动，涡轮转子为整体式结构。

4）是一种少油泵，它既不像其他机械泵那样用油作工作液，也不用油来密封，只是其转子仍然用油来润滑，可能有少量润滑油会进入被抽系统。

5）泵的振动小，噪声低，工作平稳，起动时间短，一般在 4～15min 内能达到满抽速。

6）对大分子量的气体有较高的压缩比，且中频电动机置于前级空间，能获得清洁的高真空和超高真空，另外利用对氦压缩比低的特点，可在逆扩散型的氦质谱检漏仪中做主泵使用。

2. 涡轮分子泵结构原理

涡轮分子泵是由转子、定子、中频电动机和壳体组成，其结构示意图见图 4-2。

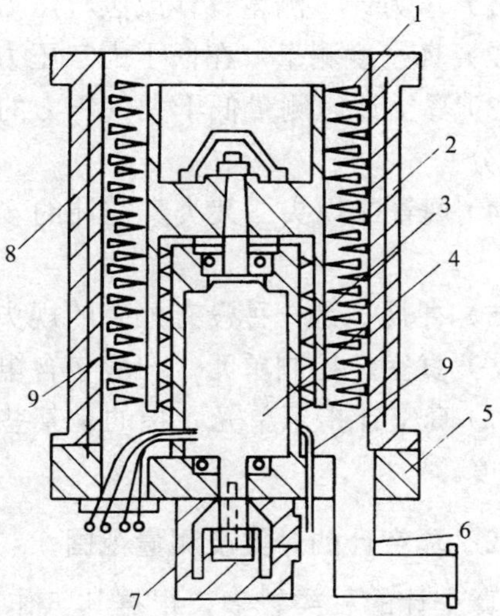

图4-2　立式涡轮分子泵结构原理

1—动叶轮　2—泵壳　3—涡轮排　4—中频电动机　5—底座　6—出气口管道　7—润滑油池　8—静叶轮　9—电动机冷却水管

泵的转子和定子都开有径向气槽，装有多层涡轮叶片，呈辐射状。转子与定子叶片的倾斜面方向相反，每一个转子叶片处于两个定子叶片之间。当转子由中频电动机直接驱动高速旋转时，它和气体分子间有相对运动速度，气体分子经第一个动叶轮作用后，除了少数未和叶片相撞直接飞过去外，大部分气体分子与动叶轮碰撞并获得近于叶轮的切向速度。这些气体分子如果直接进入第二个动叶轮，由于它们与动叶轮间几乎没有相对速度，因此动叶轮对它们就不起作用。但当它们进入静叶轮后，则因两者间有相对速度，就能发生碰撞，并有向下飞行的速度分量。这样就迫使气体分子通过叶片从泵的进气口流向出气口，从而产生抽气作用。排出的气体经排气管道由前级泵抽走。

3. 涡轮分子泵的使用与维护

1）泵应水平安置，其倾斜不超过 5°；

2）注意泵的转子旋转方向要正确；

3）运转时先接通冷却水，停泵后及时关闭冷却水；

4）经常检查泵润滑油的油量和油质，定期补油和换油；

5）粗抽泵预抽到一定预真空度后才能启动分子泵；

6）运转过程中，不允许暴露大气，不允许异物落入泵内；

7）为避免频繁地开机、关机对分子泵轴承寿命的影响，在等待状态分子泵应低速运转；

8）需要对泵体进行烘烤时，其温度不能超过 100℃。

4.3 真空度的测量　真空计

前面介绍了各种真空泵，它们的作用是对真空系统（器件）进行抽气而达到一定的真空度。那么真空度究竟有多高（即压力的数值）?必须采用各种真空计直接或间接地测量真空度的高低，也就是压力的高低。

4.3.1 一般术语

1）压力计　测量气体或蒸气压力的仪器。

2）真空度测量　在低于大气压力的条件下对气体全压的测量。

3）真空计　测量低于大气压力的气体或蒸气压力的仪器，一般包括规管和控制单元两部分。

4）规管或规头　某类真空计的一个部件，它含有压力敏感元件并直接与真空系统连接。

5）裸规　是一种没有外壳的规头，其敏感元件直接插入真空系统。

6）真空计控制单元　一般包含电源和真空计工作所需要的全部电路。

7）真空计指示单元　指的是某些种类真空计的指示输出信号的部件，通常以压力单位刻度。

4.3.2 真空计的分类及测量范围

真空计的种类较多，根据其工作原理可分为绝对真空计和相对真空计。前者是直接测量压力高低的真空计，如 U 形真空计、压缩式真空计；后者是不能直接测量压力的数值，而只能测量与压力有关的物理量，再与绝对真空计相比较进行标定的真空计，如热传导真空计、电离真空计等。

由于各种真空计的结构原理不同，以及测量与压力有关的物理量时，这个物理量与压力之间的关系只是在某些压力范围才成立，近代真空技术所涉及到的压力范围达十几个数量级，因此没有任何一种真空计能测量这么宽的压力范围。各种真空计都有不同的测量范围（量程），不同的压力应选用相应量程的真空计。表 4-3 列出了一些真空计的测量范围。

在检漏技术中，应用最多的低真空计是热传导真空计，应用最多的中真空计和高真空计是热阴极电离真空计和潘宁真空计。热传导真空计是通过测量保持在不同温度的两固定元件表面间热能的传递来测量压力的一种真空计。这种基于与压力有关的气体热传导性的真空计有电阻真空计、热偶真空计、热敏真空计、双金属片真空计。在检漏技术中常用的热传导真空计是热偶真空计和电阻真空计。

表 4-3　一些真空计的测量范围

真空计	测量范围 /Pa
U 形管真空计（水银）	$10^5 \sim 10$
（油）	$10^4 \sim 1$
压缩型真空计	$10^3 \sim 10^{-3}$
热传导真空计	$100 \sim 10^{-1}$
热阴极电离真空计	$10^{-1} \sim 10^{-5}$
B-A 电离真空计	$10^{-1} \sim 10^{-9}$
冷阴极电离真空计（磁控式）	$1 \sim 10^{-5}$
薄膜真空计	$10^3 \sim 10^{-2}$
克努曾真空计	$10^{-1} \sim 10^{-5}$

4.3.3　电阻真空计（皮喇尼真空计）

由于热传导真空计最终归结为测量真空中热丝的温度，所以如何测量这个温度就成为问题的焦点。电阻真空计管如图 4-3 所示，它主要由热丝、外壳和支架等三部分组成。上面开口端与被测真空系统相连接。热丝采用电阻温度系数大的金属丝（钨、铂等），两条支架引线与测量线路连接。当压力 p 降低时，由于气体热传导散失的热量 Q 也减少，因此当热丝加热电流恒定时，则热丝温度 T 就上升，热丝的电阻 R 就增大，用测量热丝电阻值 R 的大小来间接地确定压力 p 值，即

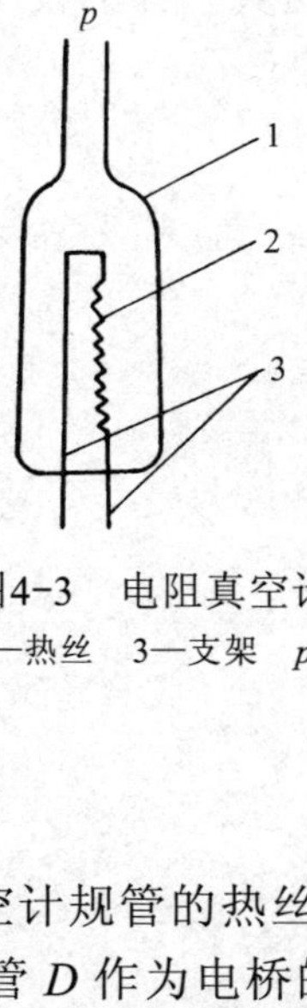

图4-3　电阻真空计
1—外壳　2—热丝　3—支架　p—被测压力

$$p\downarrow \rightarrow Q\downarrow \rightarrow T\uparrow \rightarrow R\uparrow$$

这就是电阻真空计的工作原理。

电阻值的变化，用一惠氏电桥来测量，如图 4-4 所示。真空计规管的热丝作为电桥的一臂，另一个完全与规管相同，预先抽到 $10^{-2} \sim 10^{-3}$Pa 的封离管 D 作为电桥的另一臂，电桥的另两臂由性能稳定的电阻 R_1，R_2 组成。R_V 为可变电阻，用于调节电桥平衡。

使用前，将真空规管抽到 $10^{-2} \sim 10^{-3}$Pa 的高真空，此时将电桥调到平衡，电流表 M

指示为零。当真空逐渐下降时，由于气体将规管热丝热量导走，热丝温度下降引起电阻降低，电桥失去平衡，电流表 *M* 出现读数。经绝对真空计校准后，可给出压强与电流表读数的关系曲线，即电阻真空计的校准曲线，典型的电阻真空计校准曲线如图 4-5 所示。由图可见，不同气体有不同的校准曲线，这是因为气体的热传导系数与气体种类有关。还可看出，电阻真空计的测量范围在 100～10^{-1}Pa 之间。

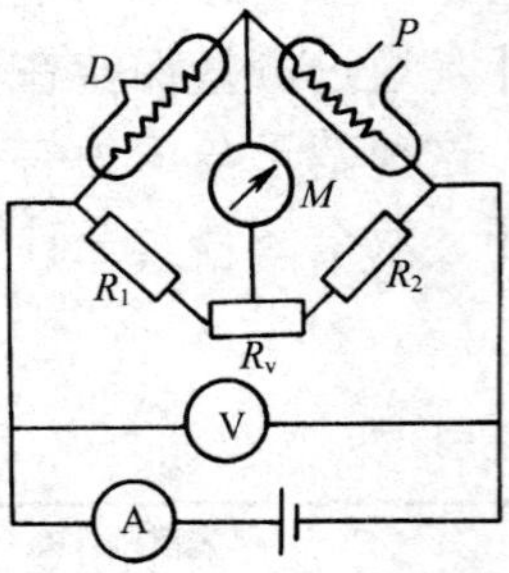

图4-4　惠氏电桥

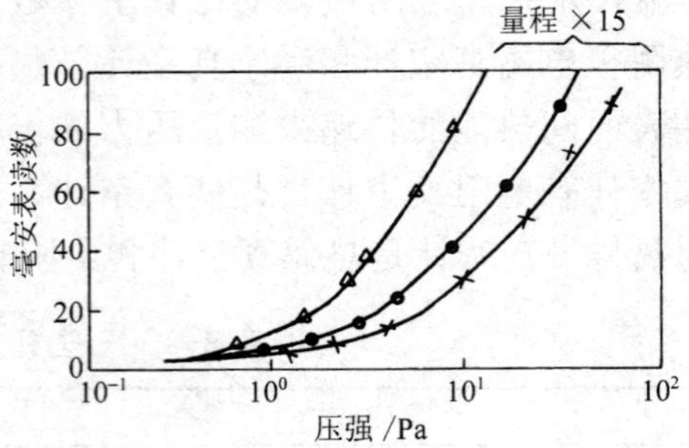

图4-5　电阻真空计校准曲线

上述测量热丝电阻的方法称为恒电压法。当压力较高时（$p>100$Pa），测量灵敏度下降，为此通常采用恒温法，即维持热丝温度不变，其原理如图 4-6 所示。*R*H 为可变电阻，供调节电桥平衡用，电桥的供电由电子放大器供给，电桥的不平衡信号用以控制放大器。测量时，将电子放大器输出调到一定数值，并将电桥调到平衡，这时热丝就处于一定温度，当压力升高时，热丝温度下降，电桥失去平衡，送出信号到放大器输入端，使放大器提高输出电压，于是整个电桥的输入电流增大，使热丝温度重新升高，直到恢复到原来温度为止。此时电桥恢复平衡，放大器的输出电压就停止在这个新位置上。因此恒温电阻真空计的校准曲线为输出电压与压力的关系。这种真空计最高压力至少可测量到 1000Pa。

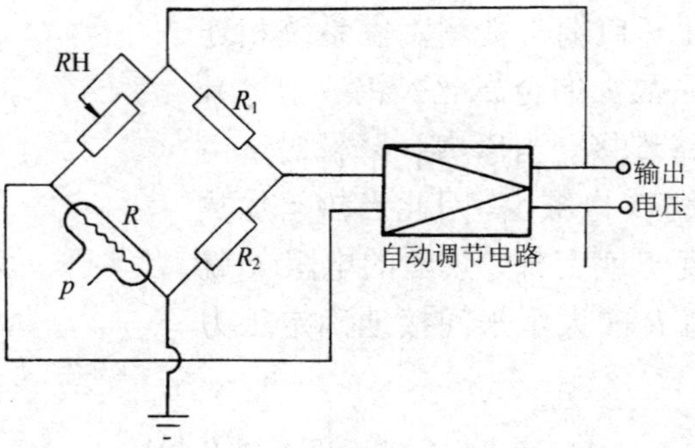

图4-6　恒温电阻真空计原理图

R—规管电阻　*p*—被测压力

4.3.4　热偶真空计

热偶真空计的热丝温度由一细小的热电偶来测量的。所谓热电偶是指任何两根不同的金属（图 4-7），当其两个接头的温度不相等时便出现温差电效应的装置。实验证明：当材料选定后，回路的热电势 E 仅取决于两接点的温度 T、T_0。热电势的大小仅与热电偶的材料和接点温度有关，而与材料的具体形状及几何尺寸无关。利用热电偶进行真空测量的规管如图 4-8 所示。它有一根钨或铂制的加热丝，另由两根不同的金属丝组成一对热电偶。热电偶的一端（热端）与热丝在 O 点焊住，另外两端分别焊于芯柱引线上。使用时，通一定电流于热丝，热丝温度增高，热电偶出现热电势，它的大小可由毫伏表或电位计读出。在加热电流保持一定情况下，热丝的平衡温度取决于气体压力。当压力 p 下降时，气体热传导 Q 下降，O 点温度 T 升高，热电偶热电势 E 增加，毫伏表指示上升，即

$$p\downarrow \rightarrow Q\downarrow \rightarrow T\uparrow \rightarrow E\uparrow \rightarrow \mathrm{mV}\uparrow$$

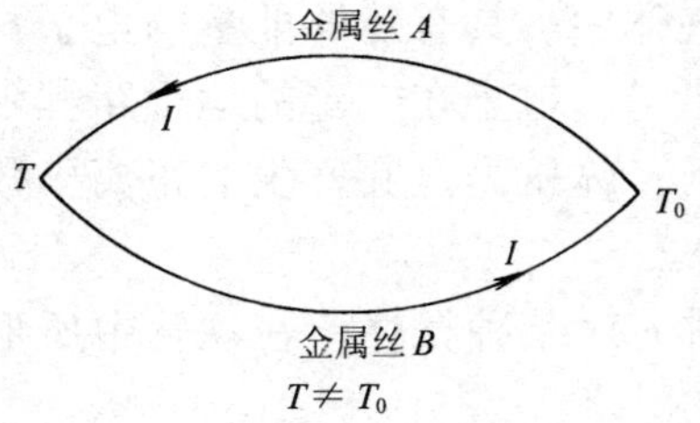

图4-7　热电偶原理图

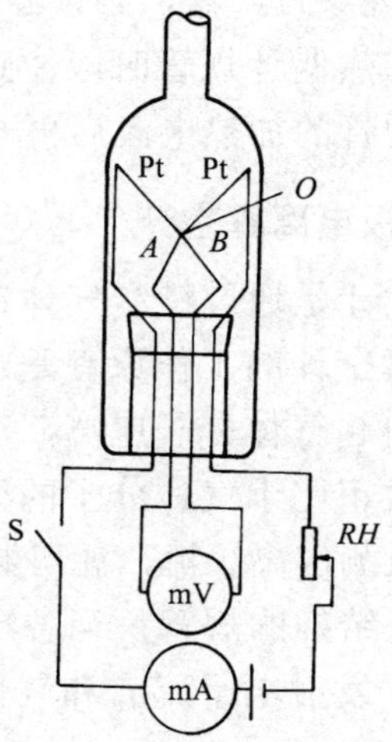

图4-8　热电偶规管及其电路原理

Pt—加热铂丝　A、B—热电偶丝

O—热电偶接点　mV—毫伏表

mA—毫安表　RH—可变电阻　S—开关

因此，热电势 E 的大小亦就取决于气体压力 p。国产 DL—3 型热偶规管的校准曲线见图 4-9。

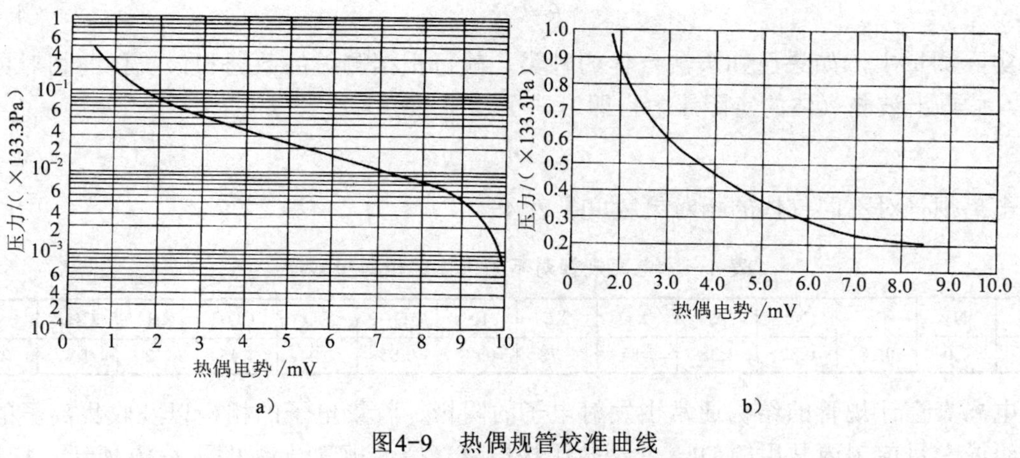

图4-9　热偶规管校准曲线

a）10^{-2}～10Pa　b）10～133Pa

热偶真空计和电阻真空计具有下列优点：

1）它反映的是总压力，即被测容器的真实压力；

2）能连续测量，并能远距离读数；

3）结构简单，容易制造；

4）既使突然遇到大气，亦不烧坏。

热偶真空计和电阻真空计存在的缺点是：

1）校准曲线因气体种类而异，故对于空气测得的校准曲线，不能直接用于其他气体；

2）有热惯性，压力变化时热丝温度的改变常滞后一些时间，读数亦滞后一些时间；

3）受外界温度的影响较大，故规管必须安装于不易受辐射热或对流热的地方；

4）老化现象较严重，必须经常校准。

使用新的热偶计规管时应注意，新的热偶计规管未开封前，管内处在高真空，此时应先测出该规管的加热电流后再开封。

4.3.5 热阴极电离真空计

电离真空计是通过待测气体在控制条件下电离所产生的离子流来测定压力的一种真空计。电离真空计的工作原理是：在低压力的气体中，具有足够能量的电子与气体分子碰撞时，能引起气体分子电离，产生正离子与电子。电子在一定的运行路程中与气体分子的碰撞次数正比于气体分子的密度，亦正比于气体压力，其产生的正离子数亦正比于气体压力，故测出离子流，就可测知气体的压力。

对于一定结构的规管，当各电极电位一定时，对某种气体，在规管中所形成的正离子流 I^+ 正比于发射电子流 I_e 和气体的压力，即

$$I^+=kI_ep$$

式中 k 称为电离计的灵敏度，其意义是在单位电子电流、单位压力下所得到的离子流，单位为 1/Pa，k 值通过实验得到。对于不同气体，k 值亦不同，通常所指的灵敏度是对于干燥空气或氮气而言的。我们把规管对某种气体的灵敏度 k_i 与规管对氮气的灵敏度 $k_{氮}$ 的比值 R 称为相对灵敏度，即

$$R=k_i/k_{氮} \tag{4-1}$$

实际测量中，如果已知被测气体的种类，就可根据测得的数据和该气体的相对灵敏度 R，估算出被测气体的实际压力，即

$$p_{实际}=p_{测量}/R \tag{4-2}$$

电离规管对不同气体的相对灵敏度见表 4-4。

表 4-4 电离规管对不同气体的相对灵敏度

气体	N_2	He	Ne	Ar	Kr	Xe	H_2	O_2	CO	CO_2	NH_3	CH_4	C_2H_6
R	1.0	0.18	0.32	1.38	1.81	2.78	0.48	0.85	1.04	1.45	1.2	1.4	2.6

电离真空计规管的结构通常由发射电子的阴极、收集电子的栅极以及收集离子的收集极组成。目前国内常用的 DL—2 型热阴极电离真空计规管结构见图 4-10 所示。栅极

用钨丝或钼丝制成。收集极因需要高温除气用薄镍皮制成，为增加强度还在其上压有凹槽。阴极一般用钨丝制成，因钨的电子发射稳定，热强度亦好。但钨的工作温度高达 2250～2500K，对残余气体有化学作用，热辐射效应也大，因此有的选用工作温度低（1400K）、寿命长、碳化后抗氧化能力强的钍钨丝为阴极。

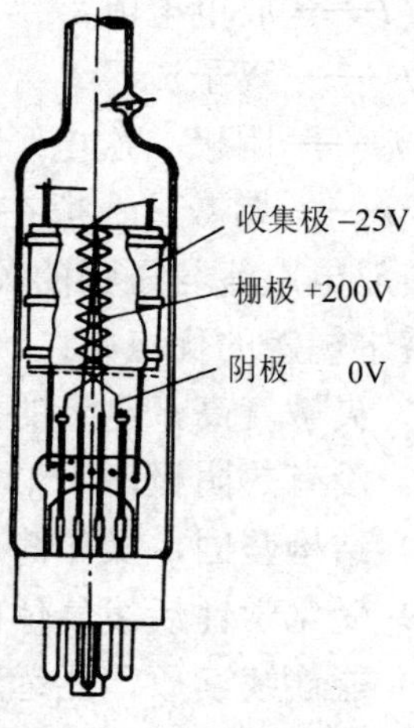

图4-10　DL—2型电离真空计规管

电离真空计的主要优点是：

1）测出的是总压力；

2）反应迅速，可连续读数，还可远距离控制；

3）可测量很低的压力，普通型的电离计就可测量到 5×10^{-6}Pa，改进后制成的超高真空电离计，可测量到 10^{-11}Pa；

4）规管小，易于连接到被测量处，还可制成裸规，直接在被测空间测量；

5）p–I 曲线直线范围宽；

6）对机械振动不敏感。

电离真空计存在的缺点有：

1）灵敏度与气体种类有关；

2）压力高于 0.1Pa 时，钨灯丝易于烧毁，故一旦真空系统突然漏气，如没设置专门的保护线路，规管灯丝往往立即烧毁；

3）在工作的同时有化学清除及电清除作用，造成压力的改变，影响测量准确度；

4）玻壳、电极的放气，亦导致测量的误差。

4.3.6　潘宁真空计（冷阴极磁控放电真空计）

1937 年潘宁首先利用磁场和电场中的冷阴极放电现象来测量压力，制成了所谓的潘宁真空计，又称为冷阴极磁控放电真空计，其结构见图 4-11。该规管的磁场与电场基本平行，中间圆筒 R 为阳极，阳极电压为 2kV。两块平行圆板 P 为阴极。磁铁 B 的磁通量密度为 4×10^{-2}T。由宇宙射线或场致发射所产生的初始电子在强电场和磁场作用下，在两片阴极板之间作螺旋形运动，不断和气体分子碰撞并使其电离。电子与气体经过多次碰撞后再被阳极所收集。因离子质量大，基本上沿直线打到阴极上，并使阴极发射出二次电子。电离过程中所产生的二次电子和阴极发射的二次电子又参加到电离气体的过程中去，如此不断发展，进而建立起稳定的自持放电。其放电电流为离子流与阴极二次电子流之和，放电电流与压力有关，即

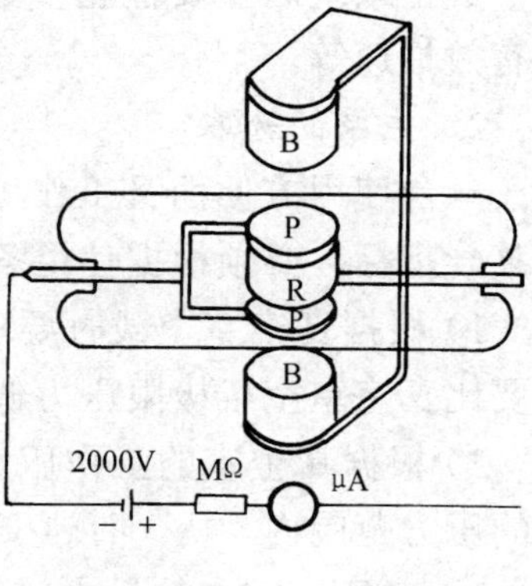

图4-11　潘宁规管原理图

$$I=I^{+}+I_{S}=Kp^{n} \tag{4-3}$$

式中 I—— 放电电流；

I^+—— 离子流；

I_S—— 阴极二次电子流（正离子碰撞阴极所产生的电子流）；

n—— 常数，一般在 1～2 之间，与规管结构有关。

由放电电流与压强的关系曲线，测得放电电流便可知压力大小。

潘宁规管的优点是：

1）灵敏度高，测量的是总压力；

2）没有热阴极，不怕突然暴露大气，使用寿命长；

3）结构坚固，操作简便；

4）受化学性活泼气体的影响小，不怕毒化或影响电子发射；

5）能连续读数，能远距离测量和实现自动控制。

潘宁规管存在的缺点是：

1）非线性；

2）精度差，因电清除作用严重导致较大的测量误差；

3）不稳定，常发生放电形式的跃迁，使电流产生与压力无关的变动；

4）在压力较小时不易激发放电。

4.4 真空系统

4.4.1 真空系统的组成和配置

1. 真空系统的组成

真空系统是由真空室（真空容器）和产生真空、测量真空、控制真空等组件组成。产生真空的组件一般包括抽气管路、阀门、真空泵或真空机组等。测量真空组件是指真空计。控制真空组件包括水、电和真空测量的控制部件。

真空系统的主要性能参数是：真空室的极限压力，真空室的工作压力，真空室抽气口有效抽速等。

2. 主泵的选取

一台使用方便而又工作可靠的真空系统，关键在于主泵的选取。选取主泵不能只追求某一指标，必须根据使用条件多方面综合考虑。选取主泵的主要依据是；

1）根据真空室空载时要求达到的极限压力确定主泵的类型。通常选取主泵的极限压力要比真空室空载极限压力低半个到一个数量级。

2）根据真空室的工作压力选取主泵时，一定要保证真空室的工作压力在主泵最佳抽速的压力范围内。

3）由真空室中的最大放气量、系统漏气量及所需要的工作压力来确定主泵抽速。

4）考虑被抽气体种类、被抽气体的成分以及气体含灰尘、杂质等情况。

5）真空室对污染程度的要求。

6）投资及日常维护运转的费用。

3. 前级真空泵的配置

常用的扩散泵和涡轮分子泵等主泵只有在一定的前级压力下才能起动（如扩散泵为 1Pa，涡轮分子泵为 5×10^{-1}Pa），另外它们排出的气体也必须能及时被抽走，以便维持一定的前级压力，因此必须配置合适的前级泵。选取前级泵的原则是：

1）能达到主泵工作所需要的前级压力；

2）在主泵允许的临界前级压力下，能将主泵所排出的最大气体量及时抽走；

3）兼作粗抽泵使用的前级泵还应满足粗抽时间及粗抽真空度的要求。

对于油扩散泵和油增压泵的前级泵，除按上述原则配置外，可选取国家标准推荐的前级泵型号。

4.4.2　抽气时间计算

1. 抽气时间

从某一压力开始抽气，抽到要求的压力时所需要的时间叫抽气时间。

用粗抽泵从大气压抽到另一真空泵或真空系统能开始工作所需要的时间叫粗抽时间。

2. 影响抽气时间的因素

真空系统所需抽气时间的长短通常与下列因素有关；

1）开始抽气时的压力和抽气后要求达到的压力；

2）真空泵的实际抽速；

3）抽气管道的流导；

4）真空系统的漏率；

5）在低真空时，真空系统的容积；

6）在高真空时，真空系统的材料放气量。

3. 低真空下漏气量可忽略时抽气时间计算

在低真空下，泵的抽速近似为常量，漏气量很小可以忽略时，真空室从压力 p_1 降到 p 所需要的抽气时间 t：

当流导很大（$U\gg S_{\rm P}$）时，$S=S_{\rm P}$，则

$$t=2.3\frac{V}{S_{\rm p}}\lg\frac{p_{\rm i}}{p} \tag{4-4}$$

流导为 U 时，$\frac{1}{S}=\frac{1}{S_{\rm P}}+\frac{1}{U}$，则

$$t=2.3V\left(\frac{1}{S_{\rm p}}+\frac{1}{U}\right)\lg\frac{p_{\rm i}}{p} \tag{4-5}$$

式中　t —— 抽气时间，s；

V —— 真空系统容积，m^3；

S —— 泵的有效抽速，m^3/s；

$S_{\rm P}$ —— 泵的名义抽速，m^3/s；

P —— 系统经 t 时间的抽气后的压力，Pa；

p_i —— 系统开始抽气时的压力，Pa；

U —— 抽气管道的流导，m^3/s。

4．低真空下漏气量很大时抽气时间计算

在低真空下，泵的抽速近似为常数，漏气量很大不能忽略时，真空室从压力 p_i 降到 p 所需要的抽气时间为：

当流导很大（$U \gg S_p$）时，则 $S \approx S_p$，则

$$t = 2.3\frac{V}{S_p}\lg\frac{p_i - p_0}{p - p_0} \tag{4-6}$$

流导为 U 时，$\frac{1}{S} = \frac{1}{S_p} + \frac{1}{U}$，则

$$t = 2.3V\left(\frac{1}{S_p} + \frac{1}{U}\right)\lg\frac{p_i - p_0}{p - p_0} \tag{4-7}$$

式中 p_0——真空室的极限压力，Pa。

4.4.3 放气对真空系统的影响

1．放气

气体从材料中自然的解吸现象称为放气。在真空中放气的主要来源是：

1）熔炼和铸造过程中，空气中的氢、氧、氮和碳的氧化物会不同程度的熔于材料之中；

2）材料在大气环境中存放时，表面会吸附大量气体，主要是水蒸气、氧、氮和碳的氧化物等；

3）材料表面的污染物；

4）材料本身的非致密性引起的气体渗透。

真空零、部件的表面污染物有以下类型：

1）油脂。即加工、安装、操作时沾染上的润滑剂、真空油脂等。

2）水滴。操作时的手汗、人的哈气等。

3）表面氧化物。易氧化材料长期放置在空气（特别是潮湿空气）中所形成的表面氧化物。

4）酸、碱、盐类物质。清洗时的残余物质、手汗、自来水中矿物质等。

5）空气中的尘埃和其他有机物。

2．放气速率

在给定时间间隔内，从材料中解吸的气体量，除以该时间和该表面面积称为放气速率。常用的放气速率单位为 $P_a \cdot m^3/(s \cdot m^2)$。

放气速率通常和材料中的气体含量成正比，并且是温度和时间的函数，其关系如下：

$$\lg q = \lg q_1 - \alpha \lg t \tag{4-8}$$

$$q = q_0 \exp\left(-\frac{E}{RT}\right) \tag{4-9}$$

式中　q —— 放气速率，Pa·m^3/（s·m^2）；

q_1、q_0 —— 常数；

t —— 时间，s；

E —— 放气活化能；

R —— 摩尔气体常数；

T —— 热力学温度，K；

α —— 放气速率的衰减系数（一般有机材料α=0.5，金属材料α=1，但也有例外情况）。

由式（4-44）可看出，放气速率是时间的慢变化函数，即时间延长一个数量级，放气速率只降低半个或一个数量级。

因为放气速率与温度有关，必须选用实际使用温度时的数据，如无此数据，则可根据两个不同温度下的数值按式（4-45）进行估算。

已经出过气的材料经长时间暴露在大气中，能重新吸气并恢复到原来的状态。经常运转的真空系统，如果只是在两次运转之间短时间暴露大气的话（如1h以内），则等效为材料已在真空中经历了10h的出气时间。对于经常运转而只暴露于低真空的材料，则可等效于经历了100h的出气时间。

3. 放气的影响

对一般真空设备来说，材料放气是真空系统最主要的气源，其主要影响如下：

1）影响真空室的极限压力和工作压力；

2）有些放气会污染系统，如污染质谱检漏仪的质谱分析室；

3）在真空机组停止抽气后，造成真空室压力升高；

4）影响真空泵的性能和寿命。

4. 减少放气影响的措施

为使真空系统在较短的抽气时间内达到工作压力，应尽可能减少放气的影响，为此可采取如下措施：

1）选用放气速率低的材料制做真空系统的零部件。不锈钢、铝、玻璃是最适于高真空、超高真空中用的材料。

2）采用喷砂、机械抛光、电化学抛光等表面处理措施，减少材料放气面积和清除污染物。

3）采用三氯乙烯、四氯化碳、丙酮、汽油、乙醚等有机溶剂或碱液等化学清洗方法，以及电化学清洗、超声波清洗方法清除污染物。

4）系统抽气时，采用烘烤方法加速材料放气。

5）操作时尽可能注意缩短真空系统暴露大气的时间。

6）真空系统停止运转时，应在真空状态下保存。

5. 放气速率测定

在关闭抽气阀门，停止抽气后真空容器的压力升高，主要是因放气和漏气引起。如果漏率已知或漏率远远小于放气速率，就可以通过测定该真空容器的压力升高率计算出放气速率。放气速率的计算公式如下：

$$v=\left(\frac{p-p_0}{t}V-Q\right)/S \tag{4-10}$$

式中 q —— 真空容器的放气速率，Pa·m^3/（s·m^2）

p_0 —— 测量前容器的本底真空度，Pa；

p —— 经过 t 时间后容器的真空度，Pa；

t —— 测量时间，S；

V —— 真空容器的容积，m^3；

Q —— 真空容器的漏率，Pa·m^3/s；

S —— 总的放气表面积，m^2。

复 习 题

1．何谓真空？何谓真空度？

2．何谓压力？压力的法定单位是什么？

3．真空区域是如何划分的？

4．真空环境具有哪些特性？请列举几个真空技术的应用实例。

5．何谓真空泵的压缩比？

6．气镇泵是如何抽除水蒸气的？

7．使用机械泵时要注意哪些问题？机械泵中油的作用是什么？

8．使用涡轮分子泵时要注意哪些问题？涡轮分子泵中油的作用是什么？

9.限制分子筛吸附泵极限真空度的主要因素有哪些？通常采用哪些办法加以克服？

10．简述电阻真空计的工作原理。

11．用普通热阴极电离真空计测得真空系统的压力为 5×10^{-4}Pa，若系统中主要是氦气，试求氦气的实际压力是多少？

12．简述潘宁真空计的工作原理。

13．真空系统中主泵是如何选取的？主泵确定后如何配置前级泵？

14．何谓抽气时间？影响抽气时间的因素有哪些？

15．某真空系统的真空室的体积为 100L，极限压力为 10^{-3}Pa，有效抽速为 4L/s，求压力由 10^5Pa 降至 10^{-1}Pa 所需要的抽气时间？

16．何谓放气？真空中放气的主要原因是什么？

17．何谓放气速率？放气速率的单位是什么？

第5章　气泡检漏

5.1　气泡检漏原理

气泡检漏在粗检漏方法中应用最广。气泡检漏的原理是：当漏孔两侧存在压差时，示漏气体就通过漏孔从高压侧向低压侧流动，如果在低压侧有显示液体（如水、氟油、酒精等），漏孔处将有可能吹起一个个气泡，从而显示出漏率大小及漏孔的位置。

5.1.1　产生气泡的条件

被检件在大气环境下作气泡检漏，气体通过漏孔泄漏时，主要受到三种压力的作用，即当地大气压力 p_a，被检件漏孔出口至实验液面之间液柱高度产生的压力 p_g，液体表面张力产生的压力 p_s。

漏孔上方液柱高度产生的压力 p_g 为

$$p_g=\rho gh$$

式中　ρ——试验液体的密度；

g——重力加速度；

h——漏孔在液体中的深度。

液体表面张力产生的压力，也就是漏孔出口周边上的液体表面张力的总和除以漏孔的截面积。假定漏孔为一长圆柱形状，则

$$p_s=\frac{2\pi r_0\alpha_T}{\pi r_0^2}=\frac{2\alpha_T}{r_0} \tag{5-1}$$

式中　r_0——漏孔截面为圆时的圆半径；

α_T——液体表面张力系数。

被检件在显示液中冒泡的临界压力 p_r 为：

$$p_r=p_a+\rho gh+\frac{2\alpha_T}{r_0} \tag{5-2}$$

在三种阻力中，大气压力 p_a 基本上是一个常数，通常为 101.325kPa（1atm）；液柱高度产生的压力 p_g 是很小的，如果显示液是水，10cm 液柱的压力只有 1kPa（0.01atm）；液体表面张力产生的压力 p_s 是个变量，漏孔越小它的数值越大。比如对一个壁厚为 0.13cm 的容器焊缝作气泡检漏，显示液用氟油，不同漏率 Q 的漏孔所受的液体表面张力的压力 p_s 分别如表 5-1 所示：

表 5-1 不同漏率 Q 的漏孔所受的液体表面张力的压力 p_s

Q/（Pa·m³/s）	10^{-8}	10^{-7}	10^{-6}	10^{-5}	10^{-4}
p_s/Pa	4.86×10^4	2.74×10^4	1.52×10^4	9.12×10^3	5.07×10^3

只有那些内腔压力 $p\geqslant p_r$ 的被检件才有可能在显示液中冒泡。

5.1.2 产生压差的方法

为了对被检件作气泡检漏，就要设法使被检件内外产生压差，增加被检件内腔的气体量，使被检件内腔有足够多的气体并使其压力大于 p_r 值，或者降低被检件外部的压力，气泡检漏才能顺利进行。

提高被检件内外压差的方法有三种：

（1）打气法　直接对被检容器充入干燥而清洁的高压气体来产生压差。常用的气体为空气和氮气。

（2）热槽法　在大气压下将示漏气体封入被检件中，或在高压下利用轰击法将示漏气体或低沸点液体压入密闭的被检件内，然后将被检件浸入到装有预先加热好的高沸点显示液的热槽中。被检件中原有气体或低沸点液体汽化出的气体受热后压力都会上升，使被检件内外产生压差。

（3）抽真空法　在大气压下将示漏气体封入被检件中，然后将被检件浸入到一个密封容器的显示液中，将显示液上部的空间抽成真空，从而使被检件内外产生压差。这种方法抽真空时不可使真空度太高（即压力太低），以免显示液产生强烈蒸发沸腾，冒出许多气泡，影响和干扰被检件有漏时的气泡观察。

在一般的气泡检漏中，打气法和抽真空法应用较多。热槽法常应用于电子元器件的粗检漏。有关热槽法检漏的具体内容将在第 11 章电子元器件检漏中介绍。

被检件内腔压力超过了临界压力是否肯定冒泡，是否肯定能发现这些冒泡，有三种可能：一是根本不能产生气泡。这可能是被检件没有漏孔，或是漏孔被某些杂质所堵塞。二是能够产生气泡，但因形成一个气泡的时间比较长，在观察的时间内还不能产生气泡。三是气泡产生了，因冒泡时间极短，或冒出的气泡体积太小，而不能被发现。

对于第一种情况，在检漏过程中要特别注意，不要因操作不当而堵塞漏孔，造成错判。

对于第二种情况必须估计在刚刚能够产生气泡时，形成一个气泡的时间大致有多长。在气泡检漏中，是通过观察到气泡而判断是否有漏孔的，所以必须对形成气泡的时间有所了解。一个气泡形成的时间与很多因素有关，严格计算是很困难的。这些因素包括被检件内腔压力，漏率，试验液体性能等。内腔压力低，漏孔漏率小，漏孔的长度较长，试验液体的表面张力系数大，都会加长冒泡时间。检漏时如果观察时间太短，就有可能漏检。另外冒泡时间长还会造成前后两个泡的间隔时间也会较长，假如第一个气泡没有观察到，等待观察第二个气泡的时间感觉就会更长，如果缺乏耐心，就更容易漏检。

对第三种情况，必须估计每种漏孔在一定条件下冒泡的总时间有多长。比如对一个内腔体积特别小而漏孔漏率又比较大的电子器件作热槽法气泡检漏，将器件放入热氟油中，其内腔气体受热后压力升高，从漏孔漏出，形成气泡。由于内腔气体量太少，冒很少几个泡甚至只有一个泡，然后就再不冒泡了，冒泡时间很短，稍不注意就会漏检。所以在对小体积被检件作气泡检漏时要特别小心。当然对于漏率很小的被检件，冒泡时间会很长，就不大容易漏检。

5.1.3 气泡尺寸与漏率和上升速度的关系

从漏孔冒出的气泡，它的半径 r 与漏率 Q 成正比关系。

$$r=(36\eta\alpha^2/\pi\rho^2g^2p^2)^{0.125}(Ql)^{0.125} \tag{5-3}$$

式中 l——漏孔长度。

被检件漏率越大，气泡半径也越大。

气泡的上升速度 v 与气泡半径 r 的关系为

$$v=2\rho gr^2/9\eta \tag{5-4}$$

公式中的η是试验液的粘度，与气泡的上升速度 v 成反比，在粘度大的试验液体中，气泡上升速度慢，便于观察到上升的气泡。

在常温下几种试验液体的粘度η（Pa · s）如下：

F-1 0.0215；

F113 0.0009；

酒精 0.0012；

水 0.0010。

5.1.4 影响检漏灵敏度的因素

影响气泡检漏灵敏度的因素如下：

1）试验液中不是由被检件漏气而产生的气泡很容易造成错误判断。产生这种冒泡的原因与以下一些因素有关。一是被检件上的一些不通孔或坑凹不平处积存的气体浮出而形成气泡；二是在热槽法检漏和抽真空法检漏中，由于试验液被加热或外部压力降低，试验液体自身放气加快而形成一些气泡；另外，试验容器和被检件表面也会在高温和真空条件下产生放气而形成气泡。这些不是由被检件漏气而产生的气泡会干扰检漏的正常进行，导致某些小漏孔漏出的气泡被掩盖，降低了检漏灵敏度。

2）试验液中的微小杂质可能堵塞小漏孔，会降低检漏灵敏度，所以保持试验液的清洁很重要。

3）试验环境光照不足，影响对小气泡的观察，也会降低检漏灵敏度。

要提高气泡检漏的灵敏度，就要注意上面提到的问题。除此以外，还有一些办法可以提高气泡检漏的灵敏度，一个办法是对被检件充入相对分子质量较小的气体；另一个办法是选择表面张力系数小的试验液体。对同一漏孔，在相同的温度和压差条件下，相对分子质量小的气体比相对分子质量大的气体容易通过漏孔，漏出的气体量要多，可以提高气泡检漏的灵敏度。试验液体的表面张力系数小，漏孔出口处的液体对漏出来的气体的阻力就小，便于气泡的生成和浮起，也可提高气泡检漏灵敏度。空气的相对分子质量是 29，氮气是 28，氦气是 4，氢气是 2。对被检件充氢气、氦气比充空气、氮气的检漏灵敏度要高。但是氢气属易燃易爆气体，安全性差，不宜采用。氦气是惰性气体，很安全，但价格稍贵。所以一般作气泡检漏使用洁净压缩空气或氮气的较多。常用的试验液体是水、酒精、氟油等。水的表面张力系数是 0.073N/m，酒精是 0.022N/m，高沸点氟油 FC-43 是 0.021N/m，低沸点氟油 F113 是 0.019N/m，比较而言，作气泡检漏时 F113 的灵敏度最高，水的灵敏度最低。对被检件充氦气放入氟油 F113 中作气泡检漏，能够检出较小的漏孔，若改用充相同压力的空气放入水中检漏，就可能检不出来。

提高被检件的充气压力，也可以提高气泡检漏的灵敏度，但压力的提高是有限度的，压力太高可能对被检件和人员造成损伤，而且充气压力往往已经在图纸或相关标准中作了规定，不能随意更改。

5.2 检漏设备与材料

5.2.1 检漏设备

1. 加压设备

（1）空气压缩机（泵） 压缩空气用于对被检件充气、加压，使被检件内外产生所需的压差。一般工厂、研究所大多装有压缩空气管路系统，可提供清洁的露点很低的压缩空气。在没有清洁的露点很低的压缩空气源的地方，可以使用高压气瓶作气源。

（2）测量压力的设备 压力表是充气时不可少的测压仪表，压力表的最佳测量压力为最大量程值的 2/3。因此，要根据被检件充气压力选用合适量程的压力表，不应高压低压都选用同一块压力表。压力表要定期送计量部门校准，并在规定的有效期限内使用。压力表可以直接装在被检件上，也可以装在加压操纵台上，通过管子与被检件相连。

（3）安全活门与超压报警器 为了防止对被检件充压过高造成安全事故，在管路系统中必须加装安全活门，当充气压力超过规定值的时候，安全活门能够自动打开，向外放气。

（4）加压管路及阀门 在被检件与气源之间，必须安装管路、阀门，才能完成对被检件的充气加压。

2. 抽真空设备

（1）真空泵、真空管路、真空阀门、真空表 由于抽真空检漏时只需要在被检件内创造一个低真空条件，所以所需要的抽真空设备并不复杂。真空泵可选一般的旋片机械真空泵，真空阀门可选低真空隔膜阀，真空度的测量可使用最普通的指针式真空表。管路可以用金属软管，也可以用真空橡胶软管。

（2）真空检漏容器与真空检漏盒 真空检漏容器是用来盛装被检件和显示液体的，它的体积要根据被检件的大小来设计，容器应该密闭并有透明的观察窗口。在容器上面应装有抽真空管路和阀门并与真空泵相连，还应装有真空表。真空检漏容器不要作得太大。

3. 检漏工艺装备

常用的工艺装备有堵盖、堵帽、接头及各种软管。还有充气控制台、抽真空控制台

（也可以合成一个台子）及水槽。

检漏之前必须用堵盖、堵帽将被检件上的法兰盘、管嘴，接头等开口部位堵严。堵盖、堵帽的尺寸按被检件设计，要特别注意密封部位的表面粗糙度，不能有划伤、碰伤。极小的划伤、碰伤都会影响密封性能，尤其是对真空系统的影响特别突出。用于大法兰盘的堵盖不能太薄，否则刚度不够，会产生很大变形。堵盖与法兰盘的连接可以使用螺栓，也可以使用卡钳。抽真空时虽然可以靠大气压力将堵盖压在法兰盘上，但是为了安全和更好地密封，还是应该装上螺栓或卡钳。在某些堵盖上还应设计制作一些连接接头，用于连接充气管路和抽真空管路及安全活门。

充气（或抽真空）控制台上装有各种阀门、减压器、压力表（或真空表）及部分管路，它的一端连接被检件，另一端连接气源或真空泵。控制台自身应该有很好的密封性能，否则压力表就不能真实地反映被检件的压力大小，这是很危险的。

水槽是用来盛装被检件和显示液体的，水槽的大小按被检件设计，水槽的内部应作成不反光和暗色的，以便于观察气泡。

4. 清洗烘干设备

被检件检漏之前，应该清洗烘干，疏通被堵塞的漏孔。对大批量的清洗工作，可制作专用清洗设备。要按被检件的大小配置合适的烘干用烘箱，烘箱分为普通烘箱和抽真空烘箱，烘干加抽真空，疏通漏孔的效果会更好。

5. 观察设备

它包括照明灯具、光学观察仪器以及照相机、摄录像机等。

5.2.2 检漏材料

1. 瓶装氮气与氦气

一般的打压气泡检漏，都使用压缩空气作气源。在没有压缩空气的地方，可以用瓶装氮气作气源。另外，当被检件内部清洁度要求较高时，也需要用氮气作气源。氦气也可以作为打压气泡检漏的气源，这是因为氦气的相对分子质量小，检漏灵敏度高，但因为氦气的价格较高，所以一般的打压气泡检漏不使用氦气作气源。

2. 试验液体

（1）水　它是最常用的试验液体。使用的自来水必须预先作相应的处理。第一，要对水进行过滤，去除杂质；第二，要在水中加入缓蚀剂，减少水中有害物质对被检件的腐蚀作用。过去常用的缓蚀剂是重铬酸钾，在水中加入 0.4%的重铬酸钾，缓蚀效果不错。但是，重铬酸钾有巨毒，对人和环境都不好，应控制使用。最好的办法是使用纯水（去离子水）或蒸馏水，它们不会腐蚀被检件。美国资料介绍，对水使用加湿剂进行处理，可以使其体积增大 1/3，减少表面张力和促进气泡的形成。

（2）无水乙醇（无水酒精）　它是常用的试验液体。它的表面张力比较小，可以提高气泡检漏的灵敏度；它又是非常清洁的试验液体，对被检件没有污染。但是，它是易燃物品，使用时要特别注意防火。

（3）氟油　在电子元器件检漏中，经常使用氟油作试验液体，有关氟油的问题在第 11 章中有专门介绍。

3. 起泡液

在皂泡法检漏中，常用肥皂水作起泡液。我们希望在检漏时只有漏孔处冒泡，别处不要冒泡。但是用肥皂水作起泡液时，它自己就产生许多气泡，造成干扰，降低了检漏灵敏度。现在，研制了一种新型起泡液，检漏时，它仅在漏孔处产生气泡。这种新型起泡液由核工业上海无损检测中心研制，已经批量生产。

5.3 检测技术

5.3.1 浸泡法

1. 适用范围

本方法适用于在试验前经过密封，并且最大外形尺寸能允许它浸没在试验容器中的被检件。

2. 检测过程

（1）充气加压气泡法　将被检件装好堵盖、堵帽、接头等工艺装备，连接充气管路，向被检件充气，使其压力上升到规定的数值。缓缓地将被检件放入水槽中，需检测的部位向上，使其处于便于观察的位置。仔细观察需检测的部位，是否有单个或成串气泡冒出，观察时间不可太短。要认真区分冒出的气泡是真漏还是假漏产生的。从漏孔冒出的气泡，出泡的位置比较固定，出泡均匀而稳定，这是真漏。而假漏产生的气泡刚好相反，出泡的位置不固定，出泡不均匀，这种气泡往往是由于存在于某些缝隙中的气体或由一些沾附在被检件上的有机物放气造成的。充气加压法检漏的灵敏度与充气加压的压力有很大关系。比如有的小漏孔，充入两个大气压不冒泡，改充五个大气压它可能就冒泡了。但是充气压力的高低是设计规定好的，不是可以随意更改的。当然，选用表面张力小的试验液、使用氢气或氦气等分子量比较小的气体对被检件充压，也可以提高检漏灵敏度。还有一种充气加压的气泡检漏方法，适用于密闭的小型被检件，它没有可以充气的管口。首先将被检件放在压力罐中用高压气体加压，被检件若有漏孔，高压气体压入漏孔，内腔压力升高，从压力罐取出被检件后，迅速放人试验液中，便会从漏孔处冒出气泡。

（2）抽真空气泡法　将被检件开口封严，放入真空检漏容器，并在容器中倒入酒精，使其液面淹过被检件约5cm，用真空泵对检漏容器抽真空，使被检件内外产生压差，被检件内的气体就会通过漏孔向外泄漏，在酒精中形成气泡。检漏时，因为酒精中溶解的气体会在真空条件下向外释放，形成气泡，将干扰对被检件漏气气泡的观察。解决这一问题可以采取两项措施：第一是在检漏前对酒精预先抽真空一段时间，使溶解的气体能基本释放出来。第二是检漏时真空度不要太高（即压力太低），抽真空到30～50kPa即可。实践证明，采取这些措施，是可以有效地减少干扰的。

（3）热槽气泡法　首先将热槽中的试验液加热到规定的温度并保持稳定，然后将被检件开口封严，放入热槽中。等待一段时间后，观察被检件是否有气泡冒出。这种检漏方法是靠被检件内腔气体被加热后压力升高而产生压差，从而在漏孔处产生气泡的，所以被检件放人热槽中要等待一段时间，时间太短，可能看不到气泡造成误判。

上述三种方法中，使用最多的是充气加压气泡法，其次为抽真空气泡法。热槽气泡法常用于电子元器件检漏。

5.3.2 涂刷液体法（皂泡法）

1. 适用范围

本方法对于任何能在漏孔两侧产生压力差的被检件都是适用的。对于不宜采用浸泡法进行气泡检漏的管路系统、压力容器、大容器、球及泵或大型设备都是适用的。这种方法过去称为皂泡法。但是，现在检漏不一定使用肥皂水作显示液，所以称为涂刷液体法可能更准确一些。

2. 试验方法

（1）充气加压法　对被检件（或系统）充气加压后，在被检件低压端一侧需要检测的部位涂刷显示液体（肥皂水或其他的显示液），观察有无气泡产生。在涂刷显示液时，让液体慢慢流到被检部位，以防止液体本身产生气泡。对法兰盘连接处，必须将法兰间的所有缝隙涂满显示液，才能准确判断该法兰盘密封面是否漏气。如果只涂半圈，漏出的气体有可能从没有涂显示液的位置跑掉，造成漏检。被检件（或系统）充气加压前，不要对被检件涂刷显示液体，以防阻塞小漏孔。

（2）抽真空法　某些被检件不可能或不允许充气加压，但是又需要使用涂刷液体法作气泡检漏，就可以使用抽真空法。它的检漏原理是：在需检测部位涂刷显示液体并在其上放置真空罩盒，真空罩盒与被检件结合部位用橡胶垫或真空封泥密封，对真空罩盒抽真空后，仔细观察检测部位是否有气泡冒出。真空罩盒应是透明或局部透明的，其上有抽真空的管口。同前面浸泡法抽真空的道理一样，检漏时真空度不要太高（30～50kPa即可），以免显示液体自身冒泡，造成对漏孔处冒泡的干扰。

5.3.3 测量漏率的方法

气泡检漏方法，属于检测精度要求不高的粗检漏，一般只确定被检件是漏还是不漏，而不需定量。但并不是说气泡检漏就不能定量。在某些情况下，气泡检漏也可以定量。下面介绍两种在气泡检漏中测量漏率的方法。

1. 排液集气法

将被检件内腔充压到规定压力以后，浸入试验液体中，当发现泄漏点时，将标有体积刻度值的集气容器放置在泄漏点的上方，收集漏出的气体，经过一定时间的积累，集气容器内的气体量会有一定的增加，根据积累时间和增加的气体量，即可用下式计算出被检件的漏率

$$Q=pV/t \tag{5-5}$$

式中 Q——被检件漏率，$\mathrm{Pa\cdot m^3/s}$；

p——当地大气压，Pa；

V——集气容器的集气体积，$\mathrm{m^3}$；

t——积累时间，s。

2. 数泡法

检出漏孔的漏率与气泡直径、气泡形成速率、充气的种类以及充入的压力有关。设充入的示漏气体压力为 p_t，在 p_t 下该示漏气体的漏率 Q_i 与气泡直径 D 及气泡形成速率 n 的关系

$$Q_i = \frac{n}{6}\pi D^3 p_b \tag{5-6}$$

p_b 为气泡内的气体压力，它与以下三种压力处于平衡，即：

1）示漏液体表面的大气压力 p_F；

2）气泡所处示漏液体部位的液柱高形成的压力 p_g

$$p_g = \frac{f}{S} = \frac{mg}{S} = \frac{hS\rho g}{S} = h\rho g \tag{5-7}$$

3）由示漏液体表面张力附加于气泡上的压力 p_s

$$p_S = \frac{F}{S} = \sigma\pi D / \frac{\pi D^2}{4} = 4\sigma / D \tag{5-8}$$

因此，气泡内的气体压力即管子在示漏液中的临界压力 p_b

$$p_b = p_F + h\rho g + 4\sigma / D \tag{5-9}$$

那么在 p_t 下阀门对该示漏气体的漏率 Q_i 为

$$Q_i = \frac{n}{6}\pi D^3 (p_F + h\rho g + 4\sigma / D) \tag{5-10}$$

假设漏孔的气流状态为粘滞流，将 Q_i 换算成同温下的标准空气漏率 Q_A 时有

$$Q_A = Q_i \frac{{p_A}^2}{{p_t}^2 + {p_b}^2} \frac{\eta_i}{\eta_A} = \frac{n}{6}\pi D^3 p_b \frac{{p_A}^2}{{p_t}^2 - {p_b}^2} \frac{\eta_i}{\eta_A} \tag{5-11}$$

一般情况下，由于管子淹入显示液的深度 h 比较小，示漏液体的表面张力 σ 也比较小，$p_F \gg h\rho g+4\sigma/D$。即 $p_b \approx p_F$，因此有

$$Q_i = \frac{n}{6}\pi D^3 p_F$$

$$Q_A = \frac{n}{6}\pi D^3 p_F \frac{{p_A}^2}{{p_t}^2 - {p_F}^2} \frac{\eta_i}{\eta_A} \tag{5-12}$$

若示漏气体为空气，那么

$$Q_A = \frac{n}{6}\pi D^3 p_F \frac{{p_A}^2}{{p_t}^2 - {p_F}^2} \tag{5-13}$$

上述式中 Q_i —— 在压力 p_t 下对示漏气体 i 的漏率，Pa · m³/s；

Q_A —— 同温下的标准空气漏率，Pa · m³/s；

D—— 气泡的直径，m；

n—— 气泡形成速率，s^{-1}；

p_b—— 气泡内气体的压力，即示漏气体在示漏液中冒泡的临界压力，Pa；

p_F—— 示漏液体表面的大气压力，Pa；

p_A—— 标准大气压，10^5Pa；

p_t—— 检漏时，被检件中所充示漏气体的绝对压力，Pa；

h—— 气泡所在部位至液面的距离，m；

ρ—— 示漏液体的质量密度，kg/m^3；

g—— 重力加速度，$9.81m/s^2$；

σ—— 示漏液体表面张力，N/m；

η_i—— 示漏气体的粘滞系数，h · s；

η_A—— 空气的粘滞系数，Pa · s。

当管子口径（即气泡直径 D）为 5mm，试验液体为无水乙醇，管口距液面距离不大于 5mm，在观察时间 t 内，若有 N 个气泡冒出，阀门的漏率就可以按下列经验公式计算

$$Q=\frac{1\times10^{-6}Np}{14.1t} \qquad (5-14)$$

式中 Q—— 被检件漏率，$Pa \cdot m^3/s$；

p—— 当地大气压，Pa；

N—— 在观察时间内冒泡的个数；

t—— 观察时间，s。

上述公式是一个经验公式，必须在规定的条件下才能使用，不能不讲条件随意乱用。

5.3.4 试验注意事项

1）充气加压是有一定危险性的工作，被检件要在作过水压（强度）试验之后，才能充气加压，充气加压的压力必须符合设计的规定。

2）检漏之前，被检件要进行清洗烘干，疏通漏孔。

3）要先充气，后放入试验液中看冒泡，以防小漏孔被试验液堵塞。

4）使用氢气、酒精时，要严防火灾的发生。

5.4 气泡检漏法的应用实例

5.4.1 阀门内泄漏与外泄漏的气泡法检漏

1. 阀门内泄漏的检漏

将阀门泄漏介质导出管浸入示漏液不大于 10mm，观察有无气泡冒出。若需要测定漏率大小，在冒泡处的上方放置有容积刻度值的气体收集容器，漏出的气体被积存在收集容器中，经过一定时间 t（s）的积累，在收集容器中将有气体 V（m^3）的增量，按照当地大气压 p（Pa）就可以计算被检件漏率 Q：

$$Q=pV/t \tag{5-15}$$

2. 阀门外泄漏的检漏

将被检阀门充气到检测压力后浸入示漏液中，观察有无气泡冒出。若需要测定漏率大小，可参照上述内泄漏测定漏率的方法进行。

5.4.2 飞机油箱的气泡检漏

飞机油箱在油密试验之前，可先作气泡检漏，能提高油密试验的合格率。气泡检漏可采用充压法，也可采用抽真空法。

根据资料介绍，美国F16飞机的机翼油箱在外场检漏时就是采用充压法，加压压力为0.24MPa表压，在油箱缝、紧固件、空穴及边界结构口盖上刷泡沫液，通过观察冒泡寻找漏孔位置。

飞机油箱也有使用抽真空法作气泡检漏的，将油箱口盖换成透明的，油箱内装入纯净水或酒精，对油箱抽真空，通过透明口盖可观察漏气冒泡的部位。

5.4.3 浮筒的热槽法检漏

液位传感器的浮筒是一个密闭的空心零件，对它可以采用热槽法检漏，油槽中的氟油FC-43预先加热到125℃，将浮筒浸入热氟油中，浮筒中的气体遇热压力升高，若浮筒有漏，压力升高了的气体漏出，就会形成气泡。

复 习 题

1. 简述气泡检漏的基本原理。
2. 被检件充压后在试验液中作检漏，气泡浮出必须克服哪几种阻力？
3. 气泡检漏，被检件内外产生压力差的主要方法有哪几种？
4. 简述气泡检漏时，漏率的测量方法。
5. 简述提高气泡检漏检测灵敏度的方法。
6. 对气泡检漏使用的压缩空气有什么要求？
7. 充压气泡检漏为什么要使用两块压力表显示被检件内的压力？
8. 大容器作充压气泡检漏为什么必须安装安全活门？
9. 充压气泡检漏时需要哪些主要设备？
10. 抽真空气泡检漏时需要哪些主要设备？

第 6 章　压力变化检漏

压力变化检漏是常用的、发展成熟的检漏方法之一。它被广泛地应用在航空、航天、仪器、仪表、兵器等行业，是行之有效且简单实用的检漏方法之一。按照被检件的压力变化的形式，压力变化检漏分为静态压升法和压降法两种。

6.1　压力变化检漏的原理

6.1.1　静态压升检漏法

静态压升检漏法是一种常用的判断真空容器是否有漏并能测出其总漏率的一种方法。

所谓压升法就是将被检容器抽真空到一定压力后，关闭阀门将被检容器与泵隔开；由于容器漏气，容器中的压力将随时间而上升。用相应的真空计测出一定时间间隔Δt内压力的变化值Δp来，就可以计算出容器的总漏率Q来，即：

$$Q = \frac{\Delta p}{\Delta t} V \tag{6-1}$$

式中　V —— 容器的体积。

然而，真空容器与泵隔开后，容器中的压力上升不只由漏气引起，也可能由材料出气引起，必须区别漏气和出气。如果用真空计每隔一定时间测量一次容器的压力，就可以绘出压力与时间曲线来，例如会有图 6-1 所示的四条曲线中的一条曲线出现。

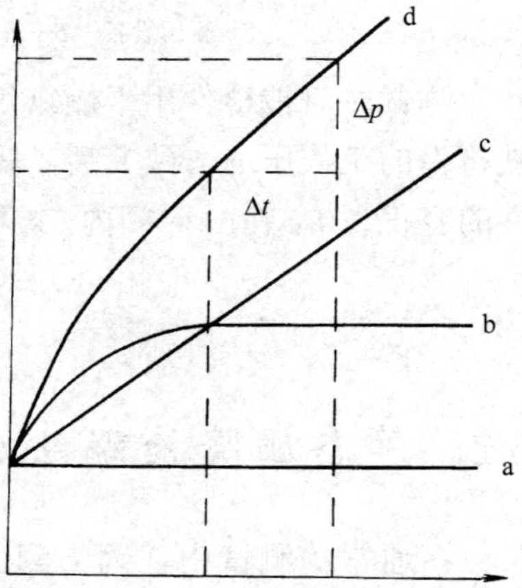

图6-1　压强—时间曲线

直线 a：是一条平行于时间坐标轴的直线，压力不变。说明容器漏气很小，放气也很小。

曲线 b：表示容器中的压力上升速度开始较快，而后逐渐减慢，最后趋于平衡。说明容器放气较大，漏气很小。

曲线 c: 是一条斜率为$\Delta p/\Delta t$的斜线。说明漏气是主要因素。

曲线 d：开始压力上升较快，而后逐渐减慢，最后变成斜率为$\Delta p/\Delta t$的一条斜线。说明容器漏气和出气都较大，曲线是由漏气和放气共同形成的，斜线部分是由漏气决定的。

如果出现斜线 c 和曲线 d 的情况，都说明容器有漏。利用直线部分的斜率，便可以计算出容器的总漏率来。

这种方法的检漏灵敏度除了与容器本底压力、真空计的灵敏度有关外，还与测量时间、容器容积大小有关。本底压力低，检测时间长，容积小，检漏灵敏度就高。

值得注意的是，如果测试时间比较长，要注意修正环境温度变化带来的误差。另外，容器中的压力必须远远小于外界大气压力，此时漏率 Q 才可以看成为恒定值。

在升压法中，放气将对漏率测量带来较大的影响。为了减少放气的影响，在试验前应该对容器进行很好的清洁和干燥处理，如用干燥氮气冲洗，真空下高温烘烤等。计算漏率时，应在压力随时间变化的线段取数据。另一种降低放气影响的方法是在规管和容器之间安装一个冷阱，因为放气的气体绝大部分是可以冷凝的水蒸气，在进入规管前被冷阱冷凝，这样，测得的压力变化仅反应了漏气的结果。

6.1.2 静态压降检漏法

静态压降检漏法通常用于测试被检件（气瓶或贮箱）的总漏率。常用的压降法检漏法原理如图 6-2 所示，一般由测压设备、测温设备、操作控制台、加压管道、测压管道、气源（气瓶）组成。

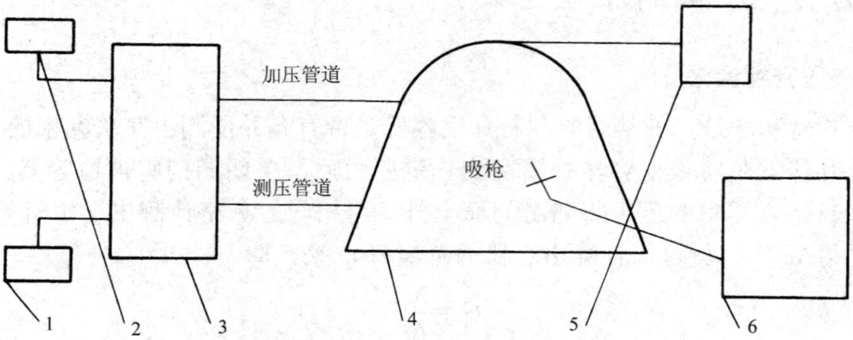

图6-2 压降法检漏法的原理示意图

1—测压设备 2—气源 3—操作控制台 4—产品 5—测温设备 6—检漏仪

测试时对被检件用干燥氮气（或其他干燥气体）通过充气管道充到一定压力（一般与被检件的工作压力一致）后，隔断气源，观察被检件内压力随时间的下降情况。如果被检件的容积为 V，在 Δt 时间内，被检件内的压力降为 Δp，那么被检件的总漏率 Q 由下式算出：

$$Q=\frac{V\Delta p}{\Delta t} \tag{6-2}$$

6.2 静态压降检漏法压力差的确定

在通常的测试中，因为测试的压力为相对大气的压力，测试时的大气压力在不同的测试时间，测试地点都有较大的不同，在相对测量中还需对测试时的大气压及被检件中的压力进行测试。被检件中气体压力随着环境温度升高，随着环境温度的降低而减少，实际漏气引起的压力降应扣除温度和大气压的波动。目前采用下式确定压力差：

$$\Delta p=(p_1+A_1)-(p_2+A_2)\frac{T_1}{T_2} \tag{6-3}$$

式中 Δp—— 这被检件泄漏造成的压力降，Pa；

p_1—— 保压前的被检件压力初值，Pa；

A_1—— 保压前的大气压初值，Pa；

T_1—— 保压前的被检件温度初值，K；

P_2—— 保压后的被检件压力终值，Pa；

A_2—— 保压后的大气压终值，Pa；

T_2—— 保压后的被检件温度终值，K。

6.3　有效容积的确定

标准容积的准确性对被检件测试至关重要，一般的高纯氮气瓶，虽然都标有容积，但因差别较大。通常采用高精度 Metler Toledo 的称重仪，通过测试压力、温度，气体净质量，按下式计算出气瓶的标准容积。

$$V_b = \frac{MRT}{up} \tag{6-4}$$

式中　M——标准容积内气体的质量，kg；

p——标准容积内气体的压力，MPa；

T——标准容积内气体的温度，K；

R——气体常数；

U——气体的摩尔质量，kg。

被检件的容积是通过将标准容积 V_b 中的压力膨胀，测定平衡压力而按下式得到。

$$V = V_b \frac{(p_{b0} - p_{b1})}{(p_{c0} - p_{c1})} \tag{6-5}$$

式中　V—— 被检件的测试容积，m^3；

p_{b0}——标准容积的压力初值，MPa；

p_{b1}—— 标准容积的压力终值，MPa；

p_{c0}—— 被检件的压力初值，MPa；

p_{c1}—— 被检件的压力终值，MPa；

6.4　常用压降检漏法误差分析

从式（6-2）可得，常用压降检漏法的绝对误差可用下式表示：

$$\Delta Q = \Delta(\Delta p)\frac{V}{t} + \Delta V\frac{\Delta p}{t} + \Delta pV\frac{\Delta t}{t^2} \tag{6-6}$$

相对误差如式（6-7）所示：

$$\frac{\Delta Q}{Q} = \frac{\Delta(\Delta p)}{\Delta p} + \frac{\Delta V}{V} + \frac{\Delta t}{t^2} \tag{6-7}$$

从式（6-3）可得：压力变化测量的绝对误差可用下式表示：

$$\delta_{\Delta p} = \left\{ \delta_{P_1} + \delta_{A_1} + \left(\delta_{P_2} + \delta_{A_2}\right)\frac{T_1}{T_2} + \left(p_2 + A_2\right)\frac{\delta_{T1}}{T_2} + \left(\frac{(p_2 + A_2)T_1}{{T_2}^2}\right)\delta_{T_2} \right\} \tag{6-8}$$

式中　$\delta_{\Delta P}$—— 被检件压力降测量的误差，Pa；

δ_{P1}—— 被检件压力初值测量误差，Pa；

δ_{A1}—— 大气压力初值测量误差，Pa；

δ_{P2}—— 被检件压力终值测量误差，Pa；

δ_{A2}—— 大气压力终值测量误差，Pa；

δ_{T1}—— 被检件温度初值测量误差，K；

δ_{T2}—— 被检件温度终值测量误差，K。

由式（6-5）可得被检件有效容积测试的绝对误差：

$$\Delta V=\Delta V_b\frac{(p_{b0}-p_{b1})}{(p_{c0}-p_{c1})}+V_b\frac{\Delta p_{b0}+\Delta p_{b1}}{(p_{c0}-p_{c1})}+V_b\frac{(p_{b0}-p_{b1})}{(p_{c0}-p_{c1})^2}(\Delta p_{c0}+\Delta p_{c1}) \tag{6-9}$$

式中 ΔV—— 被检件容积的误差，m^3；

ΔV_b—— 标准有效容积误差，Pa；

Δp_{b0}—— 标准容积压力初值测试误差，Pa；

Δp_{b1}—— 标准容积压力终值测试误差，Pa；

Δp_{c0}—— 被检件压力初值测试误差，Pa；

Δp_{c1}—— 被检件压力终值测试误差，Pa。

采用绝对压力测量，$\delta_{P1}=\delta_{P2}=\delta_{A1}=\delta_{A2}=25$Pa，$\delta_{T1}=\delta_{T2}=0.1$K，作为测量的一个特例，式（6-7）估算压力的测量的绝对误差为：

p_1=100.00kPa，　p_2=99.00kPa，　A_1=101.00 kPa，　A_2=100.00 kPa，

T_1=（273+25）℃，　T_2=（273+23）℃，Δp=40Pa，　$\delta_{\Delta p}$= 128.4Pa

按照式（6-4），测定标准气瓶的容积为 42.59L，标准容积的偏差 ΔV_b=7.15L。

如被检件有效容积测试中，标准气瓶的压力从 12.0MPa 下降至 8.4MPa，将被检件从 5.8kPa 充至 20.0kPa，被检件温度从 14.6℃变化到 14.5℃。

根据式（6-5）、式（6-9），计算出被检件的有效容积及绝对误差值。

$$V=42.59\times10^{-3}\times\frac{(12.0-8.4)\times10^6}{(20.0-5.8)\times10^3}m^3=10.80\,m^3$$

$$\Delta V=7.15\times\frac{(12.0-8.4)}{(20.0-5.8)}L+42.59\times\frac{2\times0.2\times10^6}{(20.0-5.8)\times10^3}L+42.59\times\frac{(12.0-8.4)\times10^3}{(20.0-5.8)^2\times10^6}\times2\times25L$$

$$=1813+1199+0.038\,L=3012\,L=3.012\,m^3$$

在式（6-7）中，$\frac{\Delta t}{t^2}$的值可以忽略，有$\Delta Q/Q$=47.8%，其中有效容积的测试相对误差达 28.21%。

6.5 一般压降法存在的问题及解决的措施

6.5.1 压降检漏法的灵敏度

压降法检漏的灵敏度和测压设备的最小可检压力紧紧相关。静态测试一般是在初始时间，某个间隔时间或检漏的终止时间。这种静态测量的灵敏度主要和测试的间隔时间、测压仪器的最小可检压力。如果不考虑温度和出气效应，从检漏初始到终止时测量时间如果加长，就可以提高测试灵敏度。但是，延长检漏时间，就会增加检漏周期，一般在

单件产品的试验生产中，可容忍的检漏时间一般是 24～48h。

压力降检漏中，当温度和压力测试的精度越高，灵敏度越高，则漏率灵敏度也就灵敏，因此，尽可能地选择分辨率和精度较高的测温计和压力计。

6.5.2　湿度问题

在压力降检漏中，被检件一般都不进行预先抽真空，而是在大气本底的基础上充入检漏气体。检漏气体包含有水蒸气。如果温度低于露点温度，水蒸气将凝结在固体表面，这样水蒸气的压力将要从检漏气体的总压力中剔除。当温度高于露点温度，被检件中的水蒸气将蒸发而增加被检件空气中的总压力。水蒸气的分压力加上气体的真实压力构成了压力降检漏过程中的总压力。如果水蒸气的分压力在检漏过程中保持不变，由于被检件中的总压力满足理想气体方程，水蒸气的分压值可以剔除。然而，当温度发生变化，水蒸气的凝结和蒸发对恒定体积被检件中空气的总压力将发生较大的变化。如果不对水蒸气产生的影响进行校准，压降检漏法将产生较大的偏差。

在露点温度时，在空气中水蒸气的蒸发和凝结达到了平衡，在压力变化检漏中，通过露点传感器测量露点温度，就可以得到水蒸气的分压力，表 6-1 中是常压状态下不同露点的水蒸气压力和温度的关系。1℃的露点温度引起的被检件中的压力变化约为几百帕。

表 6-1　水蒸气压力和温度的关系

露点温度		水蒸气绝对压力		露点温度		水蒸气绝对压力	
℃	℉	Pa	Lbfin^2	℃	℉	Pa	Lbfin^2
15	59.0	1705.1	0.2473	26	78.8	3360.5	0.4874
16	60.8	1818.2	0.2637	27	80.6	3564.6	0.5170
17	62.6	1937.4	0.2810	28	82.4	3779.0	0.5481
18	64.4	2063.6	0.2993	29	84.2	4004.5	0.5808
19	66.2	2196.7	0.3186	30	86.0	4241.7	0.6152
20	68.0	2337.3	0.3390	31	87.8	4491.3	0.6514
21	69.8	2486.3	0.3606	32	89.6	4754.0	0.6895
22	71.6	2643.5	0.3834	33	91.4	5029.1	0.7294
23	73.4	2808.3	0.4073	34	93.2	5318.0	0.7713
24	75.2	2982.7	0.4326	35	95.0	5621.3	0.8153
25	77.0	3166.8	0.4593				

因此高灵敏度的压降法检漏中，为了合理地计算漏率真值，当被检件中的温度低于露点温度时，必须从总压力中减去水蒸气压：$p_g = p - p_v$，这样降低偏差。

6.5.3　有效容积测量

在通常的有效容积测试中，由于先进行标准容积测试，测试过程中气瓶的压力和气瓶内气体质量变化测试精度较低，还必须测试被检件的压力、温度变化后确定标准有效容积。在确定标准有效容积后，采用膨胀法，通过被检件内的温度、压力变化最终确定被检件的有效容积。这样被检件中的温度、压力变化引起的偏差就要计算两次，偏差较大。

通过实践，我们采用直接称重法确定被检件的有效容积，其基本原理如图 6-3 所示。对于压力较低的非凝结气体，可以采用理想气体方程描述其物理过程。在大气本底的基础上用一精密天平，准确地测出充入被检件相对应的压力、温度下的气瓶气体质量，按下式计算被检件的有效容积。

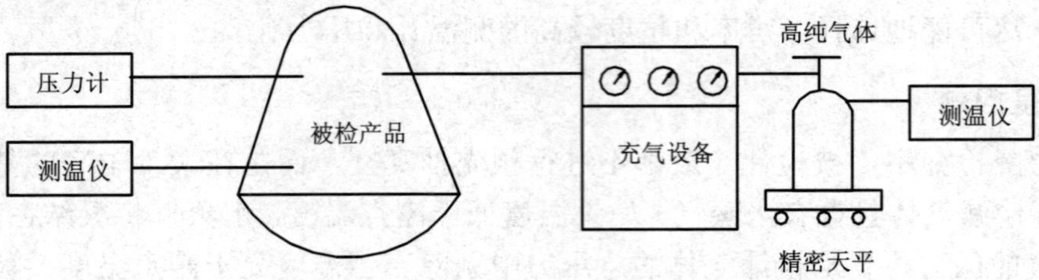

图6-3 被检件有效容积测试原理图

$$V=\frac{\Delta mR}{\mu(\frac{p_3}{T_3}-\frac{p_4}{T_4})} \tag{6-10}$$

式中 Δm—— 这充入被检件气体气瓶的质量数变化，kg；

p_3—— 充入气体前气瓶的压力，Pa；

T_3—— 充入气体前气瓶的温度，K；

p_4—— 充入气体后气瓶的压力，Pa；

T_4—— 充入气体后气瓶的温度，K；

u——气体的原子质量，kg。

采用这种有效容积测试，产生的偏差如下式所示：

$$\Delta V=\frac{\Delta(\Delta mR)}{\mu\ (\frac{p_3}{T_3}-\frac{p_4}{T_4})}+\frac{\Delta mR}{\mu\ (\frac{p_3}{T_3}-\frac{p_4}{T_4})^2}(\frac{\Delta p_3}{T_3}+\frac{\Delta p_4}{T_4}+\frac{\Delta T_3 p_3}{T_3^{\ 2}}+\frac{\Delta T_4 p_4}{T_4^{\ 2}}) \tag{6-11}$$

被检件容积计算的误差分析：

	气瓶重量/kg	被检件压力/kPa	被检件温度/□
充气前：	9.590	141.39	20.2
充气后：	8.800	151.05	20.2

$$V=\frac{8.31\times(9590-8800)}{28}\mathrm{m}^3\Big/\left[\frac{151050}{(273+20.2)}-\frac{141390}{(273+20.2)}\right]=7.116\,\mathrm{m}^3$$

测量用的天平标准差为： 1.5g

温度： 0.02K

压力计： 15Pa

按照式（6-9）得 $\Delta V=0.0502\,\mathrm{m}^3$。

6.5.4 数据处理及计算

在目前的压降检漏法中，大多数采用的是测试初值、终值二组测量数据的方法，这样测试数据较少，容易产生较大误差。而应该采用点到点的数据分析方法，每个次测量漏率 Q_n 都是通过两个相临测试点按式（6-12）计算出：

$$Q_n=\frac{W_n-W_{n-1}}{t_n-t_{n-1}} \tag{6-12}$$

在整个测试时间内，当绝对压力、漏孔尺寸都保持不变时，可以认为被检件的漏率也是恒定的。在这种情况下，将漏率测试点拟合成直线，最小平方关系要求总的平方偏差值最小。在点到点的压力变化检漏测试中，测试时间间隔相等，平方拟合的漏率值和算术平均值相等。这样，可以简化数据计算。平方拟合的漏率值可以用算术平均值代替。

$$Q=\frac{Q_1+Q_2+\cdots+Q_k}{K} \qquad (6-13)$$

通过多次测量，采用平均漏率计算法来降低测试的偏差。其漏率的偏差值可以通过最小均方根计算。

6.6　压力降检漏结论

1）绝对压力变化检漏，在目前采用较高灵敏度的压力计和温度计，绝对压力的测试精度大约 50Pa，要提高漏率测试灵敏度，可以增加保压时间。

2）在精确高灵敏度的测试中，当从处于大气压状态的被检件直接充入示漏气体时，要考虑环境温度变化引起的水蒸气变化，要剔除水蒸气压力对总压力测量的影响。

3)采用高灵敏度的天平直接称重测量被检件的有效容积产生的测试偏差要比标准容积膨胀法的小。

4）采用逐点质量分析法，采用最小二乘法数据分析，可以减少分析偏差。

6.7　差压式气密检漏

6.7.1　概述

一般的压力变化检漏，直观性好，可靠性高，测试系统的构成简单，根据压力变化而判定泄漏。差压比较检漏的测试原理简单、精度高，足以满足一般产品的要求，受环境干扰小，尤其是检测成本低、测试效率高、检漏范围宽、使用简便等特点使它得到很快的普及。

6.7.2　被测物的泄漏及压力的关系

1. 泄漏量与压力差

在温度一定的条件下，一个体积为 V 的被测物，内存压力为 p 的理想气体，如果体积 V 增加 ΔV，其压力将减少 Δp，则有:

$$PV=(P-\Delta P)\times(V+\Delta V) \qquad (6-14)$$

2. 泄漏过程中被测物内压力的变化过程

被测物有泄漏时气体的压力在开始阶段变化很快，其速度会随着内部压力逐渐接近外部压力而减慢。压力变化速度会因被测物容积、流体流过泄漏孔的难易程度不同而有所差别。

由胡克定律（Hooke’s Law）知道对于形状不规则的漏孔，它的流量 q 为

$$q=C({p_1}^n-{p_2}^n) \quad (1\leqslant n\leqslant 2) \qquad (6-15)$$

式中　C、p_1、p_2——分别为流速系数和被测物内外的压力；

n——要根据被测物的壁厚、材质、气体磨擦阻力，特别是漏孔的形状而决定的，而这些往往很难确定。当 n=1 时，即气体为分子流时有：

$$q = C(p_1 - p_2) \tag{6-16}$$

对于一个容积为 V、流量为 q 的被测物，在某一小段时间 dt 内流出的体积流量 q_L 与压力变化量 dp 的关系，可由下式表示：

$$q_L \, dt = -V \, dp \tag{6-17}$$

设初始（t=0）时，被测物内压力 p_1，外部大气压力 p_0，则：

$$p = (p_1 - p_0)e^{-\frac{C}{V}t} + p_0 \tag{6-18}$$

图 6-4 为由此算出的被测物内压力因泄漏而产生的变化曲线。

由图 6-4 可见在充入压力 p_1（测试压力）的附近，漏气时间不是很大的范围内，压力变化与时间近似成正比。同时被测物容积对漏出量的比足够大时漏气量与时间也成线性关系。因此被测物内的压力无论 p_1 为正还是为负，其压力变化都如图 6-4 所示。

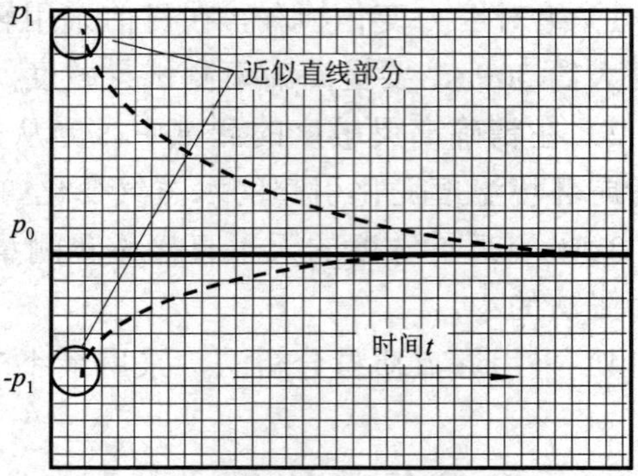

图6-4　泄漏引起的压力变化曲线

6.7.3　差压式气密检漏的原理

1. 差压式气密检漏的基本回路

图 6-5 是差压式检漏仪基本回路图。

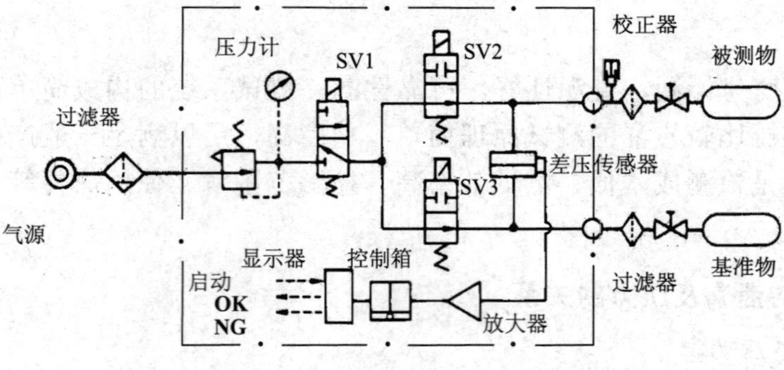

图6-5　差压式气密检漏基本回路

谈到微小量的检测，我们会自然地想到药用天平的工作原理。差压式气密检漏的工作原理基本上同天平一样，差压传感器就相当于一台天平。一端是“砝码”—— 基准物，另一端是待称的“药”—— 被测物。天平工作时是参照砝码加药使其平衡。而差压式检漏与其顺序相反，基准物与被测物两边先同时充入相同压力的气体，使“天平”——差压传感器两端平衡。如果被测物有泄漏，即使是微小泄漏，差压传感器也将随时间逐渐“失衡”，差压传感器将产生一个与单位时间内漏气量相关的输出信号。气密检漏仪将这一输出信号检出并计算出被测物的具体漏气量，进而根据设定的气密性标准判断出被测物是否合格，最后将这些信息传送给操作人员。如果基准物和被测物形状、大小都相同、内部回路又对称时，这种方式可以消除测试环境、温度、工件内应力等因素的影响，进而提高测试的精度、速度和可靠性。因此，也有人将这种方式称为“压差平衡式检漏”。依照这种方式设计出了差压式气密检漏最基本的气动回路。

这回路的工作过程如下：检测时先打开电磁阀 SV1，SV2 和 SV3，将测试压力的空气充入到被测物和基准物内，然后，关闭阀 SV2 和 SV3。如果被测物存在泄漏，那么它内部的压力将随着气体的泄漏逐渐降低，同基准物内压力相比会有一个差压，这个差压可由差压传感器测得，转换为电信号后显示在仪表上。在测试压力附近一个很小范围内，反映泄漏率的差压与泄漏时间近似成线性变化。在预先设定的时间内读取差压值，计算后同预先设定的合格品及次品的检验标准相比较得出判断结果。能否在非常短的时间内判断出极其微小的泄漏，就要取决于差压传感器的能力了。

2. *差压传感器*

差压式检漏的核心部件是差压传感器，提到差压式检漏就不得不对差压传感器加以说明。图 6-6 为常用的电感型差压传感器结构及电气回路示意图。它的受压感知部分为平面膜片，当膜片两侧存在压差时它会发生微小变位，两侧的间隙发生变化，于是放大回路中的感抗随之变化，由此将压力信号转换成电信号。另外，因膜片两侧的间隙很狭窄，保护了传感器不会因超压而损坏，但又要能满足足够的差压范围。

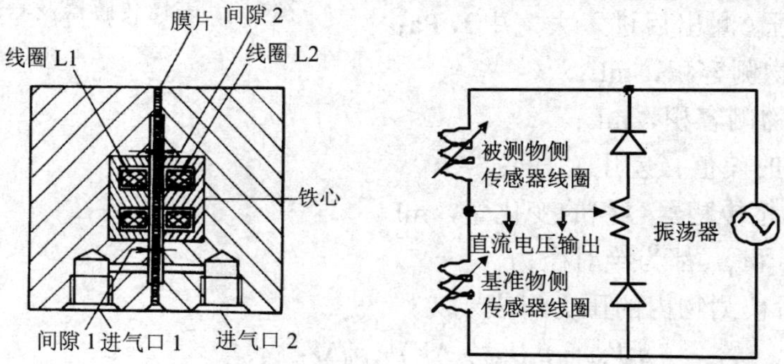

图6-6　常见差压传感器的构造及电气回路示意图

由于在生产线上或大规模生产时，对检测的精度、效率、稳定性、测试压力范围及检测设备的耐久性都要求很高，因此差压传感器必须要求满足下列条件：

灵敏度高：能够感知微小泄漏引起的压力变化。

传感器系数小：单位压差引起的传感器内部容积变化量（$\Delta V/\Delta p$），它越小越好。

对称性好：检测时基准物和被测物的容积是对称结构，所以要求传感器的结构及其输出信号必须对称，且其内容积尽量小。

耐压特性好：保证在使用压力范围内的耐压强度及传感器的使用寿命。

响应速度快：以提高检测效率。

差压式气密检漏仪之所以能够得到普及，与高性能差压传感器的开发是分不开的。

3. *差压回路的对称性设计*

差压式检漏回路和差压传感器的设计都要求“对称”或说平衡。工程上采取这种设计主要有以下几个理由：

1）快速向被测物内充气时可以近似为气体的绝热压缩过程，无论采取什么充气方式，都避免不了被测物内部温度发生变化。如果相互对称的被测物和基准物在相同条件下同时被充气，然后通过差压传感器来检测，则充气引起的热影响就可以相互抵消。

2）充气加压后会使被测物及检测管路产生应力形变，如果采取对称的结构设计可以抵消因形变引起的容积变化对检测结果的影响。

3）周围环境及初始条件对检测都有一定的影响。对称的被测物和基准物在同一条件下进行检测，就可以相互抵消这些外界带来的影响。

4. *差压式气密检漏的计算方法*

从微观上看微小泄漏是一个很复杂的过程，下面简述工程上对泄漏量的计算及判定方法。图 6-7 为差压传感器及测试回路的示意图。在实际测试中一般都要求满足下列条件：

1）检测时环境温度和测试回路的容积不变。

2）除被测物外测试回路不存在泄漏。

3）与被测物容积相比泄漏量足够小。

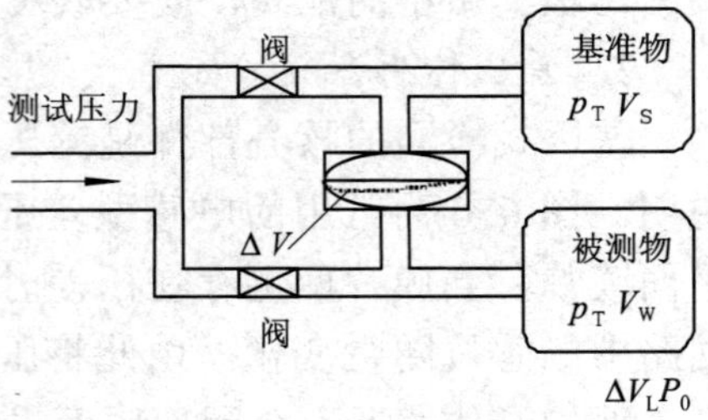

图6-7　差压传感器及测试回路

我们定义下面式中各符号为：

p_T —— 测试压力（设定的充气压力），Pa；

p_1 —— 检测完成后被测物内的压力，Pa；

p_2 —— 检测完成后基准物内的压力，Pa；

p_0 —— 大气压（漏出后进入大气中），Pa；

V_W—— 被测物侧容积，mL；

V_S —— 基准物侧容积，mL；

Δp—— p_2-p_1 的差值（差压），Pa；

ΔV—— Δp 引起传感器容积的变化量，mL。

在这里 p_T、p_1、p_2 和 p_0 都为绝对压力。

当两个阀门关闭后被测物内的压力可表示为：

$$p_T V_W = p_1(V_W - \Delta V) + p_0 \Delta V_L \tag{6-19}$$

基准物内的压力为：

$$p_T V_S = p_2(V_S + \Delta V) \tag{6-20}$$

由式（6-19）、式（6-20）整理后得：

$$\frac{p_1(V_W - \Delta V) + p_0 \Delta V_L}{V_W} = \frac{p_2(V_S + \Delta V)}{V_S} \tag{6-21}$$

因为差压传感器非常灵敏，即使存在微小差压Δp （$\Delta p = p_2 - p_1$ ）即可检出，所以在整个检测过程中 p_1、p_2 与测试压力 p_T 都非常接近，即：$p_1 \approx p_2 \approx p_T$；于是：

$$\Delta V_L = \frac{\Delta p}{p_0}\left\{V_W + \frac{\Delta V}{\Delta p}\left(1 + \frac{V_W}{V_S}\right)p_T\right\} \tag{6-22}$$

式（6-22）给出了在一定检测时间 T 内检测到的差压Δp 与漏气量ΔV_L 的计算关系。$\Delta V/\Delta p$ 我们称为传感器系数，它的物理意义为：产生差压时传感器内部的体积变化量（ΔV 如图 6-6 中所示），其单位为 mL/Pa。它的大小直接关系到检漏仪的精度和准确度。对于相同的泄漏量，$\Delta V/\Delta p$ 越接近于 0，产生的差压会越大，从而越容易检测出微小泄漏。由此可得单位时间内被测物的泄漏率表达式

$$V_L=\frac{\Delta V_L}{T}=\frac{\Delta p}{Tp_0}\left\{V_W+\frac{\Delta V}{\Delta p}(1+\frac{V_W}{V_S})(p+p_0)\right\}\tag{6-23}$$

式中　p —— 工程上常用的表压，Pa；

V_L —— 泄漏率，mL/s；

T —— 检测时间，s。

当被测物与基准物容积相同（$V_W=V_S$）时，计算公式可简化为：

$$V_L=\frac{\Delta p}{Tp_0}\left\{V_W+2\frac{\Delta V}{\Delta p}(p+p_0)\right\}\tag{6-24}$$

6.7.4　差压式检漏仪的工作过程及时间段的选择

由于气体的可压缩性及热力学特性，差压式检漏仪的工作过程大致要分为：充气（CHG）、平衡（BAL）、检测（DET）、排气（EXH）等四个环节，如图 6-8。每个环节的设置都直接影响到测试结果。

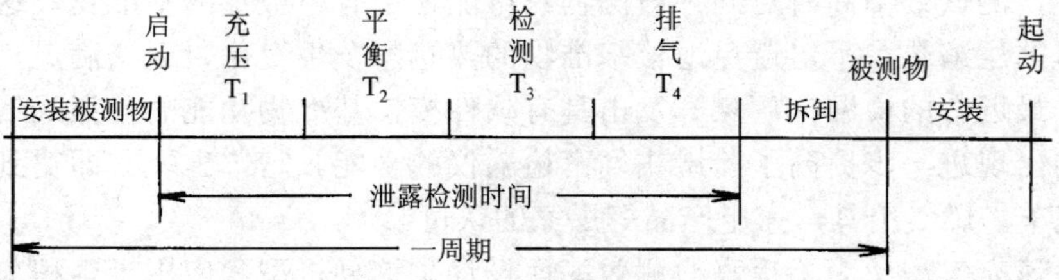

图6-8　差压式气密检漏仪的基本工作周期

（1）充气过程（Charge Time —— Tc）　按设定的测试压力给被测物和基准物充气的过程。其时间 T_1 的选择应与被测物内容积的大小、被测回路的复杂程度、测试压力的大小及检漏仪与被测物间的连接长度成正比，而与充气回路的截面积及气源压力成反比。由于气源、管路及现场工作状况等因素，每次充气的随机性可能很大、所以加长 T_1 可以减低随机干扰引起的影响，进而提高检测的稳定性。

（2）平衡过程（Balance Time —— Tb）　充气后等待被测物和基准物内压力和温度达到稳定和平衡的过程（“天平” 平衡的过程）。其时间 T_2 的长短也与被测物内容积的大小、回路的复杂程度成正比。和充入气体的温度与室温间的差成正比（特别是被测物和基准物的条件不完全一样时）。加长 T_2 对减小环境干扰、提高检测的稳定性和检测精度都很有益。但是，当被测容积很小时即使是微小的漏气量也将使内部压力很快下降，此时如果 T_2 过长将会影响测试的准确性。

（3）检测过程（Detect Time —— Td）　测试系统达到平衡后检测差压传感器输出的过程（观测“天平”倾斜的过程）。其时间 T_3 的长短与被测物内容积的大小成正比而与泄漏率判定标准的大小（精度）成反比。如果有漏气，观测时间越长“天平”倾斜就越明显。因此适当加长 Td，直接可以提高测试的精度。

（4）排气过程（Exhaust Time —— Te）　测试完了将气体排出的过程。其时间 T_4 的长短主要与被测物内容积及测试压力成正比。

由上可知，在设定各个过程时，都要考虑**被测物的容积、最大允许漏气量和测试压**

力，它们被称之为**被测对象的三要素**。根据这三要素选择应使用的检漏仪，再根据被测物的材质、形状、测试环境、要求的检测时间等具体情况来计算、调试出检测参数，以保证可靠高效地完成检测。

6.7.5 几种类型的差压式气密检漏仪及实用中常遇到的几个问题

实际应用中由于被测物的具体情况千变万化，为了适应检测的要求，在基本回路的基础上衍生发展出许多种差压式气密检漏仪。常用的形式如下：

（1）密封器件型　用于密封型产品，这些产品封装后无法将其内部充气，检测内部的压力变化。如石英振荡器、继电器、集成电路、小型电池、密封包装的药品、生物制剂等。

（2）无基准物型　值得一提的一种差压式检漏形式。加基准物使气压回路平衡，给差压式检漏带来了很大的方便。但在实用上也产生了两个问题。一是被测物很大或种类很多时，相应的基准物要准备很多，给现场及使用增加了成本和不便。另外，在大规模生产过程中，测试效率高时对同种被测物只可能使用有限数量的基准物，这样频繁测试中由于气体的压缩热，不可避免地使基准物的热状态发生变化，无法满足“基准”的功用。因此，最近有的检漏仪厂家开发出具有软件模拟基准物功能的差压式气密检漏仪。这一机型的出现进一步提高了差压式气密检漏仪的功能。它一出现立即得到大规模生产的行业如汽车，燃气用具，家电产品等厂家的认可。

（3）快速充气型　为了提高检测效率而设计了这种机型。应用于容积大、测试压力较高、数量集中的产品检测。

（4）温度补偿型　用于环境温度变化大或是被测物的热状态不稳定情况下的测试。

（5）外部充气型　用于大容积的被测物。附加外部回路先给被测物预充气以加快检漏过程。

（6）外部排气型　用于被测物内有油、水及加工残留物的条件测试。

（7）真空型　用于被测物的气密性要求以真空度为标准的检测。

除此之外，还有好多形式的差压检漏设备。上面提到过差压式检漏最大的弱点在于不易查找漏点。所以工程上有时将两种或更多的方式同时用在同一个工位上以实现从多方面描述泄漏的目的。但这又产生了检测工序和设备重叠的弊端。

复习题

1．简述静态压升法的基本原理。

2．在静态压降检漏法中，如何确定有效容积？

3．在静态压降检漏法中，一般存在的问题和解决措施有那些？

4．露点、蒸气绝对压力对压降法检漏是如何影响的？

5．试描述差压气密检漏的基本回路。

第7章 卤素检漏

7.1 卤素检漏原理

1. 卤素

卤素指元素周期表 VⅡA 族元素，它包括氟（F）、氯（Cl）、溴（Br）、碘（I）、砹（At）等五个非金属元素，化学性能活泼，很容易形成多种类的化合物。

卤素单质由于有很高的化学活泼性，它们不能在自然界中自由存在，在地壳中氯含量（质量分数，下同）是 0.031%，氟 0.065%～0.09%，而溴（Br）和碘（I）则要少得多，溴（Br）是 1.6×10^{-6}，碘是 3×10^{-7}，砹是人工合成的元素，它以微量短暂地存在于镭、锕、钍等天然放射性的蜕变产物中。

化学活泼性是卤素单质的重要特性，其中最活泼的是氟，大量用来生成氟化有机物致冷剂，俗称氟里昂 R_{12}（CCl_2F_2）。

卤素单质、卤化氢气体、氢卤酸有毒，强烈刺激呼吸系统，使用时应特别注意。卤素含氧酸和含氧酸盐，其酸性、氧化性、热稳定性、阴离子碱性强度等都随分子中氢原子数的改变而呈现规律性的变化，其单质和碱溶液的反应，与种类、反应温度有关。

2. 氟氯烷类（CFC）

氟氯烷类统称“氟利昂”，它是饱和碳氢化合的氟、氯、溴衍生物的总称，目前主要用作制冷剂的是甲烷（CH_4）、乙烷（C_2H_6）的氟、氯、溴的衍生物，分子式为 $C_mH_nF_pCl_gB_r$。氟里昂的种类很多，性质各异，在相同的压力下，它们有不同的饱和温度。对人体无毒害，不易燃烧，热稳定性好。

3. 氢氟卤烃（HCFC）

面对臭氧空洞的灾难，世界各国纷纷对含氟氯烃类物质的生产、出口和使用均做出不同限制。在目前完全替代氟里昂的物质还没有找到，比较有前途的替代物是氢代氟烃和氢代氯氟烃，其中有：

HCFC-22（$CHCl_2$）	氯二氟甲烷
HCFC-123（$CHCl_3CF_2$）	二氟三氯乙烷
HCFC-153a （CH_3CHF_2）	二氟乙烷
HCFC-1416（CCl_2FCH_3）	二氯氟乙烷
HFC-134a（$CHFCF_3$）	四氟乙烷

4. 六氟化硫气体（SF_6）

六氟化硫是一种无色、无嗅、不燃不爆，电负性很强的惰性气体，临界温度为 45.6℃，熔点为-51℃，沸点为-64℃，溶解热为 5kJ/mol，蒸发热为 17.1JkJ/mol。

SF_6具有较高的热稳定性和化学稳定性。在150℃时不与水、酸、碱、卤素、氧、碳、银、铜及绝缘材料发生作用，500℃时仍不分解。六氟化硫（SF_6）具有良好的绝缘性和灭弧性，六氟化硫气体可用于全封闭组合电器，电力变压器、电缆、电容器、避雷器和高压套管等。

7.2 卤素检漏仪工作原理

卤素检漏仪是利用卤素气体在高温时会分解产生正离子的性质而制成的检测仪器。

1944 年 RICE（顿斯）发现铂电极在高温工作时在卤素催化下正离子会急剧增加，这种效应称“RICE”效应。1948 年怀特（White）和希基（Idickey）利用此效应创作出第一台卤素检漏仪。

加热铂丝是装在铅筒中心轴上，如图 7-1 所示，负电压加在铂筒上，铂丝加正电压，每台检漏仪配有吸气泵将被检气体不断送入电极空隙间。工作时铂丝加热到 800～950℃，如送入清洁的被检气体（卤素含量极低），只有少量离子流通过这两个电极，假如有卤素气体混合在空气中，正离子发射将加剧，因此电极间电阻降低，离子流增高，经检漏仪电路放大，用电表与声响来指示卤素气体的泄漏检测。

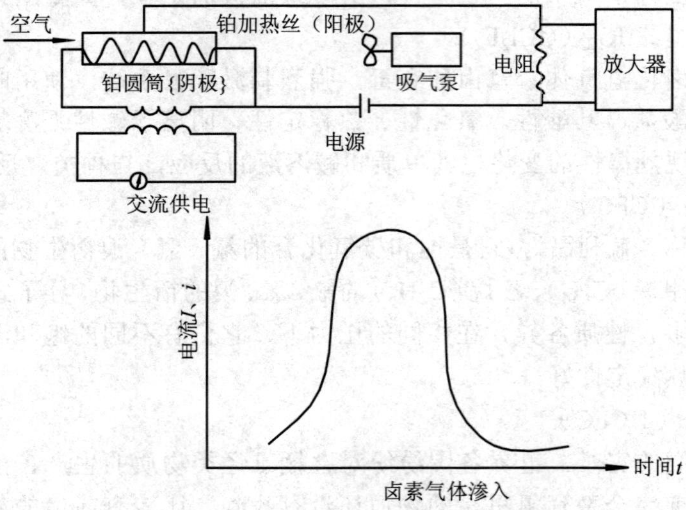

图7-1 卤素检漏仪的工作原理图

7.3 仪器的分类

卤索检漏仪可分为“外—内”式“内—外”式两种。

7.3.1 外—内式

将敏感元件（传感器）头固定在真空系统内部适当位置上，然后，将系统抽空到几万帕～10^{-4} 帕的范围，再从系统外部施以卤索气体，如有漏孔，卤素气体便通过漏孔向真空系统内渗入，与敏感电极发生化学反应，检漏仪即有电信号输出。这种方法能检出

2×10^{-7}浓度的气体，灵敏度达到2×10^{-7}Pa · m^3/s，一般用于大型容器与复杂系统的检漏，如冷库、氨贮存器、电站、造船工业、煤炭管道等，它能确定漏孔的位置和大小。

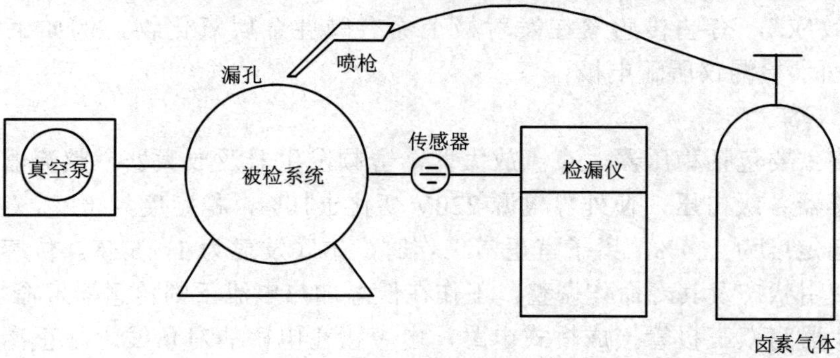

图7-2　外—内式检漏系统原理图

7.3.2　内—外式

其典型应用为吸枪式检漏，它需要向系统压入含有有机卤化物（如 CCl_3F，CCl_2F_2，$CHClF_2$）的气体，然后用对卤素气体灵敏的吸枪扫描被检件的外部，如图 7-3 所示，当吸枪对准某漏孔后，检漏仪就将漏孔漏出的卤素化合物通过吸枪吸人敏感元件，这时检漏仪就会有所指示或报警。

用这种方法检漏，当仪器设备工作在最佳状态，可检浓度灵敏度高达10^{-9}的卤素气体，灵敏度可达3.2×10^{-9}Pa · m^3/s，这种方法可确定漏孔大小与位置，漏气量指示值受环境影响很大，与被检件所充气体的压强和纯度有关。

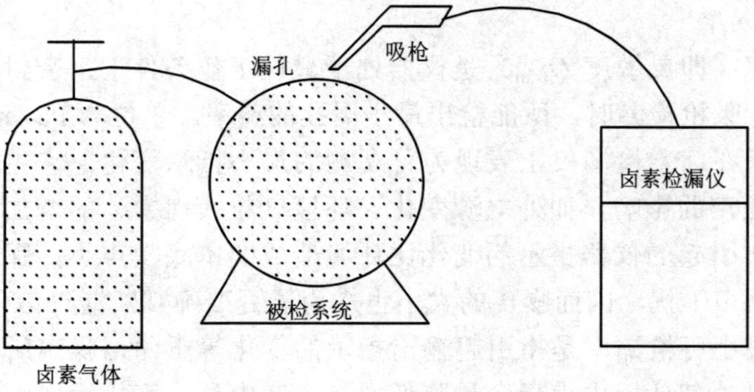

图7-3　内—外式检漏系统原理图

7.3.3　仪器的结构

一般的卤素检漏仪由传感器、测量线路、气路三大部分组成。

1. 传感器（又称敏感元件或电极）

传感器为铂电极间热式二极管，是一种典型的结构，它既是气路通路，又是电气测量线路的组成部分，它装架在不锈钢制成的离子室中。

加热器采用ϕ 0.5mm 的铂丝绕制，电极间隙为ϕ 8～ϕ 10mm 的两个铂筒，电极间隙为1mm左右，极间电压为250V，加热功率30～40W。

灯丝加热可用直流或交流，有些传感器没有内、外筒，直接用灯丝做为发射栅，为增强“卤素效应”，有些传感器在发射极上涂有碱性金属氧化物，例如莱宝公司生产HLD3000型卤素检漏仪所配电极。

2. 测量线路

测量线路主要包括稳压器，直流放大器，音频发生器及放大器，整流器等部分。稳压器提供传感器各级电压，使外界电源220V变化±10%，稳定度为±2%（+6.3V，3A）加热电压的稳定度为±4%，离子室正常工作时，本底发射为1～5μA。传感器的加热电流，可根据使用状态及其寿命作调整，工作在低温加热电流下则传感器寿命加长。

直流放大器为双三极管接成桥式电路，电表接在电桥的对角线上，正离子流经放大后，从电表得到指示。

音频发生器及放大器在三极管回路中，构成弛张振荡器，产生音频放大，从喇叭输出声音，并有指示灯显示。

整流器将交流电源变为直流，供给吸泵，使吸泵（吸风装置）工作。

7.4 灵敏度及校准

7.4.1 灵敏度

灵敏度通常定义有两种，一种漏率灵敏度，一种是浓度灵敏度，漏率灵敏度最直接，使用最多，校准也最方便。

1. 最小可检漏率

最小可检漏率（即灵敏度Q_{min}）是仪器处于最佳工作条件下，密封容器以一个大气压纯卤素气体进行吸枪检漏时，所能检出最小漏孔的漏率，单位为Pa·m³/s来表示。

最小可检漏率在卤素检漏仪上表现为可观测的最小指示变化，它主要受无规律起伏变化的仪器自身噪声的影响，如外电源变化、环境气氛（卤素）的增加等，如果因泄漏而逸出的卤素量所引起的仪器指示的变化比环境造成的本底噪声小，那就很难判断究竟是漏气信号还是噪声干扰，因而噪声的大小也成为能否准确判断漏气信号的参考量。

这里所指的最小可检漏率是指引起输出指示的变化等于两倍噪声所对应的漏率值。因此，尽量采取措施使环境中卤素含量降低。在生产中最小可检漏率大于仪器本身标定值的几十倍，它与传感器中毒情况关系很大。

2. 漏气率和单位时间质量流量

对理想气体，有：

$$pV = nKT = \frac{m}{M}RT \tag{7-1}$$

式中 p——漏出的R_{12}的平均压力，Pa；

V——漏出气体的体积，m^3；

T——工作气体的热力学温度，K；

R —— 摩尔气体常数，R=8.314J/（K · mol）；

M —— 摩尔质量，g。

则，单位时间质量 m_0 为：

$$m_0 = \frac{m}{t} = \frac{pVM}{tRT} = \frac{QM}{RT} \qquad (7\text{-}2)$$

式中　Q ——漏率，$Q = \dfrac{pV}{t}$。

如：m_0=0.5g/a=1.584875×10^{-8}g/s，则：

$$Q_{\min} = \frac{m_0 RT}{M} = \frac{1.5854875 \times 10^{-8} \times 8.314 \times (273+20)K^0}{120.9}\,\text{Pa·m}^3/\text{s}$$
$$= 3.1848 \times 10^{-7}\,\text{Pa·m}^3/\text{s}$$

3. 漏气量与漏气速度

漏气量（g/a 或 Pa · m^3/s）与漏气速度（m^3/s，L/s 或 mm^3/s）基本是线性关系，条件是系统内压强保持稳定。即在压强 p 不变的情况下漏气量增加，漏气速度也增加；反之，也随之减少。漏气速度$=\dfrac{Q}{p}$，其中 p 是常数。

7.4.2　灵敏度的校准方法

1. 漏率灵敏度的校准

校准一般采用标准漏孔法，标准漏孔是人为制造的一种微流量的装置，其校准系统如图 7-4 所示。

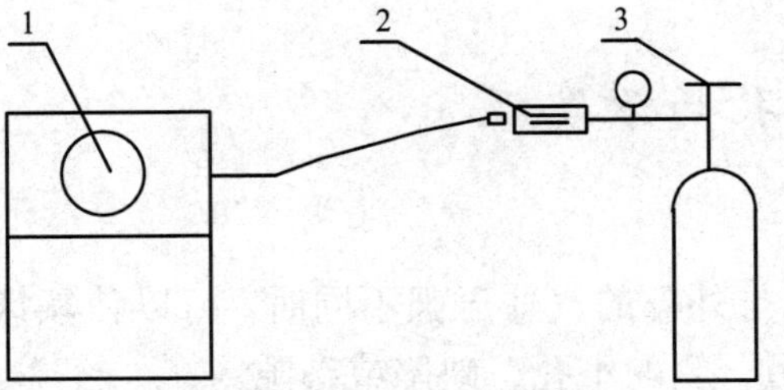

图7-4　卤素检漏的漏率标定示意图

1—卤素检漏仪　2—标准漏孔　3—卤素气体

必须指出，由于给出的标准漏孔的漏率 Q 是指一个大气压下对空气的漏率，因此，所校准的灵敏度 $Q_{\min}$ 应是指一个大气压下对空气的灵敏度，对卤素检漏仪检测 R_{12} 而言，其灵敏度应是：

$$Q_{R12} = Q_{空气}\left(\frac{M_{空气}}{M_{R12}}\right)^{1/2} \qquad (7\text{-}3)$$

2. 浓度灵敏度的校准

一般用 R_{12} 溶解于冷冻压缩机油中配制成，其浓度比经过检漏仪校准，该检漏仪的定标是由标准漏孔确定，浓度灵敏度的校准是相对定量，只能数量级准确。由于 R_{12} 不断挥发，其准确度随时间而衰减，虽然校准液是严格密封于瓶中的，但随着使用次数增多，R_{12} 的减少，其可靠性变差，无法来校准仪器，需要更换，即浓度灵敏度的校准，实现起来是有一定难度的。

7.5 仪器的响应时间

仪器的响应时间也是卤素检漏仪的主要技术指标之一，它是反应时间与清除时间的总称。

检漏时，当卤素气体刚探及漏孔处，即使不考虑卤素气体通过漏孔的时间，也不可能立即引起传感器的“卤素效应”，也就是说不会立即引起输出电流的急剧变化，需要一个过程。

反应时间是从卤素气体进入检漏仪起到输出仪表的变动达到其最大值的 63%时为止所需要的时间，它同漏量无关，同传感器的体积及对卤素的吸入速度有关。

仪器反应时间之所以重要，因为它决定了检漏速度，因为检漏时吸枪在漏孔处必须停留的时间应为仪器反应时间的三倍（此时输出信号为最大信号的 95%），小于这个时间，仪器灵敏度未能得到发挥，大于这个时间，输出信号充其量提高 5%，而检漏效率却大大降低，实在没有必要。

仪器的清除时间，亦即停止吸气后检漏仪将抽除吸入的卤素气体。当输出信号降低到最大信号的 37%所需的时间即为清除时间，数值上和反应时间相等，清除时间决定了两次吸气的间隔时间，它和反应时间一样直接影响检漏工作的进展速度。

7.6 常用的标准漏孔与浓度液

1. 常用的标准漏孔

漏孔是指当容器内部与外部的气体压强不同时，可以使氟氯烷类（CCl_2F_2，$CHClF_2$、SF_6）从壁的一侧泄漏到另一侧的小孔、缺陷或缝隙。

卤素检漏仪常用的标准漏孔为毛细管漏孔，毛细管漏孔也称为孔状漏孔，它是由管状的细金属或玻璃毛细管制成，毛细管在一小段收缩以使气体流量减少到一个希望的数值。

GE 公司生产的 Type LS20B 型标准漏孔，是我国常用可调型卤素漏孔，在液态罐中注入 45g 液态的 R_{12}，其毛细管漏孔可经常更换。

国内常用白金丝-玻璃封结型标准漏孔，最佳漏率范围为 0.5g/a，且具备反应时间短、稳定性好，气流特性为分子流，也可用于卤素检漏。

2. 浓度液

卤素检漏仪配置有浓度为 10^{-5} 的 R_{12} 浓度液。其浓度液的配置是在溶剂（13#、18#，25#或 30#冷冻机润滑油）加 R_{12} 溶质，在 20～35℃温度下混合而成。配置为 10^{-5} 的浓度液，其挥发的速度相当于1～10g/a范围的漏气量。使用时应注意：

1）打开瓶盖前，晃动溶液，使溶质与溶剂混合均匀；

2）吸枪的探头放入瓶内时，不能接触瓶壁与溶液，如已接触时，尽快用清洁布擦干净；

3）使用后请盖紧瓶，放在阴暗处保存；

4）浓度液不能分开使用，不能加热；

5）使用精度与存放时间和使用的次数相关，溶剂随时间不断地减少，其精度不宜做为标准。

7.7 应用与注意事项

1. 检漏准备

1）必须用洁净的卤素气体（100%浓度或卤素与空气或氮气的混合气体）充入被检件，被检件表面应无潮气、油、尘土或其他污染物。

2）在充气后应有充分时间让卤素气体通过漏孔。

3）必须维护与校准好检漏仪，以保证可靠的检漏，在使用前，必须对照仪器读懂说明书，掌握各个部分的作用，操作顺序应特别注意仪器的输入电压。

4）必须在卤素浓度低、通风的环境中检漏，最好在检漏室内，要避免在充卤素制剂、油漆与溶剂去油槽的附近检漏。

5）在试漏过程中，要注意被检件中是否始终保持着制冷剂的试验压强。

2. 检漏仪操作

1）将探头在被检件表面上连续移动，离表面的最大距离为5mm，移动速度25～50mm/s，避免与被检件表面接触，以防止油脂，灰尘，铁屑与潮气被吸入探头中。

2）检漏时，要将被检件可能有漏的部位都探测到，沿着整条焊缝、封接或连接缝移动探头，卤素气体比空气重，总是要探测所有被检件的下部与积聚区域，探头的移动路线应从被检件的最低点至最高点。

3）探头上的指示灯闪烁，表明这个部位可能有漏，如发出声响信号则表明有大于漏率设定值的漏孔存在，当检到漏孔后，应立即将探头移开使仪器自动置零，接着重复探测此可疑部位，如这次重复无声响信号，这表明漏孔在其他部位，或此处只有一个小团冷剂存在，为了避免由于“冷剂捕集”而产生错误的信号指示，在易于潜藏冷剂的部位（如屏蔽套、防护板、凹坑等），最好用清洁的空气流喷吹后再检。

7.8 被检件中充制冷剂方法

1. 被检件抽空

在被检件中充制冷剂或混合气体前，一般均应抽空，如冰箱系统的最后检漏试验，应经完整的抽空过程，除去系统中的潮气与其他污染气体，再充入纯净的制冷剂。

对于冷凝器盘管等被检件，即使是初步检漏，也应除去其中的空气后再充制冷剂，因为只有将空气抽除后，才可能使制冷剂以同样的浓度分布在盘管的各部位。

将被检件抽空较简便，只要用一台直联式旋片真空泵，并装一个真空计，要求在规定时间内达到预定的真空，如某被检件不能达到，就有大漏存在，不要再充制冷剂，以免污染工作环境。

如被检件不抽空，就必须在加工前用制冷剂冲洗被检件，先把盘管的另一端打开，将空气赶尽后再塞上，这与被检件的内部构造有关，有些情况此法是不适用的。

2. 制冷剂混合

制冷剂的混合方法是将氮气充入装有制冷剂液体的压缩钢瓶中，常规的做法是控制液体的温度，以控制制冷剂的气压。

混合气体的浓度决定了制冷剂液体的温度与混合气体的总压强，根据理想气体定律：

总压强 = 制冷剂的蒸汽压强+空气（或氮气）的压强

混合气体的浓度 = 制冷剂的蒸汽压强/总压强

如制冷剂R_{12}的温度为37.7℃，总压强为1.7MPa，从表7-1可查到其体积分数为50%。

表7-1 总压强1.7MPa，R_{12}、R_{22}，制冷剂蒸气压强，容积浓度与温度的关系

序号	制冷剂温度/℃	R_{12}蒸气压/Pa	R_{22}蒸气压/Pa	R_{12}的体积分数（%）	R_{22}的体积分数（%）
1	-17.7	1.6×10^5	2.6×10^5	9	15
2	-12.2	2×10^5	3.2×10^5	11	18
3	-6.6	2.4×10^5	3.9×10^5	14	12
4	-1.1	2.9×10^5	4.7×10^5	16	26
5	4.4	3.5×10^5	5.7×10^5	20	32
6	10	4.1×10^5	6.7×10^5	23	38
7	15.5	4.9×10^5	7.9×10^5	27	44
8	21.1	5.7×10^5	9.3×10^5	32	52
9	26.6	6.7×10^5	10.8×10^5	37	60
10	32.2	7.7×10^5	12.5×10^5	43	70
11	37.7	8.9×10^5	14.4×10^5	50	80
12	43.3	10.2×10^5	16.5×10^5	57	92

为节省制冷剂，减少污染，减少冷剂对环境的影响，建议生产厂考虑将制冷剂回收后再使用。

7.9 注意事项

卤素检漏仪灵敏度是比较高的，一般来说它对较低浓度（$<10^{-6}$）的卤素气体的反应是线性的，对中等浓度（$10^{-6}\sim10^{-4}$）的反应是指数的，而当浓度很高（$>10^{-3}$）时，则检漏仪会出现饱和或者中毒现象，所以在校准和计算时，应在低浓度范围内进行。

在仪器的使用过程中，必须注意以下几点：

1）仪器长时间在卤素气体中工作之后，灵敏度将会降低。只要在清洁空气中工作一段时间，一般都可以恢复，如仍无效，那么就必须清洗或更换敏感元件。

2）一定要在消除大漏之后方可利用卤素检漏仪进行检漏，以免仪器产生“中毒”现象，当探测到漏洞后，应马上移开探头，待仪表回到零位后再重复。

3）探头中的风扇中途停止转动时，应立即关机修复，以免烧坏加热器。

4）检漏场地的环境气氛中的卤素含量要低，气流要平稳，空气要新鲜。

5）香烟的烟雾中含有卤素成分，所以检漏场地要“禁止吸烟”。

6）由于卤索气体比空气重，所以用外探头检漏时，应自上而下的进行，以便区别虚假现象。

7）橡胶和塑料要吸收卤素,检漏时应避免用这些材料。

8）卤素气体能溶于油，并能从油中扩散出去，所以可以检出被油阻塞的漏孔来，但灵敏度将会降低，反应时间也将会增大。

9）检验特大容器时，可采用高压的卤索与空气的混合物以节省卤素气体，在粘滞流情况下，这样还可能提高灵敏度，也可用抽真空后再充卤素气体方法，以便回收气体。

10）一定要查明确无爆炸危险后才能开始工作。

11）仪器外壳要接地，以免人体触高压电。

12）被检件一定要进行去渣清洗和干燥等项工作，以疏通漏孔，冷热冲击有时也是必要的。

13）内探头在低于 10^{-1}Pa 以下的压强中长时间工作，会造成灵敏度降低的现象，可以用干净的大气或放入少量空气的办法使其恢复。

7.10 传感器中毒的再生

传感器正常工作时，本底发射的电流几个微安，一个好的传感器，寿命一般 300～500h，当其“中毒”后，灵敏度就会降低，出现不稳定现象。“中毒”轻微的，在清洁的空气中可逐渐恢复，“中毒”严重的，需要“再生”处理或更换传感器。

“中毒”原因是大量卤素气体遇高温后，一部分分解为卤素离子，与铂金属起化学作用，生成的化合物附在电极内、外表面上，当开机后，微安表有指示，随着温度升高指示也升高，甚至达到满刻度，这时仪器已不能使用，称为“中毒”。

“仪器”中毒后，可依吸枪结构图卸下检修，把外罩卸开后发现，在外、内电极表面上有深紫色斑点与黄白的沉淀物，用酒精或丙酮慢慢擦洗“消毒”，但擦洗后，不能全部洗净，仍留下少数斑点，瓷管与瓷座可用小毛刷或绸布擦洗，装好后也能使用一个时期。

传感器再生比较理想的方法是电极表面活化，用一定工艺手段，使“铂”金属表面的附着物发生化学脱附。其过程与机理是一个较复杂过程，不同的传感器，由于使用状况、时间与中毒程度不同，其活化过程也差异很大。

典型化学处理方法是将传感器放入碱性饱和溶液加热 200℃以上，持续一定时间后，卤化盐发生化学反应脱落。陶瓷支架上化学物质要用其他方法处理。

7.11 臭氧层受破坏恶果严重

离地面大约 20～30km 高的平流层中有丰富的臭氧，这一臭氧层能吸收由太阳辐射出的大量对人体有害的紫外线，保护人类不会因受过量紫外线照射而患皮肤癌。由于含氯氟烃是非常稳定的化合物，泄漏在空气中的这类化合物将长期存在并进入平流层。在平流层受到紫外线照射以后释放出氯原子，而形成“空洞”，使高能量的短谱紫外线得以穿过臭氧层而到达地球表面，所造成的恶果包括：破坏生物和遗传基因物质脱氧核糖核酸引起皮肤癌，消灭某些浮游生物使水生食物链崩溃等等，同时，这类含氯氟烃物质和二氧化碳一样，也是产生温室效应使地球变暖的因素之一。

7.12 替代物质

在性能上可以完全替代含氯氟烃的理想物质，目前还没有找到，比较看好的主要品种是氢代氟烃（HFC）和氢代氯氟烃（HCFC）。例如 HFC-134A 不含可以破坏臭氧层的氯原子，四氟乙炔 $CHFCF_3$ 也是一种氟基卤素。相比之下代用品的效率较低，能耗较高，价格昂贵，有时会燃烧，在大气层中存在寿命不长。

复习题

1．卤族元素由那些元素构成，并简述其物理化学性能。
2．简述内—外、外—内检漏的原理。
3．简述卤素检漏的灵敏度校准方法。
4．在工业检漏应用中，应注意的问题有哪些？
5．简述卤素检漏仪的传感器再生。

第 8 章　氦质谱检漏

8.1　氦质谱检漏的原理

8.1.1　质谱及质谱仪

质谱是不同质量的粒子在场中运动后，按照质量大小将它们依次分开排列的意思。运用质谱原理制成的仪器称为质谱计或质谱仪。

质谱仪是如何使不同质量的粒子彼此分开的呢?我们从带电粒子在电磁场中的运动特点得到启发，当一个带电质点（正离子）以速度 V 进入均匀磁场后，如果它的运动速度 V 的方向和磁场 H 的方向相垂直，则它的运动轨迹为圆，如图 8-1 所示。当速度 V 和磁场强度 H 一定时，不同质荷比（m/e）的离子都有相应的运动半径，也就是都有相应的圆轨迹，这样就可以把它们彼此分开了。

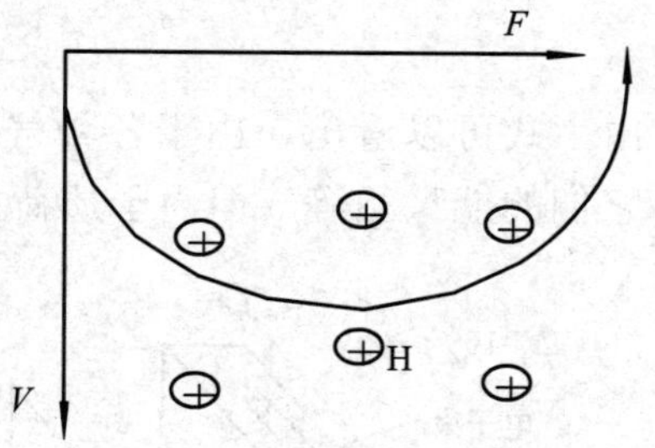

图8-1　带电粒子在磁场中的运动轨迹

8.1.2　氦质谱检漏的原理

质谱检漏仪又是如何实现检漏目的的呢?质谱检漏仪通过其主要部件质谱室，使不同质量的气体变成离子后在场中彼此分开，并且使同质量的离子在场中聚在一起。然而，仅仅使某一种气体的离子通过档板上的狭缝而被接收极接收形成离子流，并且由测量仪器指示出来，而其他离子不能进入狭缝而被该档板档掉，使其达不到收集极上去。检漏时，如果用该种气体喷吹漏孔，该种气体便通过漏孔进入检漏仪，使检漏仪中的指示仪表立即灵敏地反应出来，达到了检漏的目的。

测量气体分压力的所有质谱计，如四极质谱计等都可以用于检漏，而且质谱计是检漏范围最宽，用得最广的一种检漏仪器，其中用得最多的是 90℃和 180℃磁偏转型质谱仪。由于只用氦作示漏气体进行检漏，所以叫氦质谱检漏仪。这种仪器除灵敏度高外，还具有适应范围广、定位定量准确、无毒、安全、反应速度快等优点。

氦质谱检漏仪的质谱室由离子源、分析器、收集器三部分组成，它们放在一个可以抽真空的质谱室外壳中。

1. 离子源

其作用是使气体电离，形成一束具有一定能量的离子。其结构如图 8-2 所示。它由灯丝、离化室及离子加速极组成。

在真空中，灯丝通电加热发出电子，在离化室与灯丝之间的电压的作用下，电子加速穿过离化室顶部隙缝进入离化室，与气体分子发生多次碰撞后损失能量，最后打到离化室上形成电子流，成为发射电流的一部分。电子在此运动的过程中碰撞气体分子而使气体分子电离形成正离子。正离子在离化室与加速极之间的电压 $U_{加}$（即离子加速电压）作用下，穿过离化室正面的矩形狭缝和加速极的矩形狭缝形成离子束，加速电场对离子作的功转变为离子的动能。由于离子是由中性气体分子失去 Z 个带负电荷 e 的电子而形成，所以离子电荷为正的 Ze。若离子的质量为 m，到达加速极狭缝处的速度为 v，加速电压为 $U_{加}$，按能量守恒定律则有

$$\frac{1}{2}mv^2 = ZeU_{加}$$

因此

$$v = \sqrt{\frac{2ZeU_{加}}{m}} \tag{8-1}$$

由上式可以看出，由于各种气体的离子均受同一电场的加速，当它们的电荷量相等时，它们的能量相等，但由于质荷比不同，故运动速度不同。

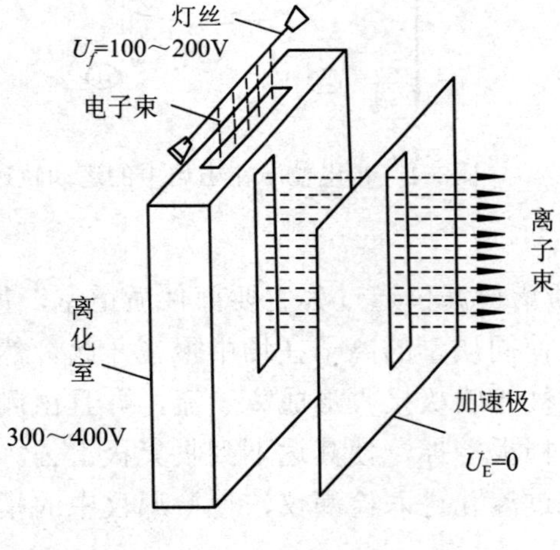

图8-2　离子源示意图

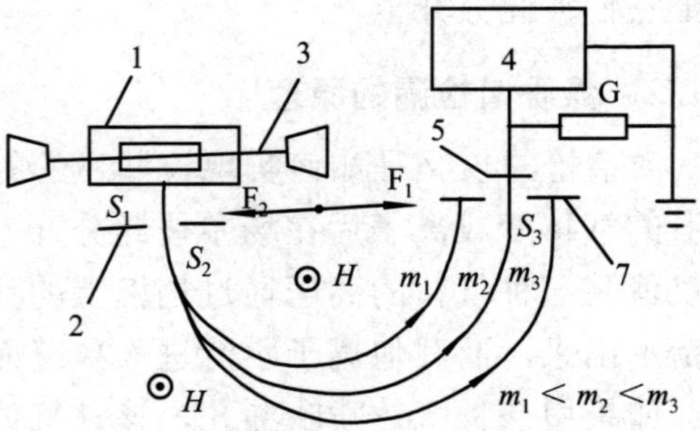

图8-3　分析器

1—离化室　2—加速级　3—灯丝　4—小电流放大

5—收集极　6—高阻　7—分析器出口电极

2. 分析器

其作用是使不同质荷比的离子按不同轨迹运动从而将它们彼此分开，仅使氦离子通过其出口隙缝。它由一个外加均匀磁场及一个出口电极组成，如图 8-3 所示。磁场方向与离子束入射方向垂直。

离子源的离子束射入与它垂直的磁通密度为 B 的均匀磁场分析器中后，由于分析场中电场为零，所以离子仅受磁场作用而作半径为 R 的圆周运动。在此圆周上离子所受的

磁场力 F_1，应与离子圆周运动的离心力 F_2 相等，则

$$F_1=F_2$$

因为

$$F_1=ZevB;$$

$$F_2=ma=\frac{mv^2}{R}$$

所以

$$ZevB=\frac{mv^2}{R}$$

而

$$v=\sqrt{\frac{2ZeU_{加}}{m}}$$

则

$$R=\frac{mv^2}{ZevB}=\frac{mv}{ZeB}=\frac{m}{ZeB}\sqrt{\frac{2ZeU_{加}}{m}}=\frac{1}{B}\sqrt{\frac{2mU_{加}}{Ze}}$$

将 $e=1.6\times10^{-19}$C；$m=1.66\times10^{-27}M$[kg]（M 为相对分子质量）代入上式中得到

$$R=\frac{1}{B}\sqrt{\frac{2\times1.66\times10^{-27}MU_{加}}{Z\times1.6\times10^{-19}}}=\frac{1.44\times10^{-4}}{B}\sqrt{\frac{MU_{加}}{Z}} \quad (8\text{-}2)$$

式中　R —— 圆周运动半径，m；

B —— 磁通密度，T；

$U_{加}$ —— 加速电压，V。

由此可知，偏转半径 R 与质荷比 M/Z 有关，当 B 及 $U_{加}$ 一定时，不同质荷比的离子将以不同的半径偏转而彼此分开。质荷比小的半径小，质荷比大的半径大。在偏转到 180° 处，如果用一分析器出口电极将其他离子挡住，仅仅使示漏气体氦的离子轨道对准出口电极上的隙缝，使示漏气体氦的离子穿过而到达离子收集极，这样就完成了“质谱”的目的。实际上，出口电极上的隙缝是固定的，也就是 R 是固定的，B 也是固定的。因此，要使氦离子全部通过隙缝而得到最大的氦离子流（氦峰），一般是用改变加速电压 $U_{加}$ 来实现的，这一调节过程便叫“调氦峰”。由图 8-3 可见，离子从离化室到离子加速极的引出过程中就发生了偏转，因此离化室的隙缝 S_1 安装时要向外偏离一些，也就是离化室隙缝 S_1 中心到轨迹圆中心的距离比运动圆半径略大一些，这样才能保证全部离子通过隙缝 S_2。分析器的出口电极一般采用三栅结构，如图 8-4。在离子收集极前面有三个栅极 G_1、G_2、G_3。G_1 和 G_3 接地，中间栅极 G_2 与离化室相连。G_1 栅的隙缝决定了氦离子的运动半径，而使除氦以外的其他离子打不到收集极上去。中间栅

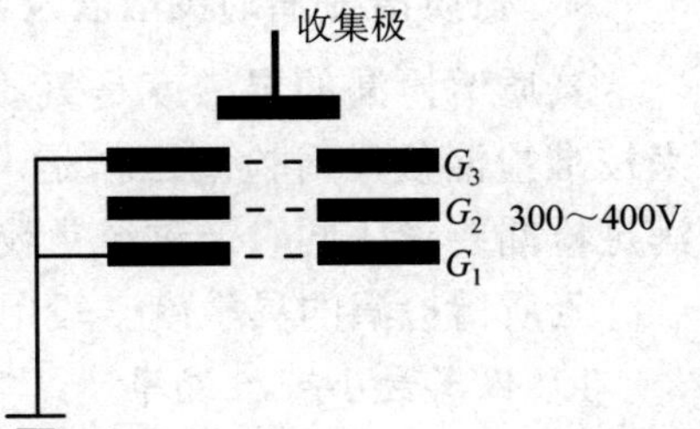

图8-4　分析器的出口电极结构

极 G_2 的正电位对于正离子而言相当于一个拒斥电场，只有具有一定能量的氦离子才能通过 G_2 的隙缝，而由于碰撞失去能量的其他杂散离子，既使进入 G_1 隙缝，但却不能通过 G_2 隙缝到达收集极，使收集极收集的氦离子流不受这些杂散离子的干扰。栅极 G_3 是抑制离子在收集极上打出的二次电子不跑向 G_2，使它仍返回收集极，以防离子流的不稳定。

3. 收集极

其作用是收集穿过出口电极隙缝的氦离子并通过一个电阻输入到小电流放大器进行放大和测量。它是一个对准出口电极隙缝安装的收集极。由于氦离子流一般只有 10^{-12}～10^{-13}A，要使小电流放大器第一极输入信号电压足够大，则输入电阻必需很大（一般高于 $10^{10}\Omega$），同时要求第一级放大用的静电计管必须要高度的绝缘，所以把高阻及静电计管放在高真空的质谱室中。

8.1.3 示漏气体的选择

质谱检漏仪通常选择氦气作示漏气体，其原因为：

1）氦在空气中及真空系统残余气体中的含量极少，（在空气中约含二十万分之一，即 5×10^{-6}），在材料出气中也很少，因此本底压力小，输出的本底电流也小。另外因为本底小，由某些原因引起本底的波动亦即本底噪声也就小。这样，微小的氦流量引起氦分压力的微小的变化也就可能反应出来。

2）氦的质量小（相对分子质量为 4），易于穿过漏孔。这样，对于同一漏孔，氦较除氢以外的其他气体的漏率大，容易发现，灵敏度高。

3）氦是惰性气体，不与被检件器壁起化学反应，不会影响被检件的真空卫生，且使用安全。

4）离子质量在氦两侧的是氢（质荷比为 2）和双原子碳（质荷比为 6），都与氦相差较大。这样，它们在分析器中的偏转半径相差也大，容易分开，调氦峰时，不易受其他离子的干扰。因此就降低了对分析器制造精度的要求，易于加工。同时分析器出口电极及离子源加速极的隙缝也可以加大，使更多的氦离子通过，提高了仪器灵敏度。

5）氦在被检件及真空系统中不易被吸附，容易被抽走。这样检出一个漏孔后可以使氦信号迅速消失以便继续进行检漏，提高了仪器的检漏效率。

氢气有些性能（如质量小、易通过漏孔）比氦还好，然而由于氢一方面有易爆危险，另一方面在油扩散泵中，由于油受热裂解会产生大量的碳和氢，使氢本底极高且波动大，以致灵敏度大大降低，所以不予采用。

8.1.4 氦质谱检漏的灵敏度及其校准方法

氦质谱检漏的灵敏度是氦质谱检漏仪最主要的性能指标之一，了解其含义并根据它来校准检漏仪，对检漏工作是十分重要的。人们可以根据校准结果来判断所选仪器能否满足检漏要求，同时通过经常校准来监视仪器的工作情况并估算检漏结果。

氦质谱检漏的灵敏度一般用最小可检漏率来表示。

1. 仪器最小可检漏率

所谓仪器最小可检漏率，是指当仪器处于最佳工作条件下，以一个大气压的纯氦气作示漏气体进行动态检漏时所能检出的最小的漏孔漏率，用 $Q_{\min}$ 表示。

1）所谓“最佳工作条件”是指被检件出气小，漏气也小，将它连接到检漏仪上后不会影响质谱室的正常工作，因此不需辅助泵。同时检漏仪本身的参量也调整在最佳工作状态，这时检漏仪能发挥其最佳性能。

2）所谓“动态检漏”是指检漏仪进行检漏时，内部真空系统仍在对质谱室进行抽气，且仪器的反应时间不大于 3s 的情况。

3）所谓“最小可检”就是指检漏仪输出仪表上可以观察出来的最微小的指示变化。这一可以观察出来的最微小的指示变化主要受无规律起伏变化的仪器的本底噪声所限制，而这个本底噪声是由于仪器各参数的不稳定引起的。例如电源电压变化、真空度变化、发射电流变化、加速电压变化、放大倍数变化、外界电磁场干扰等都会引起输出仪表的不稳定摆动。如果漏入的氦产生的输出指示的变化小于这个噪声，我们就很难判断究竟是漏气信号还是噪声，因而噪声的大小也就变成我们能否判断出漏气信号的标准。国标规定，最小可检信号取一倍噪声。

4）所谓“漏孔漏率”是指温度为 23℃±7℃，压差为 10^5Pa 下对氦（或对空气）的漏率。

2. 有效最小可检漏率

所谓有效最小可检漏率是指检漏仪用某种方法进行检漏时，仪器及选用的检漏系统在具体检漏工作状态下，当纯示漏气体通过被检件上的漏孔时，该检漏仪所能检出的最小漏孔漏率，用 Q_{emin} 表示。

仪器的最小可检漏率 Q_{min} 由仪器本身的性能决定。而有效最小可检漏率 Q_{emin} 不仅与仪器性能有关，还与所采用的检漏方法和检漏系统有关，它反映了在具体检漏条件下仪器性能的发挥程度。

3. 仪器最小可检漏率的校准

将一支漏率为 Q_0 的渗氦型标准漏孔接在检漏仪的检漏口（或检漏仪专门设置的标准漏孔位置），将检漏仪调整在最佳工作状态下。关闭标准漏孔阀，读出仪器输出指示的本底噪声 I_n 及本底 I_0 来。打开标准漏孔阀后，读出输出指示的稳定信号值 I 来。那么，仪器的最小可检漏率 Q_{min} 便可以由下式算出：

$$Q_{min}=\frac{I_n}{I-I_0}Q_0 \tag{8-3}$$

本底噪声 I_n 的测试方法是：关标准漏孔阀，3min 后用记录仪记录整机噪声曲线 20min，然后依时间等分为 20 段，求出其近似直线。测定该曲线上相对于近似直线的最大绝对偏差，把 20 个最大偏差的平均值乘 2，作为噪声值 I_n。在测试过程中，偶尔出现一次大的脉冲可以略去不计。

4. 有效最小可检漏率的校准

实际检漏时，可能采用比较复杂的检漏系统，如图 8-5 所示。此时，在被检件的合适位置上装一支漏率为 Q_0 的渗氦型标准漏孔，检漏仪和检漏系统调整在检漏状态下。关闭标准漏孔阀，读出检漏仪输出指示的本底噪声 I_n 及本底 I_0。打开标准漏孔阀后，读出检漏仪输出指示的稳定信号值 I 来，那么，有效最小可检漏率 Q_{emin} 可由下式算出：

$$Q_{\mathrm{emin}}=\frac{I_{\mathrm{n}}}{I-I_0}Q_0 \tag{8-4}$$

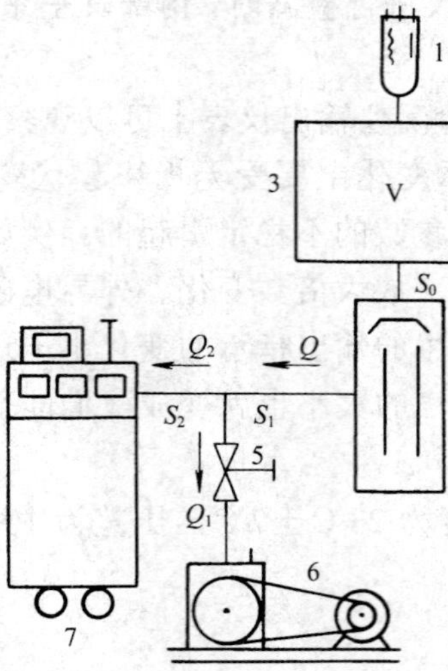

图8-5 有效最小可检漏率的校准系统

1—电离规 2—标准漏孔 3—被检容器 4—次级泵 5—辅助阀 6—辅助泵 7—检漏仪

本底噪声的测试方法与仪器最小可检漏率中的 I_{n} 一样。必须指出的是，如果标准漏孔的漏率 Q_0 是指对氦的漏率，那么得到的 $Q_{\min}$ 或 Q_{emin} 也是对氦的最小可检漏率，同样，如果 Q_0 是对空气的漏率，那么 $Q_{\min}$ 或 Q_{emin} 也是对空气的漏率。如果采用通道型标准漏孔，其漏率 Q_0 是在进气端压力 p 下校准出来的，那么，在上述校准中，标准漏孔进气端必须施加的压力也应为 p_0 在漏孔流动状态未知的情况下，不能用改变进气端压力的办法去改变标准漏孔的漏率，除非在新的进气端压力下其漏率是通过校准后得到的。

8.1.5 仪器的反应时间、清除时间及其校准方法

仪器的反应时间也是质谱检漏仪的主要性能指标之一。那么，反应时间究竟是个什么意思呢?

我们知道，检漏时当氦气刚喷及漏孔处，即使不考虑氦气通过漏孔的时间，也不可能立即引起质谱室中氦分压的急剧变化，也就是说不会立即引起输出电流的急剧变化，而要有一个过程。

假定漏孔漏率为 Q_{He}，质谱室处对氦的抽速为 S_{He}，质谱室起至被检容器的总体积为 V，那么，在 $\mathrm{d}t$ 的时间内漏入的氦量为 $Q_{\mathrm{He}}\mathrm{d}t$。它的一部分被抽走，另一部分漏入的氦在质谱室中建立起的氦分压为 p_{He}（不包括本底）。而这一部分被抽走的氦量为 $p_{\mathrm{He}}S_{\mathrm{He}}\mathrm{d}t$，另一部分是体积 V 内压力升高 $\mathrm{d}p_{\mathrm{He}}$ 时的氦量为 $V\mathrm{d}p_{\mathrm{He}}$。因此有

$$Q_{\mathrm{He}}\,\mathrm{d}t=S_{\mathrm{He}}p_{\mathrm{He}}\,\mathrm{d}t+V\,\mathrm{d}\,p_{\mathrm{He}}$$

等式两边除以 $\mathrm{d}t$ 得：

$$V\frac{\mathrm{d}p_{He}}{\mathrm{d}t}=Q_{He}-p_{He}S_{He}$$

所以

$$p_{He}=\frac{Q_{He}}{S_{He}}\left[1-\exp(-\frac{S_{He}}{V})t\right] \tag{8-5}$$

式（8-5）反映了当漏孔漏进氦气后质谱室内氦分压力建立的过程，如图 8-6 所示。可以看出，当 $t=0$ 时，$p_{He}=0$，输出指示无变化；当 $t=\infty$ 时，$p_{He}=Q_{He}/S_{He}$，输出指示变化最大，达到其稳定值。而氦分压力（亦即输出指示）从零增至最大值的快慢由 V/S_{He} 来决定。我们把 V/S_{He} 称为仪器的反应时间，用 τ 表示，则

$$\tau=V/S_{He} \tag{8-6}$$

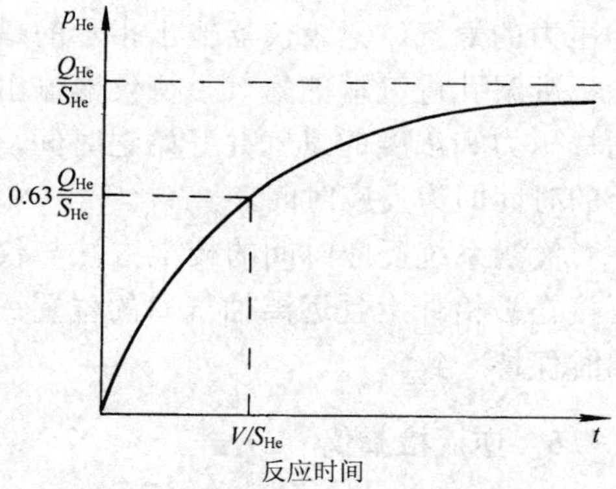

图8-6　氦分压边建立的过程

当 $t=V/S_{He}$ 时

$$p_{He}=\frac{Q_{He}}{S_{He}}(1-e^{-1})=\frac{Q_{He}}{S_{He}}(1-\frac{1}{2.7})=0.63\frac{Q_{He}}{S_{He}}$$

由此可知，所谓仪器的反应时间就是从氦气进入漏孔时起到输出仪表的变动达到其最大值的 63%时为止所需要的时间。它与漏率无关，与质谱室的体积及对氦气的抽速有关。

在定义仪器最小可检漏率时，为什么要规定仪器的反应时间不大于 3s 呢?从上面分析可以看出，如果 Q_{He}/S_{He} 大，漏孔漏入的氦气使质谱室内氦分压力的变化也大，灵敏度就高，所以仪器常常可以用降低抽速 S_{He} 的办法来提高灵敏度。然而，降低抽速却使反应时间增大，亦即检出一个漏孔要更多的时间。极端来说，当 $S_{He}=0$ 时 $p_{He}=Q_{He}/S_{He}=\infty$，则仪器灵敏度为无限高，但另一方面 $V/S_{He}=\infty$，反应时间也为无限大，即没有实用价值，也就是说这样的灵敏度就不再反应出仪器的真实水平。所以在讨论仪器最小可检漏率时必须对仪器的反应时间有明确的规定，一般规定反应时间不大于 3s。

然而上面所说的仅仅是真空部分的反应时间，亦即氦分压力建立的响应时间。实际上，从氦离子打到收集极上开始，到输出仪表上反应出来为止，还有一个时间，那就是小电流放大电路的反应时间。此外氦气通过漏孔也需要时间。因此，“动态检漏”所指的反应时间不大于 3s 是指三者共同作用的结果。但由于后两个时间都很小，所以，反应时间主要由 V/S_{He} 决定。一般要求仪器真空部分 V/S_{He} 小于 3s。这个要求的实质就是要求系统有一定的抽速，以便对体积不大的被检容器检漏时可以不外加真空机组而直接用仪器本身的真空系统来排气，使检漏方便而且具有相当高的灵敏度。仪器反应时间之所以重要，因为它决定了检漏速度。检漏时喷枪在漏孔处必须停留的时间应为仪器反应时间的 3 倍（此时输出信号为最大信号的 95%）。小于这个时间，仪器灵敏度未能得到发挥；大于这个时间，输出信号充其量提高 5%，而检漏效率却大大降低。

所谓仪器的清除时间，即停止喷氦后输出信号降低到最大信号的37%时所需要的时间。数值上和反应时间相等。清除时间决定了两次喷吹的间隔时间，它和反应时间一样直接影响检漏速度。

仪器反应时间及清除时间τ，除了可以通过公式计算出来外，还可以用标准漏孔校准出来。其方法是：在仪器的检漏口处装一支标准漏孔，仪器调整在正常检漏状态下。在标准漏孔进气端未施氦的情况下，读出仪器本底I_0。再将标准漏孔进气端施以恒定浓度和压力的氦气，记录仪器输出指示的最大值I_{max}。那么净反应最大值为$\Delta I_{max}=I_{max}-I_0$；抽除标准漏孔进气端的氦气，待仪器输出指示恢复到本底I_0后，从标准漏孔进气端再施以同样压力和浓度的氦气并开始记时间，到仪器输出指示净增长值达到$63\%\Delta I_{max}$为止所经历的时间即为反应时间。

检漏系统反应时间的校准方法与仪器反应时间的校准方法一样，只是标准漏孔一定要接在被检件上且远离抽气口的位置。校准时，检漏仪与检漏系统的工作状态与实际检漏时保持一致。

8.1.6 逆流检漏仪

在一般氦质谱检漏仪中，被检件接在检漏仪的高真空侧，即被检件与检漏仪的质谱室相连，氦气通过漏孔进入被检件并被抽入质谱室中，一部分被高真空泵抽走，如图8-7。为了保证质谱室正常的工作压力，不仅要求检漏系统有一定的抽速，而且对被检件的漏率和出气率也有一定的限制。当被检件漏气或出气比较大，质谱室中的压力超过仪器最高工作压力时就无法进行检漏了。因此有种检漏仪将被检件接在其高真空泵的低真空侧，质谱室仍接在高真空侧，质谱室与被检件之间被高真空泵隔离。检漏时，氦气由漏孔进入被检件后，一部分被前级泵抽走，一部分从前级管道逆着高真空泵气流方向返流到高真空侧，在质谱室中被检测出来，这就是逆流检漏仪，如图8-8所示。在逆流检漏仪中，高真空泵仅用来抽质谱室，因此高真空泵的抽速可大大减小，真空系统的体积可大大缩小，便于做成便携式的仪器。由于被检件接在低真空端，对于漏气或出气较大的被检件亦可进行检漏。

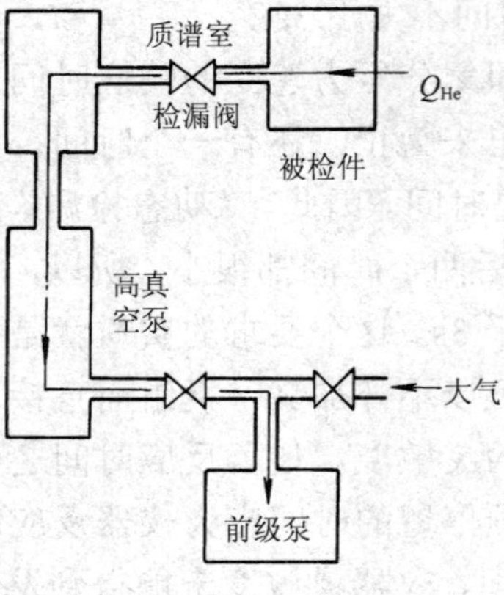

图8-7 一般氦质谱检漏仪

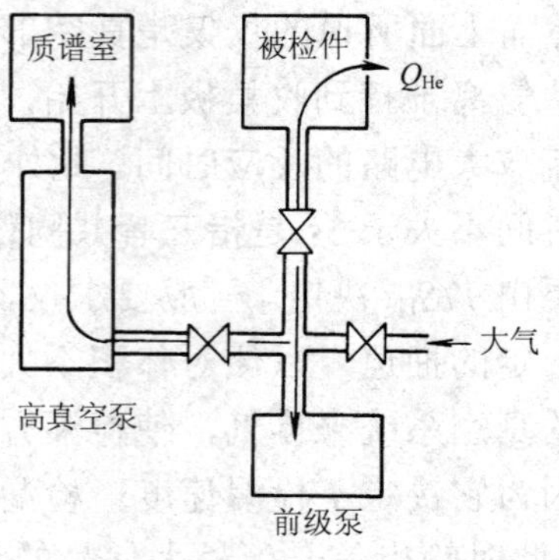

图8-8 逆流检漏仪

逆流检漏法是利用高真空泵的压缩比与被抽气体质量有关的原理来工作的。扩散泵的压缩比 K 可由下式表示：

$$K = \frac{p_{出}}{p_{入}} \tag{8-7}$$

式中　$p_{入}$——扩散泵入口压力；

$p_{出}$——扩散泵出口即前级压力。

压缩比越小，说明逆扩散的气体分子就越多。压缩比与气体分子的质量有关。质量越小，压缩比也就越小，因此扩散泵对氦的压缩比比较小（一般为 10^0～10^3 左右），而对其他气体的压缩比就比较大（如对氮为 10^6～10^8）。这就说明氦气易由前级逆扩散到质谱室中去，而其他气体则不易扩散。这正是逆流检漏所需要的。由于压缩比还与油蒸汽的密度、能量有关，也就是与扩散泵的加热功率以及泵的结构、尺寸有关。合理的设计泵的各级喷咀的尺寸，降低扩散泵功率，对于降低扩散泵对氦的压缩比，提高检漏讯号是非常重要的。

值得提出的是，降低扩散泵的功率虽然可使讯号增强，但仪器灵敏度就不一定高。这是因为：降低功率后，其噪声数值有可能随之加大，如果噪声的增加比讯号更显著时，其灵敏度反而降低。所以加热功率有一最佳值。检漏时，我们应将加热功率调节在适当低的最佳数值上。对涡轮分子泵来说，其压缩比不仅与泵的转速有关，而且与泵的结构有关。因此，可以通过降低泵的转速或改变泵的结构来降低泵对氦的压缩比，使其适应逆流检漏方式。

8.2　设备与材料

8.2.1　氦质谱检漏仪

1. 氦质谱检漏仪的结构

氦质谱检漏仪的型号较多，但基本结构大同小异。它主要由质谱室、真空系统、电气部分组成。

（1）质谱室　不同类型的氦质谱检漏仪的质谱室结构有所不同，但都是由离子源、分析器、收集器三部分组成，它们放在一个抽成高真空的质谱室外壳中。大部分采用尼尔型离子源，钨灯丝。分析器偏转角有 180° 的，也有 90° 的。

（2）真空系统　仪器的真空系统提供质谱室正常工作所需要的真空条件。它包括：

1）主泵。一般用扩散泵或分子泵。极限压力小于 5×10^{-4}Pa，其抽速一般可调节，并与气载匹配。

2）前级泵。一般采用旋片式机械泵，在以分子泵为主泵的系统中也有采用薄膜泵或干泵的。极限压力小于 1×10^{-1}Pa，抽速与主泵匹配。

3）预抽泵　一般与前级泵共用一个泵，也有专用预抽泵的。预抽泵一般采用旋片式机械泵。

4）冷阱。分子泵型真空系统一般不加冷阱。扩散泵型真空系统的冷阱加在质谱室、检漏口与扩散泵之间，使三者被冷阱隔离。冷阱加入液氮（-196℃）后便可阻止泵的油蒸气和被检件来的水蒸气进入质谱室，保持质谱室的清洁，并帮助扩散泵迅速获得较高真空。

5）检漏阀（或称节流阀）。接在质谱室和被检件之间的管道上，以控制流入质谱室的气体流量。

6）真空规。一般采用冷阴极磁控放电真空规（潘宁规，又称冷规）来测量质谱室中的压力。用电阻规或热偶规测量被检件的预抽压力和系统前级压力的。

（3）电气部分　除了主机供电部件和主机控制部件外，还有几组主要电路：

1）离子源电源。为离子源提供加速、聚焦、拒斥电压。

2）发射电流稳定电路。稳定和调节发射电流。

3）离子流放大器和音响报警器。将离子流进行放大并将输出信号送入输出仪表或显示器和音响报警器。

4）真空测量电路。一般用热偶计测量低真空，用冷阴极磁控放电真空计测量高真空。

5）灯丝保护电路。当质谱室正常工作压力被破坏后，立即切断灯丝供电回路，以保护灯丝。

6）其他电路。不同型号的检漏仪所具有的功能不尽相同，所以电路也有不少差别，这在各自的说明书中都有说明，这里不再多述。

2. 如何正确选择氦质谱检漏仪

选择氦质谱检漏仪时主要考虑以下问题：

1）仪器的功能是否能满足检漏的要求，如有些仪器没有逆流检漏功能，就不适合吸枪法检漏；有些仪器没有报废漏率的设置功能，就不宜作为批量产品筛选检漏用；流水线上要求一定的检漏速度，因此应选择有双工位的检漏仪。

2）仪器的灵敏度是否能满足检漏的要求。国内外生产的不同类型的氦质谱检漏仪的灵敏度是不一样的，如果检漏要求的灵敏度较高，就要认真选择。

3）被检件如果害怕油的污染，被应选择无油真空系统的检漏仪。

4）被检件容积如果较大，必须选用预抽泵抽速大的检漏仪，否则要另配预抽泵就比较麻烦。

5）如果被检对象不固定，体积时大时小，灵敏度要求时高时低，就要选择功能较全，灵敏度较高，检漏范围宽的检漏仪。

6）如果检漏地点不固定，需要经常搬运仪器时，就要选择小型便携式仪器。

7）在满足检漏基本要求的基础上，还要综合考虑仪器的价格是否低、操作是否简易、维修是否方便等方面的问题。

8.2.2　标准漏孔

1. 标准漏孔的组成

随着众多工业产品和生产过程对质量控制越来越严，公众的环境和安全意识越来越强，所以漏率的控制和量化变得越来越重要。标准漏孔是测量漏率大小的“尺子”，是漏率定量测量的关键量具。

所谓“标准漏孔”，是人为制造的一种具有已知的恒定漏率的装置。它一般由气室、漏孔元件、漏气阀、充气阀和连接件构成。如图 8-9 所示。

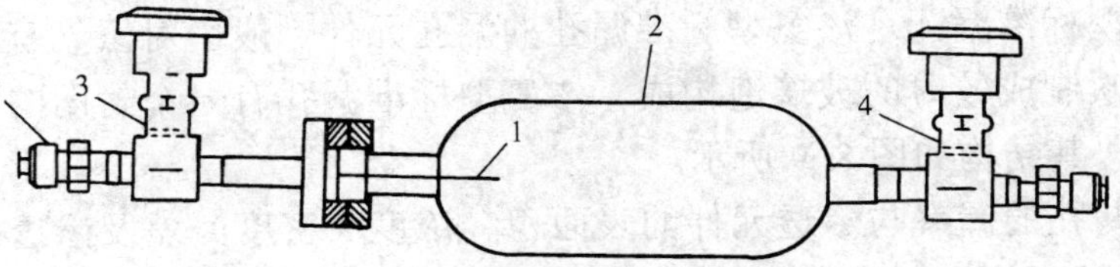

图8-9　标准漏孔的组件

1—漏孔元件　2—气室　3—漏孔阀　4—充气阀　5—连接件

漏孔元件是允许气体从压力相对高的一侧进入压力低的一侧的一种工艺装置，它是标准漏孔的核心元件。对漏孔元件的要求是：应与所连接的系统相容；能安全、可靠、可重复地将气流限制在所要求的水平；有刚性、耐久性；不怕堵塞和污染；只允许一种所要求的气体通过。

连接件是与使用系统相连接的机构。对连接件的要求是：能与被接系统的接口匹配；具有气密性，以减小漏孔与外部环境间的互漏。

气室是向漏孔进气端提供气源的装置，它一般为具有固定体积的钢制容器。对气室的要求是：供气充足，以避免漏率随时间而发生较大的变化；有充气阀或能压扁的管子，能对气室进行抽空和充气。

2. 标准漏孔的类型

根据漏气元件的“漏气”机制，标准漏孔可以分为渗透型标准漏孔和通道型标准漏孔两大类。

（1）渗透标准漏孔　是利用某些物质对某种气体有高的渗透性这一特性而制造的。其漏孔元件由玻璃、塑料、合成橡胶、金属等材料制造，一般只能允许一种或几种气体通过。应用最多的是渗氦型漏孔，它是利用氦气对石英及大多数玻璃有高的渗透性这一特性。它有一个封闭的或再充式的气室，它只能让氦气通过。

（2）物理标准漏孔　它的漏孔元件是物理节流的漏气通道，如金属毛细管、拉伸的玻璃毛细管、金属压扁管、粉末烧结和微孔板等，所以又称通道型标准漏孔。物理漏孔对所有气体成分都能通过。因此气室中必须使用纯气体，以便得到所要求的气体的漏率。

各种漏孔元件的特性见表 8-1。

表 8-1　几种漏孔元件的特性

漏孔元件	气　体	温度系数/（%/℃）	漏率范围/（mol/s）
渗透			
玻璃	氦	2～7	10^{-15}～10^{-9}
钯	氢	3～7	
塑料	H_2O，SO_2，NO_2	10～20	10^{-13}～10^{-8}
物理	任意①		10^{-12}～$>10^{-6}$
毛细管		<0.5	
压扁管		<0.3	
烧　结			
孔　板		<0.3	

① 必须不能堵塞漏孔元件或与其起化学反应。

3. 常用标准漏孔介绍

（1）渗氦型标准漏孔　渗氦型标准漏孔的漏孔元件一般由对氦气有较高渗透能力的石英或玻璃管吹制成较薄的玻璃泡构成。渗氦型标准漏孔有一个封闭的或再充气式的金属或玻璃气室，其结构如图 8-9 所示。

渗透标准漏孔的漏率与渗透元件的表面积、浓度（密度）差及渗透系数成正比，而与壁厚成反比，即

$$Q=KA\Delta p/d \tag{8-8}$$

式中　Q —— 渗透速率（漏率），$\mathrm{Pa\cdot m^3/s}$；

K —— 渗透系数，$\mathrm{Pa\cdot m^3/(s\cdot cm^2\cdot Pa/mm)}$；

A —— 渗透元件表面积，$\mathrm{cm^2}$；

Δp —— 渗透元件两侧的渗透气体的分压差，Pa；

d —— 壁厚，mm。

又因

$$K=K_0\exp[-E/(jPT)] \tag{8-9}$$

$$K_0=D_0S_0 \tag{8-10}$$

式中　D_0、S_0、K_0 —— 分别为与气体-固体配偶有关的扩散、溶解、渗透常数；

R —— 摩尔气体常数，8.314J/（mo1·K）；

T —— 热力学温度，K；

E —— 渗透活化能，J/mol；

j —— 离解度。

所以式（8-8）可变为

$$Q=\frac{A\Delta pD_0S_0}{d}\exp(-E/jRT) \tag{8-11}$$

式（8-11）表明，渗透漏孔的漏率与温度成指数关系。渗透漏孔漏率与温度的关系可由下式表示

$$Q=BTe^{-E/RT} \tag{8-12}$$

式中 B 为与溶解度、扩散率、渗透面积及漏孔元件厚度有关的常数。由此可见温度对渗透漏孔漏率的影响是很大的，使用时必须对温度的影响进行修正。一般对温度的修正采用线性近似修正法，即

$$Q=Q_{cal}[1+\alpha(T-T_{cal})] \tag{8-13}$$

式中　Q —— 在使用温度 T 时的漏率

Q_{cal} —— 在校准温度 T_{cal} 时的漏率；

α —— 线性温度系数，%/K 或%/℃。

α是在校准温度范围内，利用漏率-温度曲线上按温度均布的数据，采用最小二乘法进行

线性拟合计算而得到的。因此其修正也只能在有限的校准温度范围内。

例如，α=3.7%/K。校准温度 T_{cal}=293K（19.8℃），在 T_{cal} 下的漏率为 1.46×10^{-11}mol/s，求 25℃时的漏率。

$$Q（T=293K）=1.46\times10^{-11}\times[1+0.037\times（25-19.8）]\text{mol/s}$$
$$=1.74\times10^{-11}\text{mol/s}$$

对于大多数渗透漏孔而言，当温度变化后要达到稳定的漏率约需几个小时的时间，这相当于漏孔元件达到热平衡所需的时间，其漏率也随温度而强烈变化。因此，漏孔在校准和使用之前必须先使温度稳定。

在给定温度下渗透漏孔的渗透率是与浓度差成正比的。在封闭式气室型漏孔中渗透率不随温度变化，而是压力差随温度变化。一个渗透漏孔当浓度改变时需要几天的时间来均衡漏率。它比温度变化后漏率的均衡时间要长得多。

渗透型漏孔的优点是：对污染不敏感；长时间内漏率稳定；漏率可以做得很小。

渗透型漏孔的缺点是：受温度的影响很大；玻璃元件很脆，不能承受机械冲击；漏孔阀关闭一段时间后，会发生气体积累，使渗透饱和。这样，打开阀门后，要达到稳定漏率需要几天时间，这与建立新的浓度梯度所需时间是一致的。因此建议带阀门的渗透漏孔在保存时让阀门打开；温度改变时也需要几个小时的平衡时间；能渗透的气体受渗透元件的限制。

（2）玻璃毛细管型标准漏孔　它是将ϕ1～ϕ3mm 的一段玻璃管拉制成 1μm 左右内径的毛细管而得到的，如图 8-10 所示。

这种漏孔的温度修正量一般很小（<0.005/K)，可以忽略。当这种漏孔使用氦气时，其漏率应计入氦的渗透量，同时还要考虑渗透型漏孔中提到的温度、时间响应的影响。

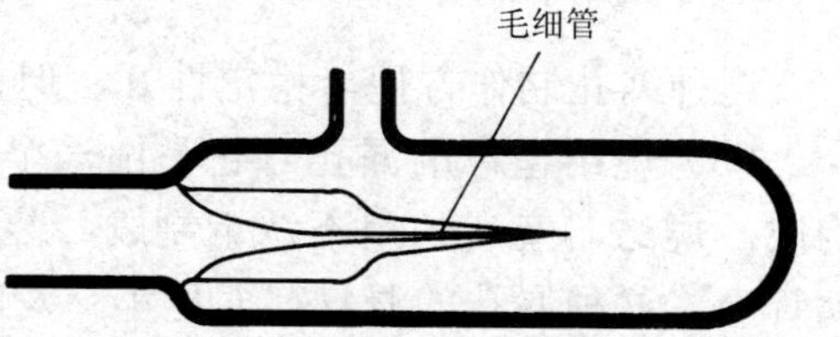

图8-10　玻璃毛细管型标准漏孔

在毛细管漏孔中，由于气体粘度与 $T^{\frac{1}{2}}$ 成正比，气室压力与 T 成正比，这些因素对漏率的影响互相抵消。

在分子流下，漏率与压力之间成线性关系，即

$$Q\propto(1/MRT)^{\frac{1}{2}}(d^3/\iota)(p_1-p_2) \tag{8-14}$$

在粘滞流下，压力与漏率成平方差关系，即

$$Q\propto(d^4/\eta\iota)(p_1^2-p_2^2) \tag{8-15}$$

式中　d、ι ——分别为毛细管的直径和长度；

η ——气体的粘滞系数；

p_1、p_2 ——分别为漏孔高低压侧的压力。

过渡流是不太容易计算流导的，因为在节流处的流动状态无法确定，所以压力对漏率的修正应当由实验确定。

检漏时，大多数 10^{-6}～10^{-12}mo1/s 的漏孔具有过渡流特性。由于漏孔尺寸很难测量，所以用某一种气体的漏率数据来精确计算另一种气体的漏率几乎是不可能的。因此，以氦漏率导出的被广泛使用的“空气当量漏率”一般是无效的，应当停止使用。

当漏率小於 10^{-12}mo1/s 左右时，流动状态通常是分子流，漏率与 $M^{1/2}$ 成反比。

（3）压扁金属毛细管型标准漏孔　它是将ϕ4mm×0.1mm 的无氧铜管或可伐管用油压机压扁后造成漏道而成的，如图 8-11 所示。

这种漏孔具有温度系数低，可以烘烤，不易损坏等优点。但易堵塞，特别是铜漏孔易因氧化而被堵塞。采用无氧铜管镀银的办法可使氧化堵塞现象得到改善。有时也可通过真空烘烤的方法使被冷凝气体堵塞的漏孔疏通。漏孔元件制作工艺对漏率大小及稳定性有较大影响，如油压机的压力、压制次数、退火次数等。

（4）玻璃-铂丝型标准漏孔　这是一种把ϕ0.1～ϕ0.15mm 的铂丝与 11#或 95#硬质玻璃作非匹配的封接后，利用其膨胀系数不同而得到的漏孔。如图 8-12 所示。

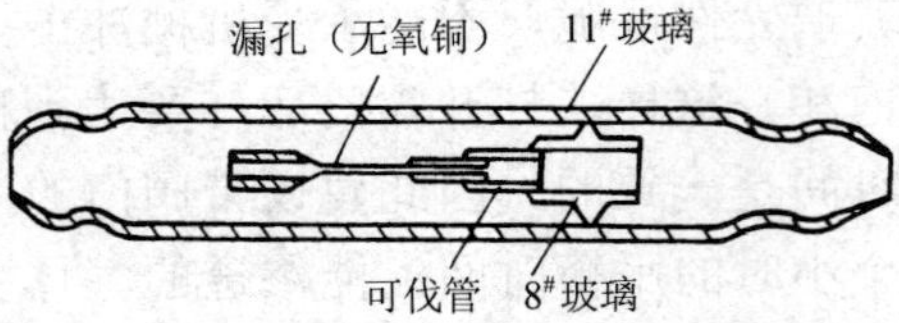

图8-11　压扁金属毛细管型标准漏孔

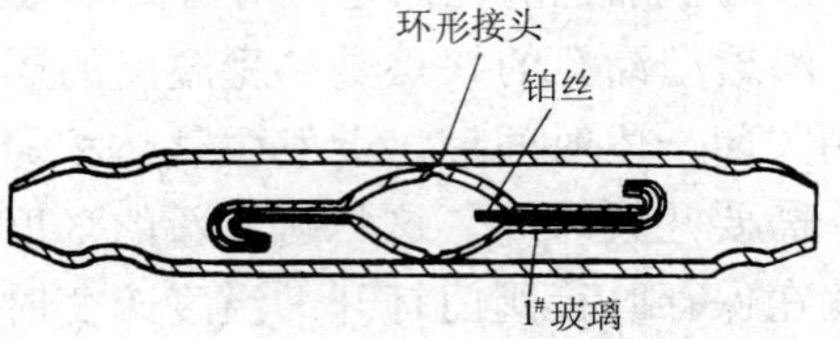

图8-12　玻璃-铂丝型标准漏孔

这种漏孔制作方便，稳定性好，但极易被水蒸气、油蒸气及微粒所堵塞。

（5）烧结型标准漏孔　它是由一个烧结粉末材料制成的芯塞和一个装芯塞的支撑件构成。烧结芯塞有的用不锈钢制成，装在一个不锈钢管中；有的由碳化硅制成，装在玻璃管中。这种漏孔的漏气截面更小，对凝结物的堵塞更敏感。

这种漏孔的优点是温度系数低、成本低、刚性好、大漏率时重复性好。其缺点是难清洗，低漏率时不稳定。

也有用一种锻压过的多孔金属块装在橡胶圈中制成的漏孔，如图 8-13 所示。

（6）孔板型标准漏孔　孔板型标准漏孔的典型制作方法是：先在金属薄圆片上用机械钻孔的方法使其中心区域变薄，然后在变薄处用化学刻蚀或激光打孔方法成孔。为得到更小的漏率，还可以再用真空镀膜的方法使孔变小。其漏孔元件的截面如图 8-14 所示。

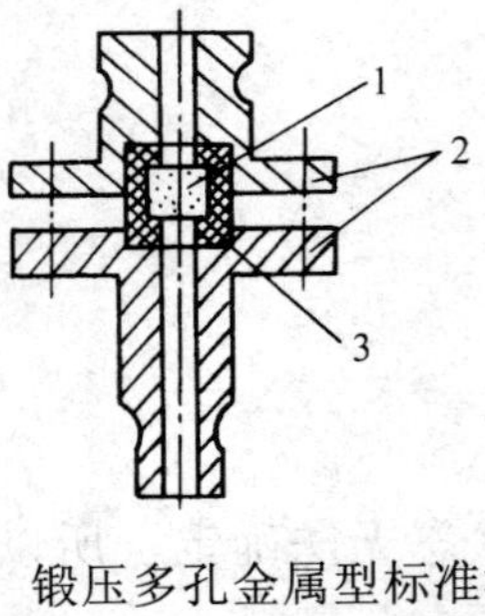

图8-13　锻压多孔金属型标准漏孔

1—多孔金属块　2—法兰　3—橡胶垫圈

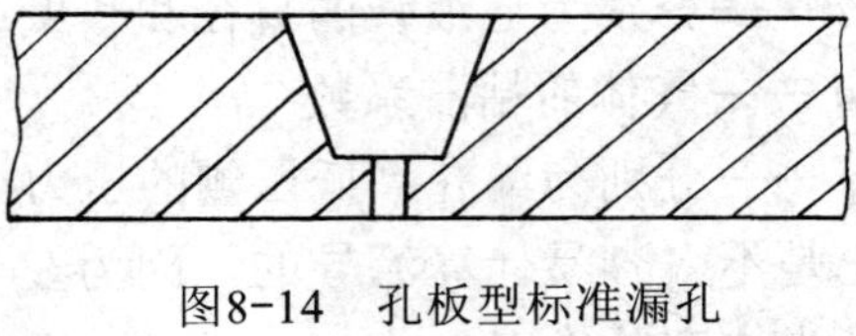

图8-14　孔板型标准漏孔

气体通过孔板漏孔的状态与短管或锥管相似。小孔的截面积一般可以测得（小孔直径一般为几微米至几十微米），这样就有可能根据气体种类，压力、温度的变化条件对漏率进行近似计算。

孔板漏孔的优点是它具有小的温度系数，主要由气体粘度随温度变化所致；漏出气体的纯度与气源纯度一致。缺点是易堵塞，因此使用和存放时必须注意保持孔板的洁净。

4. 封闭气室漏孔漏率的衰减率

从封闭气室漏孔漏出的气体漏率受多个参数的影响。最重要的是漏孔元件的特性、封闭气室中气体的压力（浓度）和漏孔温度。漏孔温度可以调节或监测，而气室中气体的压力则只能按初始充气状态和漏孔的使用时间进行估算。这种漏孔的漏率随着时间的推移不是恒定的，而由气室中气体量和漏孔大小所决定，以某个速率衰减。对于漏率与气室中的气体量成正比关系的漏孔，如果漏孔温度保持不变，衰减将严格按指数关系进行。

设气室的体积为 V，开始充入气室的压力为 p_0，漏率为 Q_0，漏孔低压侧压力为 p'，某一时刻气室内的压力为 p，漏孔的等效流导为 U，根据漏孔漏率与流导的关系有：

$$Q = U(p - p')$$

一般 $p \gg p'$，所以

$$Q \approx Up \tag{8-16}$$

又因

$$Q = -\frac{\mathrm{d}(pV)}{\mathrm{d}t} = V\frac{\mathrm{d}p}{\mathrm{d}t} \tag{8-17}$$

所以

$$Up = -V\frac{\mathrm{d}p}{\mathrm{d}t}$$

解方程可得

$$p = p_0 \exp(-\frac{U}{V}t) \tag{8-18}$$

当 $\frac{U}{V}t << 1$ 时，上式可展开成级数，取其一级近似得

$$p = p_0(1 - \frac{U}{V}t)$$

根据式（8-8）漏率与漏孔的两端的压差成正比，有

$$Q = Q_0(1 - \frac{U}{V}t)$$

那么

$$\frac{Q_0 - Q}{Q_0} = \frac{U}{V}t \tag{8-19}$$

式（8-19）反应了漏率的相对变化值与使用时间 t 的关系。利用它可以计算封闭气室漏孔使用 t 时间后漏率的变化量。

例如，对于 p_0 为 1atm（10^5Pa）时，漏率 Q_0 为 1.3×10^{-6}Pa·L/s 的一个渗氦漏孔来说

$$U=\frac{Q_0}{p_0}=\frac{1.3\times10^{-6}}{10^5}\text{L/s}=1.3\times10^{-11}\text{L/s}$$

若氦室体积为 0.5L，当漏率变化 5%时，所需的时间 t 为

$$t=\frac{Q_0-Q}{Q_0}\frac{V}{U}=0.05\times\frac{0.5}{1.3\times10^{-11}}\text{s}$$

$$=2\times10^9\text{s}\approx63\text{a}$$

由此可知，对于漏率较小的漏孔（小于 1×10^{-5}Pa·L/s）来说，只要气室体积不是太小，气室内压力的下降是非常之慢的，使用很长时间其漏率的变化很小，可以忽略。但当漏率 $Q_0>5\times10^{-5}$Pa·L/s，V=0.5L 时，一年中漏率的变化量达到 3.16%，这是一个必须考虑的问题。

5. 漏孔的操作和使用注意事项

1）标准漏孔的标准值都是在特定条件（进气端压力、气体、温度）下的漏率值。使用时，除了温度可以与校准温度不一致（但对漏率要进行修正）外，其压力与试验气体应与校准时一致。不能用公式把某种压力下对某种气体的漏率换算成另一压力下对另外气体的“等效”漏率。

2）标准漏孔接至系统上后，要避免系统中的油蒸气、水蒸气及固体微粒进入漏孔产生堵塞现象。如系统太脏，在系统与漏孔之间应加防尘、过滤或档油装置。

3）标准漏孔不使用时，最好放入真空干燥箱内妥善保存。

4）标准漏孔使用过久可能变值，特别在较差环境下使用还可能产生堵塞现象，带气室的标准漏孔其气室压力会产生衰减而使漏率变小。因此，要按有关规定对标准漏孔进行定期校准或检定。在精心保护情况下，渗透型漏孔一般每年校准一次。物理漏孔一般每三个月到六个月重校一次。

5）标准漏孔要尽量避免在振动较大、温度变化较大的条件下工作，以免出现振裂、炸裂现象。

6）安装标准漏孔时要小心，牢靠。安装位置既要保证合理，操作方便，又要尽量避开容易被人和工具碰撞的部位。

7）温度对渗透型漏孔的漏率影响较大，因此校准和使用之前必须使温度稳定。当使用温度与校准温度不一致时，一定要进行温度修正。采用线性修正时，其使用温度一定要在校准温度范围之内。

8）渗透型漏孔当改变浓度时，需要较长时间才能达到稳定漏率。所以一个渗透漏孔充氦后，不能马上校准和使用，需要等待几天的时间来均衡漏率。为此一般渗透漏孔都采用带气室的结构。

9）带氦室的渗透型漏孔，其出口端如果有阀门，保存期间阀门应该打开。否则，再次使用时，打开阀门后需要很长的漏率稳定时间。

10）使用带气室的物理漏孔时，要避免不需要的气体通过漏孔元件大量“反扩散”到气室中。因此，这种漏孔最好带有阀门，保存期间将阀门关死。

11）当气室中压力较高时，使用中要特别注意爆炸带来的危险。当气室中含有爆炸性、反应性和有毒气体时，使用中要注意防护，保存期间要注意将阀门关闭。

8.2.3　吸枪

吸枪是氦质谱检漏仪的一种取样探头，当被检件内充高压氦气后，氦气通过漏孔逸出到空气中，使用这种探头可将含有漏出的氦气的空气吸入到检漏仪中，从而灵敏地指示出空气中微量的氦分压变化来。作为这种探头，可以是具有一定流导的导管或孔隙，也可以是一种渗氦薄膜。但大多数吸枪采用针阀式结构，可以精细调节吸枪的流导以满足检漏仪的工作压力要求。

对吸枪的主要要求是调节灵活，能圆滑地精细地调节到要求的流导，重复性好，流导稳定。吸枪容易被微粒堵塞，因此针阀前端应有空气过滤装置。吸枪与检漏仪之间的连接管应尽量短而粗，以减小反应时间。

8.2.4　氦气

氦气在检漏中做为示漏气体使用。

氦气是一种无色、无味的惰性气体。相对分子质量为 4.003，分子直径为 2.18×10^{-10}m，分子的质量为 6.65×10^{-27}kg，在标准状态下的密度为 0.1769kg/m^3，临界温度为 5.25K，临界压力为 2.26×10^5Pa，1atm（10^5Pa）压力下的沸点为 4.214K，熔点为 0.9K，三相点温度为 2.186K，三相点压力为 51.1×10^{-2}Pa，在标准状态下的热导率为 510.79J/（m·h·K），在标准状态下的定压比热为 5233J/（kg·K），在标准状态下的动力粘度为 1.86×10^{-5}Pa·s，1L 液体气化为标准状态下的气体体积为 700L。

国家标准规定的瓶装氦气规格有工业用氦、纯氦、高纯氦。

1）工业用氦：氦含量≥99% 露点≤43℃。

2）纯氦分三级：优等品氦含量≥99.995%；一等品氦含量≥99.993%；合格品氦含量≥99.99%；

高纯氦分三级：优等品氦含量≥99.9996%；一等品氦含量≥99.9993%；合格品氦含量≥99.999%。

作示漏气体用的氦气的纯度要求不高，一般选用工业用氦就可以了。

8.2.5　真空泥

检漏中，经常要使用真空泥来进行临时性堵漏和连接。在氦质谱检漏盒法检漏中，检漏盒与被检件之间的密封更是离不开真空泥。真空泥为石油末端产品，材料为多种组分，是一种黑色的泥状均匀物质。它在室温下能塑性变形，能很好地与固体材料表面粘结而起密封作用，而且它在室温下具有较低的饱和蒸气压（10^{-2}Pa），暴露在空气中不易干燥，因此适合于作为一种低真空系统的临时性密封材料。使用温度不宜超过 30℃。国产真空泥有两种牌号，主要是使用温度不一样。

8.3 氦质谱检漏技术

氦质谱检漏仪灵敏度高这是检漏的一个有利条件。然而，实际工作中如果不能正确地运用它，仪器的优点得不到充分的发挥，工作得不到预期的效果，这是经常遇得到的。检漏中所遇到的被检件的结构、大小、要求是各式各样的，如何根据这些特定的条件选择检漏方法，这是检漏工作人员必须回答和解决的首要问题。因此了解各种检漏方法以及它们的特点，并熟练地运用它们来满足检漏的要求，这对于检漏工作人员来说是十分重要的。

8.3.1 氦质谱检漏的各种方法

1. 喷吹法

检漏系统如图 8-15 所示。图中的辅助泵是用来对被检容器进行预抽并当被检容器存在大漏时用来维持检漏仪的工作压力的。检漏时，先用辅助泵将被检容器抽到低真空，然后再关闭辅助阀，打开检漏阀，将被检容器与事先已抽至极限真空的检漏仪的质谱室相通，并用质谱检漏仪对被检容器进行抽气。当质谱室达到工作压力时，使仪器处于检漏工作状态，然后用仪器所附的喷枪在被检容器可疑漏气部位喷吹氦气，如果有漏，氦气通过漏孔进入被检容器内部并迅速进入到检漏仪，由输出仪表指示出来。输出仪表读数变化的大小可以确定检出漏孔的漏率大小。喷枪喷吹的位置可以确定检出漏孔的位置。这是目前使用最多，也是较方便的一种方法。

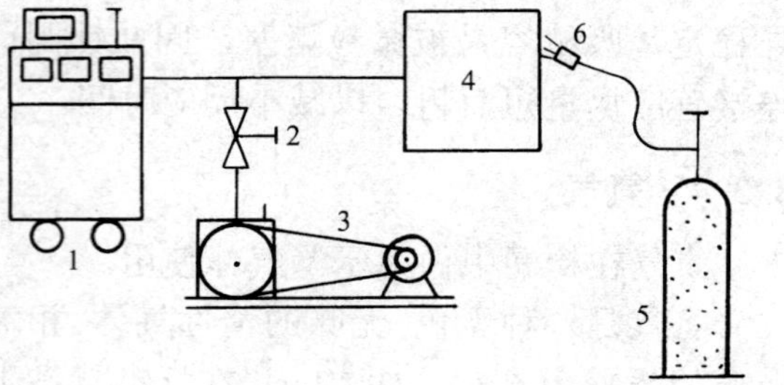

图8-15　喷吹法检漏系统

1—检漏仪　2—辅助阀　3—辅助泵

4—被检容器　5—氦气瓶

当被检容器存在大漏时，单用检漏仪来抽被检容器，真空度抽不上去，质谱仪不能工作。此时可打开辅助阀，用辅助泵帮助抽气，以维持质谱仪的正常工作压力。辅助泵打开后，由于辅助泵的分流作用，使检漏灵敏度降低。因此辅助阀的打开程度要尽量小，以能维持检漏仪的工作压力为限。

喷吹时间 t 与氦分压最大值 Q_{He}/S_{He} 的关系如下：

$t=\tau$（反应时间）　$p_{He}=63\%Q_{He}/S_{He}$

$t=2\tau$　$p_{He}=87\%Q_{He}/S_{He}$

$t=2.3\tau$　$p_{He}=90\%Q_{He}/S_{He}$

$t=3\tau$　$p_{He}=95\%Q_{He}/S_{He}$

$t=5\tau$　$p_{He}=99.3\%Q_{He}/S_{He}$

$t=\infty$　$p_{He}=100\%Q_{He}/S_{He}$

从这里可以看出，开始增加 t 的效果显著，但 t 增加到 3τ以上时效果就不大了，充其量提高 5%，而此时检漏效率就大大降低，极不合算，故一般喷吹时间 t 为 3 倍反应时间。

喷吹法的最大优点在于可以准确的找到漏孔位置。然而由于其有效灵敏度与喷吹时间有关。喷吹时间越长，有效灵敏度越高，但检漏的效率就大大降低。此外，喷出的氦立即向周围扩散，使漏孔处的氦浓度降低，使有效灵敏度降低。

2. 氦罩法

从上面对喷吹法检漏的分析中可以发现两个减小有效最小可检漏率的途径，其一是提高漏孔处氦浓度γ_{He}，即使$\gamma_{He}=1$；另一途径就是增加喷吹时间 t。如果$\gamma_{He}=1$，$t=3\tau$，那么有效最小可检漏率就基本上接近仪器的最小可检漏率。然而，喷吹时间 t 和检漏效率是一对矛盾，t 的大大增加，意味着检漏效率的大大降低，往往出现几天甚至几十天才能检完一个装置的情况，这是实际生产中不能允许的。为了解决这对矛盾，人们提出了一个设想，如果能用氦罩将器件可疑处全部罩起来，氦罩内充以纯氦气，也就相当于使用无数个喷嘴在无数个可疑部位同时喷吹氦气，这无疑地将大大加快检漏速度。同时由于氦浓度的增加和氦气喷吹时间的延长，其有效最小可检漏率也就减小，这就是要说的“氦罩法”。

氦罩法检漏系统如图 8-16 所示。检漏时，用辅助泵把被检容器抽空后，关闭辅助阀，打开检漏阀，使被检容器与早已抽到极限真空的质谱检漏仪的质谱室连通。当仪器达到工作压力后，使仪器处于检漏工作状态下，用一个氦气罩（经常用塑料薄膜罩）把被检容器的可疑部位包起来（对体积小的器件就用氦罩将它全都包起来），然后先将罩中空气赶走（有时用泵抽空），再充入氦气，这样可使$\gamma_{He}\to 1$。此时，仪器输出指示如果增大，便表示被氦罩罩住的那一部分存在漏气。仪器所指示的漏率即为被氦罩罩住的区域的总漏率。这种方法的优点是灵敏度高，有效最小可检漏率基本等于仪器的最小可检漏率，适于总检。其缺点是只能测出所罩部位的总漏率，不能确定漏孔位置。因此，先用此法测定总漏率，若总漏率超出允许范围，再用局部氦罩法或喷吹法找出漏孔的确切位置。

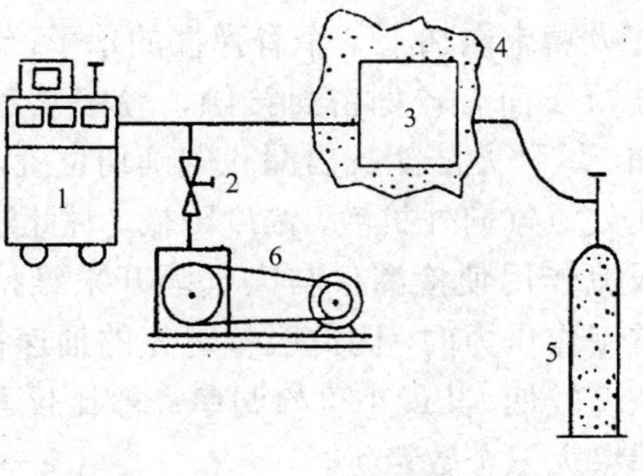

图8-16 氦罩法

1—检漏仪 2—辅助阀 3—被检容器 4—氦罩 5—氦气瓶 6—辅助泵

3. 真空室法

将被检容器放入一个真空室中，真空室与质谱仪相连，如图 8-17 所示。检漏时，先用辅助泵将真空室抽至低真空，然后关闭辅助泵，

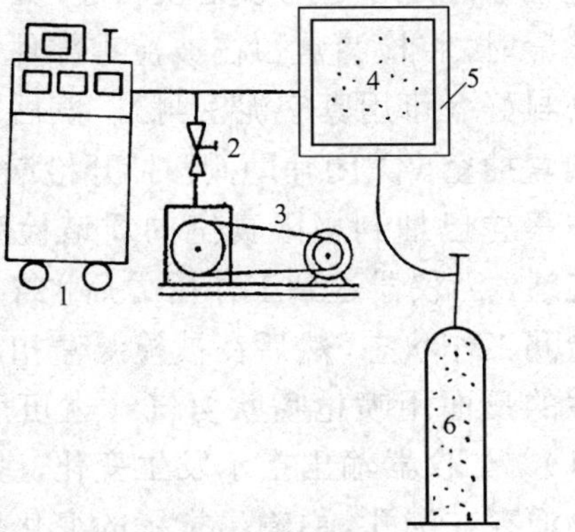

图8-17 真空室法

1—检漏仪 2—辅助阀 3—辅助泵 4—被检容器 5—真空室 6—氦气瓶

打开检漏阀使真空室与早已抽至极限真空的质谱室相通，仪器达到工作真空度后，将仪器调到检漏工作状态，然后被检容器中充入氦气（为提高氦浓度，有时用泵先将被检容器抽空后再充氦气）。当仪器输出指示数值增大时，证明被检容器有漏，由输出指示变化的大小可以确定被检容器总漏率的大小。这种检漏方法可以通过增加被检容器中的氦压力来降低有效最小可检漏率。我国整星检漏，俄罗斯对大型航天器检漏均采用这种方法。

4. 吸枪法

将被检容器内部充入几个气压的氦气，然后用以软管与检漏仪质谱室相连的且被抽成真空的特制吸枪（限流的针阀、膜孔或毛细管）在容器外面进行探索，如图 8-18。当容器壁上存在漏孔时，氦气通过漏孔向外逸出。当吸枪正对漏孔位置时，氦气随同周围空气一起被吸枪吸入到质谱室中去而产生漏气指示，达到检漏目的。所用连接吸枪的软管越短越好，同时管内要求清洁，因此最好用金属或高级塑料软管。由于橡胶管吸氦很严重，会造成很大的本底及噪声，因此不宜采用。检漏场地的空气不应该有太大的流动，以免漏孔附近的氦浓度降低过快。吸枪在被检容器表面移动的速度不能太快，它受检漏仪和软管时间常数的限制。吸枪与被检容器表面的距离不应超过 3mm，以避免由于浓度梯度造成的灵敏度损失。为了提高检漏灵敏度，可在吸嘴末端加上一个有弹性的罩子，这样吸枪与被检表面有较好密封接触，使吸嘴处氦浓度增加。这种方法能找出漏孔的确切位置。但由于漏孔处氦气向外扩散，浓度降低，且此法靠吸枪的限流作用使检漏仪与大气隔开来维持仪器的正常工作压力的，因此吸枪对氦的抽速很小，其灵敏度较低，其最小可检漏率一般比仪器最小可检漏率大三个数量级。

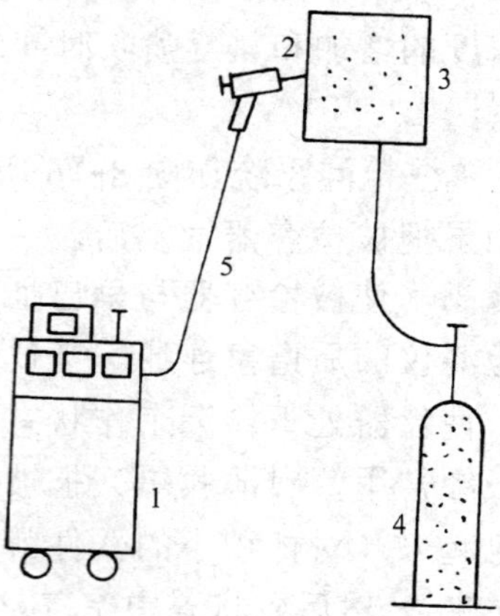

图8-18 吸枪法

1—检漏仪 2—吸枪 3—被检容器 4—氦气瓶 5—软管

5. 检漏盒法

将特制的能与被检零、部件表面很好吻合的检漏盒通过管道与质谱仪相连，如图 8-19 所示。检漏时，将检漏盒扣在被检零部件可疑表面上并密封好（可用真空泥密封），然后用辅助泵将检漏盒抽空。关闭辅助阀，打开检漏阀，使检漏盒与事先已抽到极限真空的质谱检漏仪的质检室连通，当仪器达到工作压力后，将检漏仪调整在检漏工作状态，然后在被检漏盒扣住的被检零部件的反面用喷枪喷吹氦气（也可用局部氦罩施氦）。如仪器输出指示发生变化，则喷枪喷吹部位便存在漏孔。由输出指示的变化值可以确定漏孔漏率的大小。此法适用于对未成形的被检件进行检漏。在零部件加工过程中，大量用于焊缝检

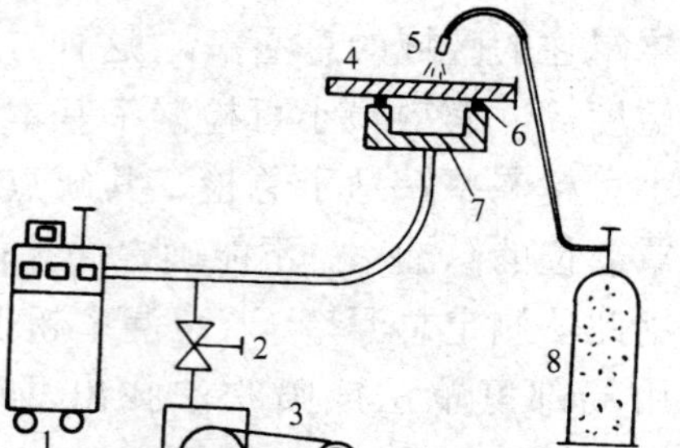

图8-19 检漏盒法

1—检漏仪 2—辅助阀 3—辅助泵 4—被检件 5—喷枪 6—密封圈 7—检漏盒 8—氦气瓶

漏。

6. 真空室累积检漏法

正常用真空法检漏时，由漏孔漏入检漏系统的氦，一部分被泵抽走，一部分在检漏系统各个截面上建立起氦分压。达到动态平衡时，质谱室中建立的氦分压应为：

$$p_{He} = \frac{Q_{He}}{S_{He}} \tag{8-20}$$

式中 p_{He} ——漏孔在质谱室中建立的氦分压；

Q_{He} ——漏孔对氦的漏率；

S_{He} ——为质谱室处对氦的抽速。

当 Q_{He} 很小时，p_{He} 也就很小，仪器往往没有反应。为了提高质谱室中的氦分压，可以用一阀门（累积阀）将检漏仪与被检件隔离，漏孔漏出的氦气先贮存在被检件与阀门之间的体积（累积体积）中，那么，累积体积中的氦分压将随时间增加而直线上升。累积一段时间后，打开累积阀，累积起来的氦便迅速被抽入检漏仪中，使质谱室的氦分压急剧上升，从而得到较大的输出指示，这就是所谓的累积法。

真空室累积法检漏系统如图 8-20 所示。其检漏步骤如下：

1）仪器检漏阀打开，检漏仪及检漏系统处于检漏工作状态。

2）测本底变化量。当氦罩内未充氦气时，在累积阀打开的情况下，读出检漏仪的输出指示值，设为 I_0。然后，关累积阀，累积时间 t 后，打开累积阀，读出检漏仪输出指示的最大值（峰值），设为 I_1。那么，I_1-I_0 便是本底在累积时间 t 内的变化值。

3）测标准漏孔引起的变化值。当氦罩内未充氦气时，打开累积阀，打开标漏阀，待平衡后，读出检漏仪输出指示值，设为 I_2。然后关闭累积阀，累积时间 t 后，打开累积阀，读出检漏仪输出指示的最大值（峰值）设为 I_3。那么，I_3-I_2 便是氦漏率为 Q_0 的标准漏孔在累积时间 t 内引起的输出指示的变化值。

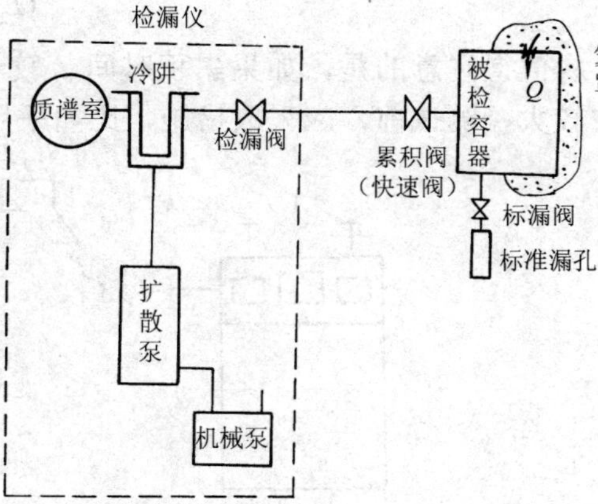

图8-20　真空室累积法检漏系统

4）测被检容器漏孔引起的变化值。关闭标漏阀，打开累积阀，向氦罩内充入所需压力的氦气（或浓度为 γ 的氦混合气），待平衡后，读出检漏仪输出指示值，设为 I_4。然后关累积阀，累积时间 t 后，打开累积阀，读出检漏仪输出指示的最大值（峰值），设为 I_5。那么，I_5-I_4 便是被检件上被氦罩罩住部分（被检部位）的所有漏孔在累积时间 t 内引起的输出指示的变化值。

那么，被检部位漏孔对氦的漏率 Q 便可以通过下式计算出来：

$$Q = \frac{Q_0}{[(I_3 - I_2) - (I_1 - I_0)]}[(I_5 - I_4) - (I_1 - I_0)] \tag{8-21}$$

真空室累积检漏法中所用累积阀必须能快速开、关，否则其峰值的测量就困难，因此累积阀一般采用电磁阀。

对于较小的压力容器进行检漏时，可将该压力容器置于与检漏仪相连的真空室内，压力容器内部充氦，其检漏步骤与上述一样。

这种方法只能检测被检部位的总漏率，不能确定漏孔位置。

7. 吸枪累积检漏法

将被检容器整体或局部用塑料或金属罩包起来（或将被检容器放入一密闭的集气容器中），罩子（或集气容器，下同）中均为一个大气压的空气，如图 8-21 所示。被检容器未充氦前，将与检漏仪相连的吸枪插入罩子内，测出罩子内空气中的氦本底值 I_0。接着向被检容器中充入一定压力（与被检容器工作压力一致）、浓度为γ 的氦气，若容器所罩部位有漏，氦气便通过漏孔进入罩内并被收集起来。经过时间 t 后，罩中的氦分压上升到某一值，将吸枪插入后，测得对应的输出指示值 I_1。然后将已知的纯氦气量 q（p_0V_0）注入罩子内，罩中氦分压将上升到另一值，此时，再次将吸枪插入罩内，测得对应的输出指示值 I_2。那么被罩部分的氦漏率 Q 便可以由下式算：

$$Q=\frac{P_0V_0}{(I_2-I_1)}(I_1-I_0)\frac{1}{t\gamma} \tag{8-22}$$

值得注意的是，如果累积时间 t 较长，即要求吸枪的工作比较稳定。此外，如体积比较大，测试前，应采取措施，比如采用风扇搅拌方式，将罩内气体混合均匀。

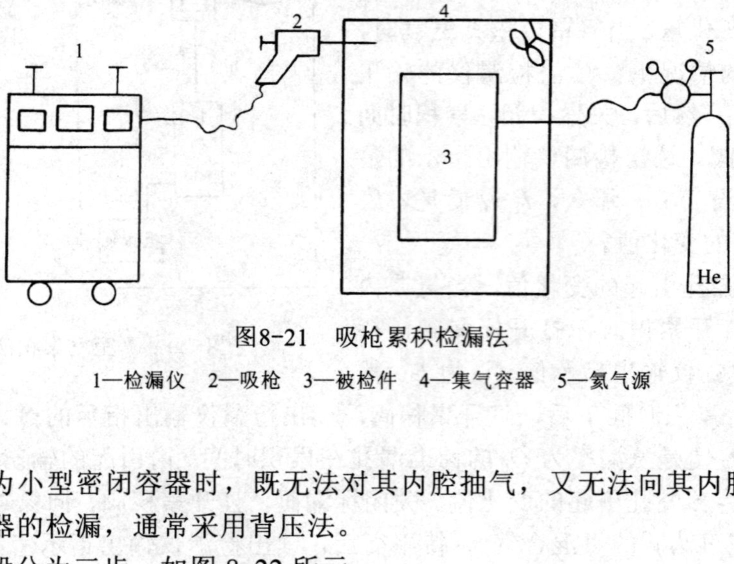

图8-21 吸枪累积检漏法

1—检漏仪 2—吸枪 3—被检件 4—集气容器 5—氦气源

8. 背压法

当被检件为小型密闭容器时，既无法对其内腔抽气，又无法向其内腔充气。对这种小型密闭式容器的检漏，通常采用背压法。

背压法一般分为三步，如图 8-22 所示。

1）加压。将被检件置于高压的氦室中，浸泡数小时或数天，如果被检件上存在漏孔，氦气便通过漏孔压入被检件内腔，使内腔中的氦分压上升。

2）净化。加压的氦室卸压后，取出被检件，用高压氮气或空气吹除被检件表面吸附的氦气，或将被检件加热到一定温度，使表面吸附的氦气放出。在此过程中，已进入被检件内腔的部分氦气经漏孔流失。

3）检漏。把被检件放入与检漏仪相连的真空容器内进行检漏，此时检漏仪指示出来的漏率称为测量漏率，并非漏孔的实际漏率。测量漏率的大小除了与漏孔实际漏率大小有关外，还与检漏中选取的各种检漏参数有关。但是，测量漏率与实际漏率之间的关系可通过相应的公式来描述。

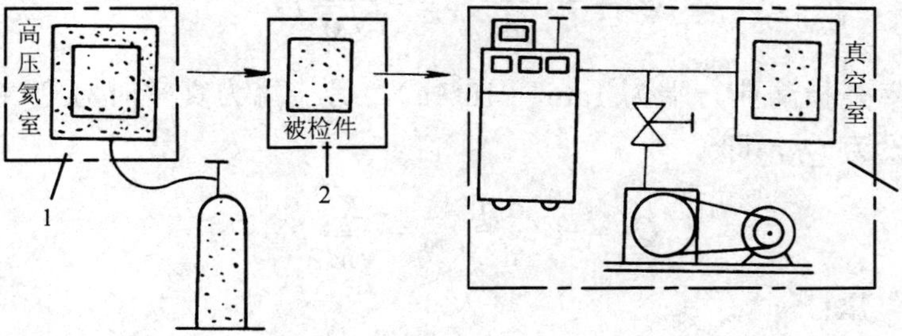

图8-22　背压法

1—加压　2—净化　3—检漏

这种方法 1956 年已经有人研究，后来在电子元器件外壳密封性能检验中广为应用。我国也早已有这方面的研究并已应用到半导体分立器件、微电子器件和电子及电气元件的细检方法中去。

对背压法的检漏过程的数学分析，其要点如下：

（1）分子流漏孔　当漏孔小于 $5\times10^{-6}\text{Pa}\cdot\text{m}^3/\text{s}$ 时，通过漏孔的气流状态可以认为是分子流状态。在密闭式器件的细检漏中，我们考虑的正是小于 $5\times10^{-6}\text{Pa}\cdot\text{m}^3/\text{s}$ 的漏孔，因此我们关心下面按分子流状态进行的分析。

1） 加氦压。加压时，设加压室内示漏气体的压力为 p_E，加压时间为 t_1，被检件的内腔体积为 V。开始时体积 V 内含有一个大气压的空气，在任一时间 t 时，被检件内示漏气体的分压为 p，则示漏气体往被检件中流入的方程为

$$V\frac{\mathrm{d}p}{\mathrm{d}t}=C\sqrt{\frac{T}{M}}(p_{\mathrm{E}}-p) \tag{8-23}$$

式中　C —— 与漏孔尺寸有关的常数；

T —— 热力学温度；

M —— 示漏气体的摩尔质量。

一般情况下，这项工作是在常温下进行的，T 是常数。令 $K=C\sqrt{T}$，积分式（8-25）得到加压 t_1 时间后，被检件中示漏气体的分压 p_1 为

$$p_1=p_{\mathrm{E}}\left[1-\exp\left(-\frac{Kt_1}{V\sqrt{M}}\right)\right] \tag{8-24}$$

2）净化。净化期间的时间为 t_2，此时示漏气体通过漏孔而损失，被检件内示漏气体的压力由 p_1 降到 p_2。示漏气体往外流的方程为

$$V\frac{\mathrm{d}p}{\mathrm{d}t}=-\frac{K}{\sqrt{M}}p$$

积分后得

$$p_2=p_1\exp\left(-\frac{Kt_2}{V\sqrt{M}}\right) \tag{8-25}$$

3）检漏。检漏阶段，被检件内的气体漏入被抽空的真空容器中，检漏仪的信号正比于示漏气体通过漏孔的漏率 Q_R，Q_R 称为测量漏率。

$$Q_{\mathrm{R}} = -V(\frac{\mathrm{d}p}{\mathrm{d}t})_{p=p2} = \frac{K}{\sqrt{M}} p_2 \tag{8-26}$$

习惯上，漏率是指漏孔一端为 1atm（10^5Pa），另一端为真空时对空气的流量，称为等效标准漏率，设为 Q_L，即

$$Q_{\mathrm{L}} = -V(\frac{\mathrm{d}p}{\mathrm{d}t})_{p=p0} = \frac{K}{\sqrt{M}} p_0 \tag{8-27}$$

式中 p_0——大气压；

M_A——空气的摩尔质量。

$$K = \frac{Q_{\mathrm{L}}}{p_0}\sqrt{M_{\mathrm{A}}}$$

$$Q_{\mathrm{R}} = Q_{\mathrm{L}} \frac{p_2}{p_0}\sqrt{\frac{M_{\mathrm{A}}}{M}} \tag{8-28}$$

通过整理，检漏时示漏气体通过漏孔的测量漏率

$$Q_{\mathrm{R}} = \frac{Q_{\mathrm{L}} p_{\mathrm{E}}}{p_0}\sqrt{\frac{M_{\mathrm{A}}}{M}}\left[1-\exp\left(-\frac{Q_{\mathrm{L}} t_1}{V p_0}\sqrt{\frac{M_{\mathrm{A}}}{M}}\right)\right]\exp\left(-\frac{Q_{\mathrm{L}} t_2}{V p_0}\sqrt{\frac{M_{\mathrm{A}}}{M}}\right) \tag{8-29}$$

式中 Q_R——测量漏率，Pa · m^3/s；

Q_L——等效标准漏率，Pa · m^3/s；

p_0——标准大气压力，1×10^5Pa；

p_E——氦气室内氦气的轰击压力，Pa；

M_A——空气的摩尔质量，2.9×10^{-2}kg/mol；

M——氦气的摩尔质量，4×10^{-3}kg/mol；

t_1——加压时间，s；

t_2——净化时间，即加压结束至检漏的时间，s；

V——被检件内腔净容积，m^3。

（2）粘滞流漏孔　当漏孔较大时，可认为通过漏孔的气流是粘滞流。

1）加压。加压时，示漏气体通过漏孔进入被检件体积 V 内的方程为：

$$V\frac{\mathrm{d}p}{\mathrm{d}t} = \frac{C}{\eta}(P_{\mathrm{E}}^2 - p^2) \tag{8-30}$$

式中 C——与漏孔几何尺寸有关的常数；

η——气体的粘度。在常温下，氦和空气的粘度差不多（等于 1.8×10^{-5}Pa · s）。

令 $N = \dfrac{C}{\eta}$，则得

$$V\frac{\mathrm{d}p_{\mathrm{T}}}{\mathrm{d}t} = N(P_{\mathrm{E}}^2 - p_{\mathrm{T}}^2) \tag{8-31}$$

其中 $p_T=p_0+p$，p_0 是被检件内空气的分压力，通常为一个大气压。p 是被检件内示漏气体的分压力，p_T 为被检件内的总压力。

加压结束时，被检件内的总压力 p_{T1} 为：

$$\frac{p_E+p_0}{p_E-p_0}\frac{p_E-p_{T1}}{p_E+p_{T1}}=\exp(-2Nt_1p_E/V) \tag{8-32}$$

2）净化。净化时，在 t_2 时间内，总压力 p_{T1} 下降到 p_{T2}，其流动方程是：

$$-V\frac{\mathrm{d}p_T}{\mathrm{d}t}=N(p_T^2-p_0^2) \tag{8-33}$$

$$\frac{\mathrm{d}p_T}{\mathrm{d}t}=\frac{N}{V}(p_0^2-p_T^2)$$

p_{T2} 由下式给出：

$$\frac{p_0+p_{T1}}{p_0-p_{T1}}\frac{p_0-p_{T2}}{p_0+p_{T2}}=\exp(-2Nt_2p_0/V) \tag{8-34}$$

3）检漏。检漏时，示漏气体和空气通过漏孔的总漏率为 Q_{RT}，则

$$Q_{RT}=-V\left(\frac{\mathrm{d}p_T}{\mathrm{d}t}\right)_{pT=pT2}=Np_{T2}^2 \tag{8-35}$$

检漏仪的信号只与示漏气体通过漏孔的漏率 Q_R 成比例，混合气体中示漏气体的比例是 $1-_0/p_{T1}$，则

$$Q_R=\frac{p_{T1}-p_0}{p_{T1}}Np_{T2}^2 \tag{8-36}$$

标准漏率是指漏孔一端为 10^5Pa（1atm）的空气，另一端为真空时的空气流量 Q_L，即

$$Q_L=-V\left(\frac{\mathrm{d}p}{\mathrm{d}t}\right)_{p=p0}=Np_0^2 \tag{8-37}$$

由式（8-37）求出 N，代入式（8-36）得：

$$Q_R=Q_L\frac{p_{T1}-p_0}{p_{T1}}\frac{p_{T2}^2}{p_0^2} \tag{8-38}$$

对于完全的粘滞流漏孔，如果 t_1，p_E 足够大，V 比较小时，（$2Nt_1p_E/V$）＞3，则可得 exp（$-2Nt_1p_E$）/V ＜0.05。因此由式（8-34）可知，$p_1\approx p_E$。也就是说，在充压结束时，被检件内部的总压力差不多都达到了外部示漏气体的压力。在典型试验条件 t_1=2h，p_E=8atm（8.1×10^5Pa），V=2cm^3 时，对于漏率大于 5×10^{-6}Pa · m^3/s 的漏孔都满足上述条件（而漏率小于 5×10^{-6}Pa · m^3/s 的漏孔都呈分子流，不在此讨论范围）。当（$2Nt_1p_E/V$）＞3 时，$p_1\approx p_E$，式（8-34）变为：

$$\frac{p_0+p_E}{p_0-p_E}\frac{p_0-p_{T2}}{p_0+p_{T2}}=\exp(-2Nt_2p_0/V) \tag{8-39}$$

令 $\dfrac{p_E - p_0}{p_E + p_0} = S$ ，则式（8-36）变为：

$$Q_R = \frac{p_E - p_0}{p_E} Q_L \left[\frac{1 + S\exp(-2Nt_2 p_0 / V)}{1 - S\exp(-2Nt_2 p_0 / V)} \right]^2 \tag{8-40}$$

（3）最小可检漏率　最小可检漏率的计算应以式（8-36）为基础，而对于非常小的漏孔，可把式（8-36）简化。在实际检漏条件 V=2cm^3，t_1=2h，t_2 =10min 时，如果 Q_L <5×10^{-6}Pa · m^3/s，则 $\dfrac{Q_L t_1}{Vp_0}\sqrt{\dfrac{M_A}{M}} \gg 1$。

根据 $e^{-x}=1-x$（$x \gg 1$），则

$$\exp\left(-\frac{Q_L t_1}{Vp_0}\sqrt{\frac{M_A}{M}}\right) = 1 - \frac{Q_L t_1}{Vp_0}\sqrt{\frac{M_A}{M}}$$

并且

$$\exp\left(-\frac{Q_L t_2}{Vp_0}\sqrt{\frac{M_A}{M}}\right) \to 1$$

所以式（8-29）可以变为：

$$Q_R = \frac{Q_L^2 p_E t_1}{Vp_0} \frac{M}{M_A} \tag{8-41}$$

背压法可检的最小漏孔对空气的漏率 Q_{Lmin} 取决于该漏孔在检漏仪上给出一个等于本底噪声那么大信号的氦流量 Q_{Rmin}。要使漏孔对氦的漏率达到 Q_{Rmin}，即要检出对空气的漏率为 Q_{Lmin} 的漏孔来，其施氦压力和加压时间应为：

$$p_E t_1 = \frac{Q_{Rmin} V p_0^2}{Q_{Lmin}^2} \frac{M}{M_A} \tag{8-42}$$

（4）最大可检漏率　当漏孔太大时，由于净化和抽空阶段会将压入被检件内的示漏气体很快漏掉，以致在检漏期间示漏气体的漏率降低到不可检测的程度，这就限制了背压法检漏的上限范围。我们可以用下面的方法来估算这一上限范围。

对于特定在一个大气压下对空气的漏率为 Q_L 的漏孔来说，如果呈现粘滞流情况，那么在高压下示漏气体的损失是极大的；如果呈现分子流情况，那么在净化和抽空阶段，当被检件内压力接近大气压时，示漏气体的损失也是极大的。计算表明：在某个中间压力 p_C 下，对于分子流和粘滞流来说，其示漏气体的损失率相等。这个计算假定，被检件内压力降到 p_C 以前是粘滞流，而后是分子流。根据这个假定，就导致了背压法可检漏率上限的最小值。

由式（8-26）和式（8-27）可知，示漏气体通过子分子流的损失率为：

$$\frac{\mathrm{d}p}{\mathrm{d}t}=-\frac{Q_{\mathrm{L}}p}{Vp_0}\sqrt{\frac{M_{\mathrm{A}}}{M}} \tag{8-43}$$

这个方程假定，被检件内的气体是纯示漏气体。只要乘积 $p_{\mathrm{E}}t_1$ 足够大，对于大漏孔来说，这一假定是符合实际情况的。同样， 示漏气体通过粘滞流漏孔的损失率可由下式给出：

$$\frac{\mathrm{d}p}{\mathrm{d}t}=\frac{Q_{\mathrm{L}}}{Vp_0^2}(p_0^2-p^2) \tag{8-44}$$

当 $p=p_{\mathrm{c}}$ 时，这两个损失率是相等的。因此

$$p_{\mathrm{c}}\sqrt{\frac{M_{\mathrm{A}}}{M}}=\frac{p_{\mathrm{c}}^2-p_0^2}{p_0} \tag{8-45}$$

对于大漏孔，式（8-39）是有效的。因此，在加压结束时，被检件内部示漏气体压力达到加压罩内示漏气体压力 p_{E}。我们假定：被检件内压力 p_{E} 直至降到 p_{c}，式（8-39）都是适用的，且所需的时间 t 由下式确定：

$$\frac{p_0+p_{\mathrm{E}}}{p_0-p_{\mathrm{E}}}\frac{p_0-p_{\mathrm{c}}}{p_0+p_{\mathrm{c}}}=\exp\left(-\frac{2Q_{\mathrm{L}}t}{Vp_0}\right) \tag{8-46}$$

接着，被检件内的示漏气体以分子流状态在时间（t_2-t）内继续损失。检漏时示漏气体的漏率 Q_{R} 由下式确定[参看式（8-46）]：

$$Q_{\mathrm{R}}=\frac{Q_{\mathrm{L}}p_{\mathrm{c}}}{p_0}\sqrt{\frac{M_{\mathrm{A}}}{M}}\exp\left[-\frac{Q_{\mathrm{L}}(t_2-t)}{Vp_0}\sqrt{\frac{M_{\mathrm{A}}}{M}}\right] \tag{8-47}$$

现在，只要令 $Q_{\mathrm{R}}=Q_{\mathrm{Rmax}}$，最大可检漏率 Q_{Lmax} 可由式（8-45）、式（8-46）和式（8-47）计算出来。实际上我们发现 $t\ll t_2$，因此，只要以 p_{c} 代替 p_{E}，由式（8-29）所得的 Q_{R} 与 Q_{L} 的关系和这里所得的结果一样。

如果以氦作示漏气体，那么，$\sqrt{\frac{M_{\mathrm{A}}}{M}}=2.7$。因此，由式（8-45）可得出 $p_{\mathrm{c}}=3p_0$。式（8-46）可写成

$$t=\frac{Vp_0}{2L}\ln\frac{2(p_{\mathrm{E}}-p_0)}{p_{\mathrm{E}}+p_0} \tag{8-48}$$

当我们利用某一检漏仪和示漏气体对某一零件进行背压法检漏时，首先必须确定加压条件。为此，必须知道所需要检验漏孔的最小尺寸、被检件的体积、示漏气体分子量、检漏的噪声等。

可检漏孔大小的上限取决于净化和抽空期间示漏气体的损失情况。对于某一给定体积的被检件来说，它主要受从加压到开始检漏所经历的时间长短的控制。被检件体积越大，最大可检漏孔也越大。然而，对小漏孔来说，在其他条件相同的情况下，被检件体

积越大，检漏灵敏度就越低。此外，要使检验漏孔的灵敏度高，选择分子量越小的示漏气体就越好。而要想扩展最大可检漏率，则希望利用高粘滞性的示漏气体，即一般应选用分子量大的示漏气体。这二者是互相矛盾的，必须折中考虑，因此选用氦气作示漏气体较为合适。检漏仪的噪声水平或本底信号主要由加压期间被检件表面吸附示漏气体所引起的。其吸附量以及其后在检漏期间的脱附量取决于所用的示漏气体、被检件外表面材料以及清洁情况。一般说来，光亮的金属表面吸附量少，氧化的金属表面吸附量就相当可观。多孔材料例如石墨的吸附量就更为严重。这种吸附的影响可以通过将被检件加热的方法来减轻。一种方法是在加压之后将被检件加热，为了尽量减少正式检漏前所花费的时间，也可以在加压阶段对被检件进行加热。这样，在检漏之前，示漏气休就能迅速脱附。对氦来说，当加热温度为200～400℃时就能满意地把本底信号降低到可忽略的水平。

式（8-29）是背压法检漏中表示测量漏率 Q_R 与等效标准漏率 Q_L 之间关系的典型公式。由这个公式不但可以由测量漏率计算出对应的等效标准漏率来，更主要的可以由器件允许漏率（等效标准漏率）推算出背压检漏的拒收漏率极限值来。

值得指出的是，当漏孔太大时，加压期间进入被检件内腔的氦气在被检件从加压室中取出至检漏前的这段时间 t_2 内可能已漏光，因此检漏时设有漏气信号，容易误判为合格产品。为此，经背压法细检的产品必需采用气泡法等粗检手段进行复验，验证被检器件是否存在大漏。但粗检只能在背压细检法之后进行，不能在此之前进行，以免粗检中所用液体物质将小漏堵塞，在细检中检不出来。

8.3.2 实际漏孔漏率的确定

如果在被检容器上接上一只渗氦型标准漏孔，它对氦气的漏率为 Q_0，如图 8-23。利用标准漏孔比对法可以确定出所检出的实际漏孔的漏率值。其方法如下：将检漏仪及检漏系统调整在检漏状态并保持不变。打开标漏阀，读出检漏仪的输出指示的变化值，设为 I_0；关标漏阀，对实际漏孔进气端施以压力为 p 的氦压，读出相应的检漏仪的输出指示的变化值，设为 I；那么，实际漏孔在压力 p 下对氦气的漏率 Q 可由下式得出：

$$Q = \frac{I}{I_0} Q_0 \qquad (8\text{-}49)$$

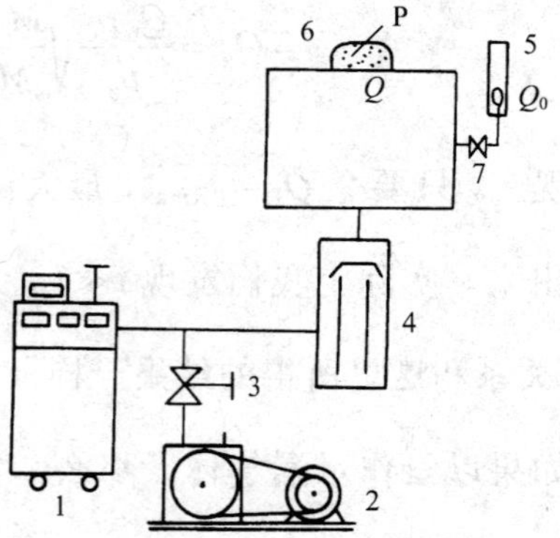

图8-23　实际漏孔漏率测试系统

1—检漏仪　2—辅助泵　3—辅助阀　4—次级泵　5—渗氦型标准漏孔　6—实际漏孔　7—标漏阀

值得注意的是，标准漏孔的位置要与实际漏孔的位置相当，否则测量结果会出现较大误差。另外，标准漏孔也可以采用通道型标准漏孔如铂丝玻璃型标准漏孔、金属压扁型标准漏孔等。但是，如果其已知漏率 Q_0 是在压力 p_0 下校准出来的，那么应用中，其漏孔进气端所施氦压也应该为 p_0，而不是与被检容器检漏时所施氦压一致。在漏孔流动状态未知的情况下，不能利用线性推算的方法去求取另一压力下的漏率。

8.3.3　大容器真空检漏

1. 检漏系统

当被检容器体积较小时，可以直接接到质谱检漏仪上进行真空检漏。但是，当被检容器的体积在 100L 以上时，由于体积大（气量多）、表面积大（出气量多）、漏孔也可能多（漏率大），若直接用质谱检漏仪的抽气系统来抽气，可能长时间也抽不上去，检漏仪无法正常工作。既使经过长时间抽气后检漏仪能工作，然而其反应时间可能很长，也难以实现检漏。因此，对于大容器检漏来说，往往需要配备专门的检漏系统。图 8-24 是一种典型的大容器真空法检漏系统。图中符号的意义为：

S_{II}：系统对被检件的空气抽速；

S_{I}：辅助泵支路对空气的抽速；

S_d：检漏仪支路对空气的抽速；

S_e：检漏仪抽速阀（节流阀）处对空气的抽速；

S_C：质谱室处对空气的抽速；

U_L：检漏仪支路连接管道的空气流导；

U_i：检漏仪节流阀至质谱室间的连接管道的空气流导。

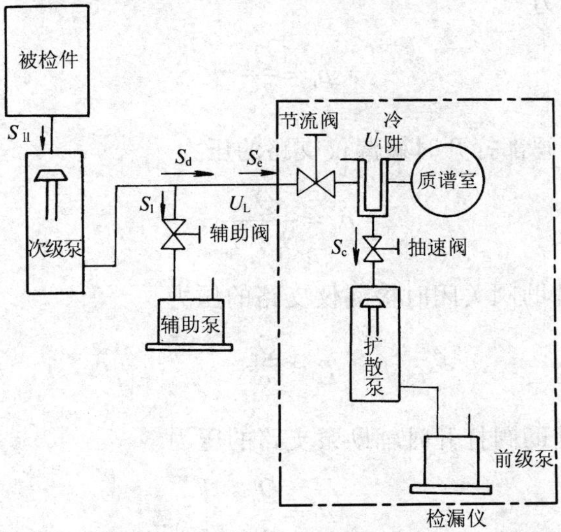

图8-24　检漏系统

我们以上述符号的右上角加一撇来表示对氦气的上述各参量，例如 S_{II}'，表示系统对被检件的氦气抽速；U_i'表示检漏仪节流阀至质谱室间的连接管道的氦气流导，其余类推。

由图 8-24 可知

$$\frac{1}{S_d}=\frac{1}{S_e}+\frac{1}{U_L}=\frac{1}{S_c}+\frac{1}{U_i}+\frac{1}{U_L} \tag{8-50}$$

$$\frac{1}{S_d'}=\frac{1}{S_e'}+\frac{1}{U_L'}=\frac{1}{S_c'}+\frac{1}{U_i'}+\frac{1}{U_L'} \tag{8-51}$$

在分子流下，$\dfrac{U'}{U}=2.7$；粘滞流下，$\dfrac{U'}{U}=0.9(U'\approx U)$。

2. 被检件的预抽过程

所谓预抽，是把被检件从大气压抽到真空度不再上升时为止的抽气过程。这种抽空受器壁放气的限制。在预抽过程中，对于一定的抽速来说，压力的变化规律为

$$p = p_0 \exp(-\frac{S_{II}}{V}t) \tag{8-52}$$

式中 p_0 —— $t=0$ 时被检件内的压力，这里 p_0 为一个大气压；

V —— 被检件的体积。

被检件中的压力由 p_0 抽至某一压力 p 所需的时间（抽下时间）

$$t = \frac{V}{S_{II}} \ln \frac{p_0}{p} = 2.3 \frac{V}{S_{II}} \lg \frac{p_0}{p} \tag{8-53}$$

这里，在 $p_0 \sim p$ 的压力范围内，S_{II} 为常数。

3. 被检件出气的影响

上面的分析既没有考虑放气的影响，也没有考虑漏气的影响。假设被检件的漏气很小，它不是限制真空度的主要因素。设 Q_d 为预抽阶段结束时被检件的总放气率，此时：

（1）被检件中的压力

$$p_{II} = \frac{Q_d}{S_{II}}$$

（2）节流阀和辅助阀都打开时检漏仪支路的压力

$$p_d = \frac{Q_d}{S_I + S_d}$$

1）节流阀打开，辅助阀关闭时检漏仪支路的压力

$$p_d = \frac{Q_d}{S_d}$$

2）节流阀关闭，辅助阀打开时辅助泵支路的压力

$$p_I = \frac{Q_d}{S_I}$$

（3）质谱室的压力

1）助泵打开时，流量 Q_d 中只有 Q_1 部分通过检漏仪，Q_2 部分流入辅助泵，且

$$Q_d = Q_1 + Q_2 \tag{8-54}$$

$$\frac{Q_1}{S_d} = \frac{Q_2}{S_I} = \frac{Q_d}{S_d + S_I}$$

$$Q_1 = Q_d \frac{S_d}{S_d + S_I} \tag{8-55}$$

$$Q_2 = Q_d \frac{S_I}{S_d + S_I} \tag{8-56}$$

所以质谱室中的压力

$$p_c = \frac{Q_1}{S_c} = Q_d \frac{S_d}{S_c(S_d + S_1)} \tag{8-57}$$

2）辅助泵关闭时，全部流量 Q_d 通过检漏仪，此时质谱室的压力

$$p_c = \frac{Q_d}{S_c}$$

实际上，从被检件中抽出的气体中含有的可冷凝的蒸气被液氮冷阱捕捉了，所以进入质谱室的气体仅是其中的一部分。一般认为，由器壁放出来的气体中至少有 90%是可冷凝气体（主要是水蒸气、油蒸气和二氧化碳）。因此当冷阱中加有液氮时，质谱室的压力

$$p_c = \frac{1}{10}\frac{Q_d S_d}{S_c(S_d + S_1)} \quad （辅助泵打开时）$$

$$p_c = \frac{1}{10}\frac{Q_d}{S_c} \quad （辅助泵关闭时）$$

由上面的分析可知，辅助泵打开的优点是使质谱室中的压力降低了 $\frac{S_d}{S_d + S_1}$ 倍，因此可以更早地开始检漏。如果 S_C 和 S_1 为常数，虽然降低 S_d（也就是关小节流阀）也可以降低分析室的压力，但这样做会降低检漏灵敏度。

如果打开辅助泵后质谱室中的压力仍然很高，不能正常工作，那么就必须继续抽气。要减小器壁中的放气，其速度是非常慢的，可能使检漏工作延迟很久。因此，对大容器检漏来说，正确选择辅助泵和检漏仪内部抽气系统的空气抽速以及连接管道的通导是非常重要的。

4. 正式检漏——信号稳定状态

当把氦气喷吹到漏孔上时，氦气便进入检漏系统。开始时系统中各点的氦分压可以认为是零，以后氦分压继续上升，直到各个截面上的氦分压不再增加为止，这是信号的建立状态。继续喷氦，系统各个截面的氦分压不变，即进入检漏系统的氦气量和抽走的氦气量相等，信号稳定，这是信号的稳定状态。停止喷氦，泵继续抽除检漏系统中的氦，因此系统中各处的氦分压降低，最后变为零，这是信号的消失状态。这里先分析一下信号的稳定状态。

检漏时，辅助阀可以打开，也可关闭，视情况而定。我们用 Q' 表示进入被检件的氦流量，Q_1' 表示通过检漏仪器的氦流量，Q_2' 表示通过辅助泵的氦流量。

（1）辅助阀关闭时的检漏情况　此时，$Q_2'=0$，$Q_1'=Q'$，全部氦气都通过检漏仪。因此质谱室中的氦分压

$$p_c' = \frac{Q'}{S_c'} \tag{8-58}$$

这个氦分压使检漏仪输出指示增加值为

$$D=K\frac{Q'}{S_c'} \tag{8-59}$$

这里的 K 是输出指示与质谱室氦分压的比例系数，单位为格/Pa 或 mV/Pa。

（2）辅助阀打开时的检漏情况　此时 $Q'=Q_1'+Q_2'$，Q' 按支路处的抽速 S_d'、S_I'的比例分为 Q_1'和 Q_2'且

$$Q_1'=Q'\frac{S_d'}{S_d'+S_I'}$$

$$Q_2'=Q'\frac{S_I'}{S_d'+S_I'}$$

质谱室中的氦分压

$$p_c'=\frac{Q_1'}{S_c'}=Q'\frac{S_d'}{S_c'(S_d'+S_I')} \tag{8-60}$$

这个分压使输出指示变化

$$D=Kp_c'=KQ'\frac{S_d'}{S_c'(S_d'+S_I')}$$

将式（8-60）代入，得

$$D=K\frac{Q'}{S_c'S_I'}\frac{1}{[\frac{1}{S_c}+\frac{1}{S_I'}+\frac{1}{U_L'}+\frac{1}{U_i'}]} \tag{8-61}$$

（3）讨论

1）比较式（8-60）与式（8-61）可知，采用辅助泵后由于辅助泵的分流作用检漏灵敏度要降低。因此，检漏时要尽量关小辅助阀。

2）D 与 S_{II}' 无关，这就是说用了次级泵不一定能提高检漏灵敏度。

3）S_c'愈小，D 越大，检漏灵敏度就越高。因此，慢慢关小抽速阀可提高检漏灵敏度。当 $S_c'\to 0$ 时，$D=K\frac{Q'}{S_I'}$。如果 $S_I'=0$，也就是说如果辅助阀也关闭，D 就趋近于无穷大。这个结论符合这样的事实：停止抽质谱室以后，质谱室中的氦分压会继续上升。可以证明，过了足够长的时间之后，很小的漏隙也可以检查出来。因此，可以通过关小抽速阀和辅助阀的方法来提高检漏灵敏度，检出很小的漏孔来。

4）S_c'和 S_I'一定时，U_i'和 U_L'愈大，D 就越大。这就是说检漏仪支路和质谱室内部管路的通导越大越好。但如果 $S_I'=0$ 即在辅助阀关闭的情况下 U_i'和 U_L'，对灵敏度的影响就不大了，但对反应时间影响颇大。

5）质谱室的压力一定时（K 一定），即所有阀门调到一定位置上，S_I'、S_c'和 U_L'给定，输出仪表的指示值 D 和氦流量 Q' 的比例系数就为常数。知道了这个常数就可以计算漏率。然而这个常数的计算是非常麻烦的，一般都采用标准漏孔比较法来确定漏率值。

6）从逻辑上讲，应当把比例系数

$$\frac{D_0}{Q_0'}=\frac{K}{S_c'S_I'\left(\frac{1}{S_c'}+\frac{1}{S_I'}+\frac{1}{U_L'}+\frac{1}{U_i'}\right)}$$

叫做有效灵敏度（又称检漏灵敏度）。实际工作中，在正确使用检漏仪的前提下，考虑到测量仪表读数的可能性和不稳定性，象仪器灵敏度那样习惯上仍用最小可检的漏孔漏率（也就是把相当于不稳定指示（噪声）的漏率）作为检漏灵敏度。

5. 信号的产生和消失状态

我们知道，把氦气加到漏孔上就会出现一个信号。去掉氦气，信号就减小、消失。为了研究信号的产生和消失过程，我们常常假设漏孔是畅通无阻的。也就是说，氦气通过漏孔的时间极短。下面我们分析一下不用次级泵和用次级泵这样两种情况。

（1）不用次级泵　不用次级泵的检漏系统如图 8-25。我们现在研究检漏仪支路处氦分压的变化情况。假设质谱室与被检容器间的连接管道的通导很大，因此质谱室与被检件中的氦分压一样。设 S'_{II} 是被检件的氦抽速，用或不用辅助泵，S'_{II} 是不一样的。用辅助泵时，$S'_{II}=S'_d+S'_I$；不用辅助泵时，$S'_{II}=S'_d$。

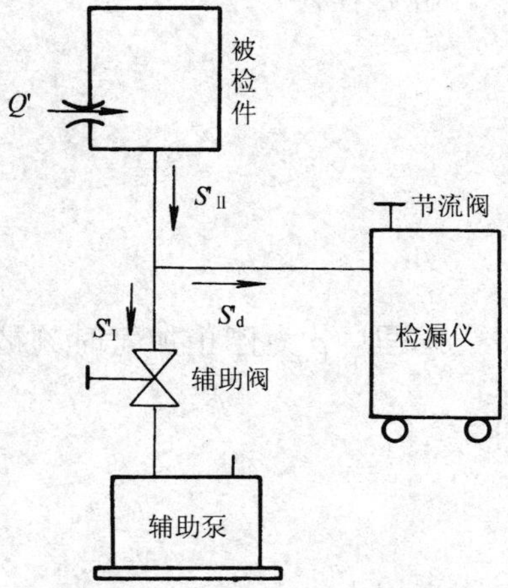

图8-25　不用次级泵的检漏系统

1）信号的产生。设 $t=0$ 时把一个大气压的氦加于漏孔处，原先被检件中的氦分压设为零，这时马上就有一股氦气通过漏孔进入被检件中使其氦分压慢慢增加。如果不开泵，即 $S'_{II}=0$，显然被检件中氦分压的变化规律是

$$p'=\frac{Q'}{V}t$$

这里 V 是被检件的体积。开泵后，就有 $p'S'_{II}$ 的氦气从被检件中抽走了，在时间 $t\to t+\mathrm{d}t$ 之间，通过漏孔进入的氦量为 $Q'\mathrm{d}t$，被抽走的氦量为 $p'S_{II}'\mathrm{d}t$，剩下的氦量使被检件中的氦分压增加 $\mathrm{d}p'$，也就是说有 $V\mathrm{d}p'$ 的氦留下来了。它们之间的关系是：

$$Q'\mathrm{d}t=V\mathrm{d}p'+p'S_{II}'\mathrm{d}t$$

解方程得

$$p'=\frac{Q'}{S'_{II}}[1-\exp(-\frac{S'_{II}}{V}t)] \tag{8-62}$$

$$t=-\frac{V}{S'_{II}}\ln\left(1-\frac{p'}{Q'}S'_{II}\right) \tag{8-63}$$

由式（8-62）可知，经过无限长时间后可以得到极限值

$$p'=\frac{Q'}{S'_{II}}$$

然而实际工作中我们关心的是用多长时间才能得到同这一极限值差别不大的信号。我们把达到极限值的63%所需要的时间定义为系统的反应时间，那么

$$\tau_R = \frac{V}{S_{II}} \tag{8-64}$$

反应时间决定了施氦时间。只有施氦时间超过 $3\tau_R$ 后检漏才是有效的。

2）信号的消失。一旦停止向漏孔施氦，氦气就不再进入被检件中，被检件内的氦气不断被泵抽走，因此氦分压就会慢慢降低直到氦分压为零。设停止加氦的时刻 t=0，那么同上推导一样，此时 Q'=0，有

$$V\,\mathrm{d}p' + p'S'_{II}\,\mathrm{d}t = 0$$

解方程得

$$p' = p_0 \exp(-\frac{S'_{II}}{V}t)$$

$$t = \frac{V}{S'_{II}} \ln p \frac{p'_0}{p'}$$

这里，p'_0为停止加氦时刻被检件中的氦分压，它应该就是检漏时的稳定氦分压 $\frac{Q'}{S_{II}}$，即

$$p'_0 = \frac{Q'}{S'_{II}}$$

所以

$$p' = \frac{Q'}{S'_{II}} \exp(-\frac{S'_{II}}{V}t) \tag{8-65}$$

$$t = \frac{V}{S'_{II}} \ln(\frac{Q'}{p'S'_{II}}) \tag{8-66}$$

可见，为使信号完全消失，也必须有一个无限长的时间。我们把信号减小到初始值的37%所需的时间定义为系统的清除时间 τ_c，那么

$$\tau_c = \frac{V}{S_{II}} \tag{8-67}$$

由式（8-61）及式（8-64）可知，反应时间与清除时间是相等的。值得说明的是：

1）反应时间及清除时间与被检件的体积及真空系统对氦的抽速有关，而与漏孔大小及质谱仪的灵敏度无关。

2）检漏中，最重要的是要求信号完全消失后再进行检漏，而不是要求信号上升到最大值后再结束检漏。因为残余信号会影响检漏工作的正常进行，而在漏率计算中没有达到最大值的信号至多只会引起一个很小的误差。

（2）采用次级泵　采用次级泵的检漏系统如图 8-26。设 S'_{II} 为次级泵对氦的抽速。由于被检件与次级泵之间的管道通导很大，因此 S'_{II} 也就是被检件处的氦抽速；V 是被检

件的体积；U 是辅助泵、次级泵和检漏仪之间的体积；p'_U 是容积 U 中的氦分压；p'_U 是容积 U 中的氦分压；S'是体积 U 的氦抽速，如果辅助泵打开，$S'=S'_d+S'_I$；如果辅助泵关闭，$S'=S'_d$ 并假设与检漏仪连接的管道通导很大，因此 S'也就是质谱室的氦抽速，即 $S'=S_c'$。

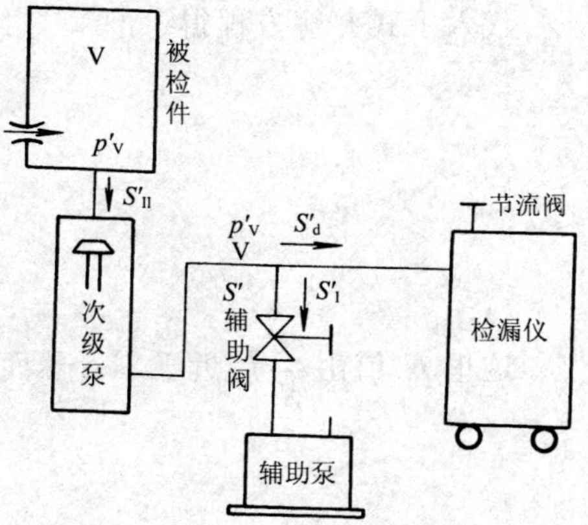

图8-26　采用次级泵的检漏系统

1）信号的产生。在 t 到 $t+dt$ 时间内，进入、抽出和留在 U 内的氦量之间有一个平衡关系，即

$$p'_V S'_{II} dt = p'_U S' dt + U d p'_U$$

由式（8-62）可知

$$p'_V = \frac{Q'}{S'_{II}}[1 - \exp(-\frac{S'_{II}}{V}t)]$$

代入上式并解方程得

$$p'_V = \frac{Q'}{S'}[1 - \frac{1}{1-(\frac{U/S'}{V/S'_{II}})}\exp(-\frac{S'_{II}}{V}t) + \frac{\frac{U/S'}{V/S'_{II}}}{1-(\frac{U/S'}{V/S'_{II}})}\exp(-\frac{S'}{U}t)] \quad (8-68)$$

一般情况下，$V \gg U$，而 S_{II}'尽管大于 S'但两者相差并不大，因此有

$$\frac{V}{S'_{II}} \gg \frac{U}{S'}$$

这样，式（8-68）可简化成

$$p'_V = \frac{Q'}{S'}[1 - \exp(-\frac{S'_{II}}{V}t)] \quad (8-69)$$

所以

$$t = -\frac{V}{S'_{II}}\ln(1 - \frac{p'_V S'}{Q'}) \quad (8-70)$$

由式（8-69）可知，当 $t\to\infty$时，$p'_V \to \frac{Q'}{S'}$。当 $p'_V = 0.63\frac{Q'}{S'}$ 时所需的时间即系统的反应时间

$$\tau_R = \frac{V}{S'_{II}} \quad (8-71)$$

2）信号的消失。停止施氦后，体积 V 内氦平衡方程为

$$p'_V S'_{II}\,dt = p'_U S'\,dt + v\,d\,p'_U$$

式中 p'_V 由式（8-69）给出，即

$$p'_U = \frac{Q'}{S'_{II}}\exp(-\frac{S'_{II}}{V}t)$$

代入上式并解方程得

$$p'_{\mathrm{U}} = \frac{Q'}{S'} \exp(-\frac{S'_{\mathrm{II}}}{V} t) \qquad (8\text{-}72)$$

$$t = \frac{V}{S'_{\mathrm{II}}} \ln(\frac{Q'}{p_{\mathrm{U}} S'}) \qquad (8\text{-}73)$$

这里 p'_{U} 值由 $\frac{Q'}{S'}$ 趋近于零。然而 $p'_{\mathrm{U}} = 0.37\frac{Q'}{S'}$ 时所需的时间即系统的清除时间

$$\tau' = \frac{V}{S'_{\mathrm{II}}} \qquad (8\text{-}74)$$

由上面的分析可知：

1）不用次级泵时质谱室中的氦分压 p'取决于 $\frac{Q'}{S'_{\mathrm{II}}}$，这里 $S'_{\mathrm{II}} = S'_{\mathrm{d}} + S'_{\mathrm{I}}$；采用次级泵时质谱室中的氦分压 $p'=p'_{\mathrm{V}}$，它取决于 $\frac{Q'}{S'}$，这里 $S' = S'_{\mathrm{d}} + S'_{\mathrm{I}}$，因此两种情况的检漏灵敏度一样，即检漏灵敏度与次级泵的抽速无关。

2）不用次级泵时反应时间和清除时间由 $\frac{V}{S'_{\mathrm{II}}}$ 决定，这里 $S'_{\mathrm{II}} = S'_{\mathrm{d}} + S'_{\mathrm{I}}$，采用次级泵时反应时间和清除时间虽然也由 $\frac{V}{S'_{\mathrm{II}}}$ 来决定，但这里的 S'_{II}，却是次级泵的抽速。由于一般都是采用诸如扩散泵、涡轮分子泵等大抽速的泵来做次级泵，因此采用次级泵后可以大大缩短反应时间和清除时间。在大容器检漏中，采用次级泵是非常必要的。

复 习 题

1．质谱检漏仪的分析器出口电极为什么要采用三极结构？各个极的作用是什么？

2．离子加速电压是离子源上哪两个电极之间的电压？

3．质荷比与离子运动的轨道半径 R 有什么关系？氦与氢相比谁的 R 大？

4．质谱检漏仪为什么选择氦气作示漏气体？

5．检漏仪的“最小可检”是什么意思？它主要由什么来决定？

6．有效最小可检漏率与仪器最小可检漏率有什么关系？

7．如何测定仪器的本底噪声？

8．标准漏孔对氦的漏率为 $2.8\times10^{-8}\mathrm{Pa\cdot m^3/s}$，在质谱检漏仪上的净反应值为 28V，测得仪器的本底噪声值为 3mV，求该仪器的最小可检漏率？

9. 何谓仪器的反应时间和清除时间？它们的大小与什么有关？与漏孔漏率有关吗？

10．检漏时，喷氦时间为什么要选择为系统反应时间的 3 倍以上？

11．逆流检漏仪与一般检漏仪在被检件的连接位置方面有什么不同？对主泵的压缩比要求有什么不同？

12．用氦质谱检漏仪进行检漏的主要方法有哪些？你在检漏中用过哪些方法？

13．加压检漏时，为什么要求被检件中充气压力要尽量与被检件的工作压力一致？

14．背压法检漏有哪几个步骤？在背压法检漏中为什么要求净化时间尽量短？仪器输出指示的漏率代表漏孔的实际漏率吗？为什么？

15．如何确定实际漏孔的漏率值？

16．大容器检漏中，“次级泵”的主要作用是什么？“辅助泵”的抽速与检漏灵敏度有什么关系？

17．带氦室的渗透型漏孔为什么在保存期间要将漏孔阀打开？

18．一支渗透型漏孔，在 20℃下校准得到的漏率为 2×10^{-12}mol/s，温度系数为 4%/K，在 25℃下使用，问该漏孔在 25℃下的漏率为多少？

19．漏孔使用中应注意哪些问题？

第 9 章 渗透和化学示踪物检漏

9.1 渗透检漏的原理

渗透泄漏检测就是将一种含有染料的渗透剂涂覆在被检件的一侧表面上，若被检件表面存在穿透性缺陷，渗透剂将在毛细作用下进入缺陷内部并从被检件的另一侧表面渗出，从而发现泄漏源。化学示踪物检漏的原理与上述的渗透检漏基本一致，只不过渗透剂换成了化学示踪物，并在缺陷显示中利用了显色剂，原理是显色剂遇到示踪物就会发生化学反应而变成鲜艳的颜色从而发现漏孔。

这两种泄漏检测方法具有操作简单、缺陷定位准确、直观等显著特点，但也有检漏灵敏度不高、有毒、有污染和可能腐蚀被检件等缺点。典型应用对象包括航天发动机喷管喉部环焊缝、飞机正油箱检漏、航空航天用薄壁容器焊缝的粗检漏以及透明电子元器件检漏等。

9.1.1 表面张力与毛细作用

如果把内径小于 1mm 的玻璃管（称毛细管）插入盛有水的容器中，水即沿着管内壁自动地上升，使玻璃管中液面高出容器里的液面，见图 9-1a；相反当把毛细管插入水银中时我们会发现水银在毛细管中是下降的，见图 9-1b。我们把这种现象称为毛细现象。

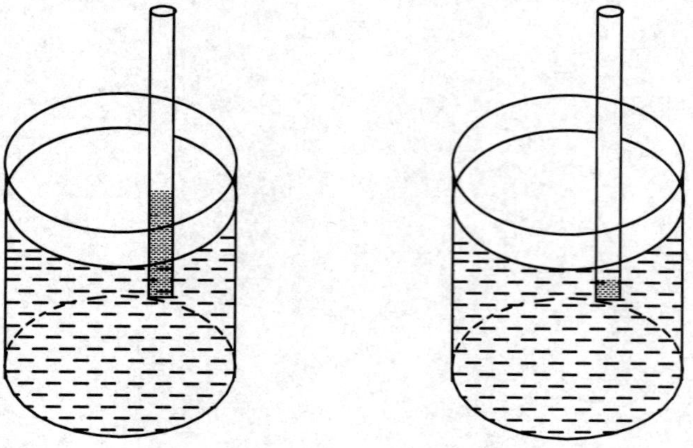

a）　　　　　　　　　　　　b）

图9-1 毛细作用

a）水在毛细管中上升的现象 b）水银在毛细管中下降的现象

为什么水在毛细管中会上升而水银则下降呢？这是由于液体存在表面张力，这个力使的液体表面总要呈现最小的表面积。比如一滴水在真空失重环境下会出现完美的圆球形。在地球物理环境下液体总要和某种物质形态项接触，比如和空气向接触，这时空气中的气体分子就会对液体中的分子产生一种吸引力，当这种吸引力大于液体的表面张力时液体分子就会挣脱表面张力的束缚而逃跑到空气中，于是就产生了液体的挥发。因此不同液体由于其表面张力的大小不同在空气中的挥发性也就不同，而其他因素比如环境温度和空气流动性对挥发性的影响也是很大的。温度越高、气体流动学性越大则液体越容易挥发。

液体与空气接触会产生挥发，那么液体与固体接触会产生什么情况呢。固体与气体一样，固体分子对液体分子也会产生吸引力，我们把这种里称为附着力，当附着力大于液体分子间的吸引力时液体会在固体表面收缩成圆珠状，相反液体会在固体表面扩散开来。我们把液体在固体表面收缩成珠的现象称为液体对固体的不浸润现象，而后一种现象则称为液体对固体的浸润现象。不同的液体对不同的固体会产生不同的现象，可能浸润也可能不浸润。

回到图 9-1a、b 的两个试验中我们不难解释，水在毛细管中上升和水银在毛细管中下降正是由于水对玻璃产生浸润和水银对玻璃不浸润的结果。

液体在毛细管中上升的高度，可用下式来计算:

$$h=\frac{2\sigma\cos\theta}{r\rho g} \tag{9-1}$$

式中　h —— 液体在毛细管中上升的高度；

σ —— 液体的表面张力系数；

θ —— 液体对固体表面的接触角；

r —— 毛细管的内半径；

ρ —— 液体的密度；

g —— 重力加速度。

由上式可知，液体在毛细管中上升的高度与表面张力系数和接触角余弦的乘积成正比，与毛细管的内径，液体的密度和重力加速度成反比。

在泄漏检测中，我们可将零件表面的穿透性开口缺陷看作是毛细管或毛细缝隙，由于液体渗透剂对被检件材料产生浸润于是液体渗透剂在毛细作用下自动地渗进缺陷中去，同样在被检件另一侧表面渗透剂会穿过缺陷漏孔，在附着力的作用下，扩展回到被检件另一侧表面上来，直到达到分布平衡，因此在不进行显像的情况下，缺陷处也能产生显示。当采用显像剂显像时，显像剂的作用如同吸墨纸一样，是利用显像剂在缺陷处形成很多小的毛细管作用，将缺陷中的渗透剂吸附到零件表面上来，形成一个放大的缺陷显示。值得指出的是，渗透剂渗入表面开口缺陷中去的力不是来源于渗透剂的重力，因为即使缺陷的开口朝下，渗透剂照样能渗进缺陷中去。

9.1.2　紫外线与荧光

荧光渗透泄漏检查是一种灵敏度较高的渗透泄漏检测方法，当采用荧光渗透剂进行漏孔定位时，在被检件待检表面检验时，漏孔缺陷显示在白光下是看不见的，只有在紫外线照射下缺陷显示才发出明亮的荧光。

（1）紫外线　紫外线是一种波长比可见紫光更短的不可见光。荧光检验所用的紫外线波长在（3.3～3.9）$\times10^{-7}$m 的范围内，其中心波长约为 3.65$\times10^{-7}$m。通常将这种略低于紫色可见光波长的紫外线称为黑光。严格地说，荧光检验所用的紫外灯应叫做黑光灯。

（2）荧光　许多原来在白光下不发光的物质在紫外线照射下能够发光，这种被紫外线激发发光的现象，称为光致发光。光致发光的物质，在外界光源移去后，仍能持续发光的，称为磷光物质：在外界光源移开后，立即停止发光的，称为荧光物质。荧光渗透剂中含有荧光物质，当黑光照射到荧光渗透剂上时，荧光物质便吸收紫外线的能量，处于较低能级的离原子核较近的轨道上的电子受激发而跳跃到离原子核较远的轨道上去，使原子能量升高而处于激发状态。处在激发状态的原子很不稳定，其高能级上的电子自发地跳跃到失去电子的较低能级上去，电子由高能级跳到低能级，将发出一个光子，这个光子的能量就等于高低能级的能量差。荧光渗透剂中的荧光染料吸收紫外线的能量发出的光子的波长在（5.1～5.5）$\times 10^{-7}$m 范围内，为黄绿色荧光。

9.1.3　对比度与可见度

液体渗透检漏最终能否检查出缺陷，依赖于缺陷显示能否被观察者看到。缺陷显示能否被观察到，用可见度来衡量。可见度又与显示的对比度有关。

1. 对比度

一个显示和围绕这个显示的表面背景之间的亮度或颜色之差，称之为对比度。对比度可用这个显示和围绕这个显示的表面背景之间反射或发射光的相对量来表示，这个相对量称为对比率。

试验测量结果表明，从纯白色表面上反射的最大光强度约为入射白光强度的 98%，从最黑的表面上反射的最小光强度为入射白光强度的 3%，这意味着黑白之间能得到最大的对比率为约为 33 比 1。实际上要达到 33 比 1 是极不容易的。黑色染料显示与白色显像剂背景之间的对比率为 90%比 10%，即 9 比 1，这已是最高的比率了。红色染料显示与白色显像剂背景之间的最高比率约为 0 比 1 。

荧光显示与不发荧光的背景之间的对比率数值要比颜色对比率高得多，因为荧光和非荧光之间是发光的显示和暗的背景之比。即使周围环境不可避免有些微弱的白光存在，这个对比率数值仍可达 300 比 1，甚至达 1000 比 1，在完全暗的情况下，对比率可达无穷大。

2. 可见度

可见度是观察者相对背景、外部光等条件能看到显示的一种特征。它与显示的颜色、背景的颜色、显示的对比度、显示本身反射或发射光的强度、周围环境光线的强弱及观察者的视力等因素有关。

人的眼睛具有复杂的观察机能，它能观察事物、区分发光强度和分辨各种不同的颜色等。人的眼睛在强的白光下对光强度的微小差别不敏感，而对颜色和对比度差别的辨别能力很强；但在暗光环境中，人的眼睛辨别颜色和颜色对比度的本领则很差，却能看见微光的物体或微弱的光源。当一个人从明亮的地方进入暗的地方时，在短时间内，眼睛看不见周围的东西，必须过一定时间后，才能看见周围的东西，这种现象称为黑暗适应。同样，从暗室回到明亮的地方，会感到眼睛模糊，短时间看不清或看不见周围的东西，因此也需要有足够的恢复时间。当眼睛直接观察发光的小物体时，人的眼睛感觉到的光源尺寸要比真实物体大这是因为人的眼睛有自动放大的作用。

人的眼睛对各色光的敏感性是不相等的。对黄绿光最敏感，在暗场中，黄绿色光具有最好的可见度。渗透检验采用的荧光渗透剂，在紫外线照射下发黄绿色荧光，因而缺陷显示在暗室里具有最好的可见度。

9.2　设备与材料

9.2.1　设备

1. 黑光灯

有四种光源能够产生黑光：白炽灯、金属或碳弧灯、管状荧光灯和密封式高压水银蒸气弧光灯。

白炽灯不能产生大量的紫外线，因而不能用于荧光检验。金属弧或碳弧灯在两电极之间能放出大量的紫外线，但输出不稳定，也不能当作检验黑光光源使用。管状荧光灯能输出低强度的稳定黑光，可作为黑光源，但用作检验时强度往往不够。高压水银蒸气弧光灯能提供高强度稳定输出的黑光，故广泛用作检验时的黑光光源。

高压水银蒸气弧光灯，也是通过电极放电产生弧光，而发出大量的紫外线。其紫外线的输出是可以通过设计和制造加以控制的，一般通过正确选择水银蒸气压力来进行控制，当水银蒸气压力在 1～10atm（10^5～10^6Pa）时，弧光的输出在可见、黑光和远紫外线范围内分布。

高压水银蒸气弧光灯的结构见图 9-2。

高压水银石英内管 2 内充有水银和氩气 3，管内有两个主电极 1 和 4，一个辅助电极 6。辅助电极与其中一个主电极 1 靠得很近，开始通电时，主电极 1 和辅助电极 6 首先通过氩气产生电极放电，由于限流电极 7 的作用，使放电电流相当小，但却足以使管内水银蒸发，导致两主电极之间产生电弧放电。两主电极之间开始放电就表示高压水银蒸气灯已经点燃了，但此时放电并不稳定，一般要等 5～15min 才能稳定下来。两主电极稳定放电时，管内水银蒸气压力达 4～5atm[（4～5）×10^5Pa]，因此称为高压水银蒸气灯。注意，高压水银蒸气灯不是这种灯要接高压电源。

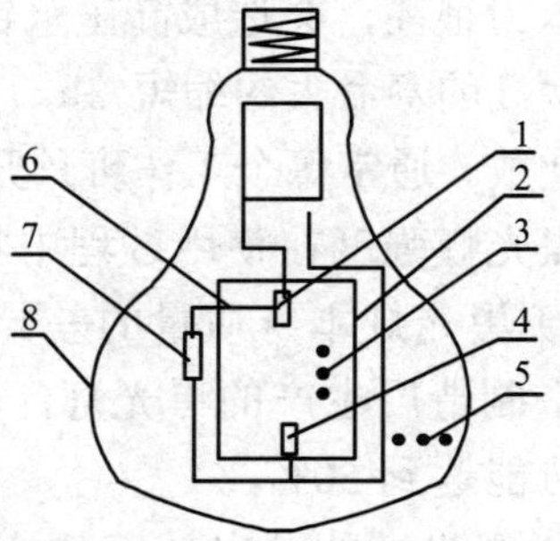

图9-2　高压水银蒸气弧光灯结构示意图

1—主电极　2—石英内管　3—水银和氩气　4—主电极　5—抽真空或充氮气或惰性气体　6—辅助电极　7—限流电阻　8—玻璃外壳

高压水银蒸气弧光灯的光谱中以 3.65×10^{-7}m 和 5.46×10^{-7}m 的强度最高。

黑光灯有高压水银蒸气弧光灯、紫外线滤光片（或称黑光滤光片）和镇流器组成。黑光滤光片为深紫色玻璃，能阻挡可见光和短紫外线的通过，而仅让 3.3～3.9×10^{-7}m 埃波长范围的黑光通过。该波长范围内的紫外线对人眼几乎是无害的，而短波紫外线（波长短于 3.0×10^{-7}m 的紫外线）能杀死细菌，晒伤皮肤，电离空气产生臭氧、严重损伤人的眼睛。

目前生产的黑光灯大部分是将高压水银蒸气弧光灯的外壳直接用深紫色耐热玻璃制成，这种外壳起过滤作用，从而使用时不必装过滤片。这种带过滤的灯泡叫黑光灯泡。如荷兰菲利浦公司生产的140W黑光灯泡，外壳成橄榄形，我国生产的GXF125型125W聚光黑光灯外壳形状与图9-2相似，其外壳用深色耐热玻璃制成，其锥形部位的内腔上镀有水银，可起到反光聚光的作用，故有强的黑光输出。

镇流器的结构与日光灯镇流器一样，有铁心和绕在上面的线圈组成。GXF125型聚光黑光灯泡可采用125W高压水银路灯的镇流器。镇流器在黑光灯线路中起镇流作用，因此必须与黑光灯泡串联，图9-3为黑光灯接线图。

镇流器是电感元件，在主、辅电极放电和两主电极放电的时候都起着阻止电流增加的作用，是放电电流趋于稳定，保护高压水银蒸气灯不致过载。由主辅电极放电转换为两主电极放电的一瞬间，主辅电极断电，在镇流器上产生一个阻止电流减少的反电动势。这个反电动势加到电源电压上，使两主电极之间的放电电压高于电源电压，有助于高压水银灯的点燃。

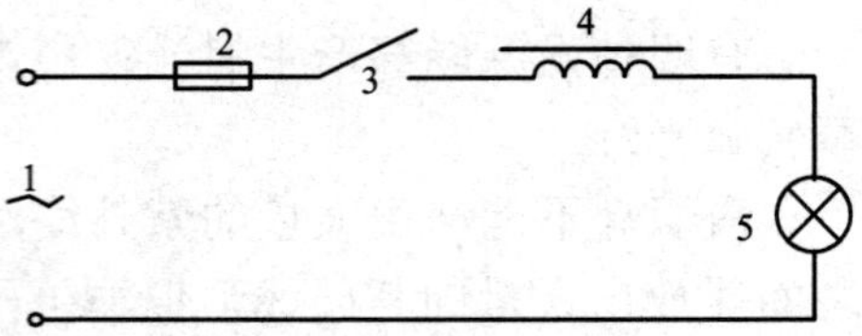

图9-3 黑光灯接线图

1—电源 2—熔丝 3—开关

4—镇流器 5—黑光灯

黑光灯点燃并稳定工作后，石英内管中的水银蒸气压力很高，在这种状态下关闭电源时，断电的一瞬间，镇流器上产生一个阻止电流减小的反电动势。这个反电动势加到电源电压上，使得在断电的一瞬间，两主电极之间电压高于电源电压，由于此时管内水银蒸气压力很高，会造成高压水银蒸气弧光灯处于瞬时击穿状态，减少灯的使用寿命，每断电一次灯的寿命大约缩短3h。为减少镇流器的这一副作用，使用时，要尽量减少不必要的开关次数。通常每个工作班只开关一次，即黑光灯开启后，直到本班不再使用时才关闭掉。

黑光灯强度在使用过程中将不断地降低，或出现强度变化的情况，其原因是：

1）黑光灯本身质量的差异。不同制造厂生产的黑光灯的输出功率可能不同，即使是同一个制造厂生产的黑光灯，其输出功率也可能各不相同，两个灯泡本身输出功率之差最高可能达到50%。

2）黑光灯的输出功率与施加的电压成正比。图9-4为一个100W的黑光灯的输出功率随电压改变的曲线。由图可知，额定电压为110V的灯泡在120V电压时可得到理想的输出功率，当电压下降到105V时，输出功率约下降20%。

3）黑光灯的输出功率随使用时间增长不断降低，黑光灯在使用初期1000h内，其输出功率大约降到新灯泡输出功率的90%，以后则缓慢下降。黑光灯的寿命是由制造厂标定的，实际使用的寿命往往低于标定的数值，这是因为制造厂进行寿命试验时是在连续工作和通风良好的情况下进行的。而实际使用

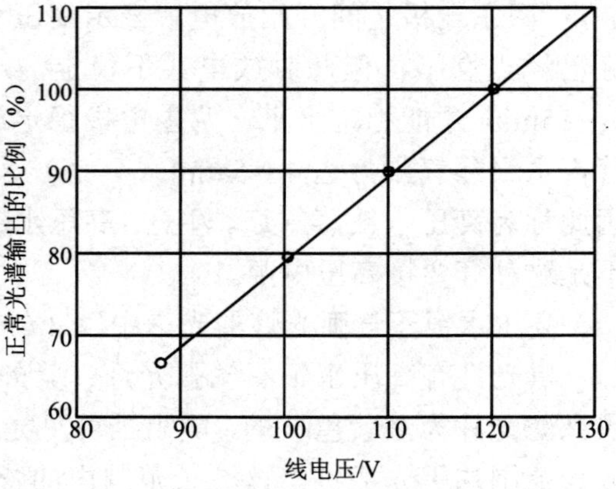

图9-4 100W的黑光灯的输出功率随电压改变的曲线

时大量的开关次数大大降低了灯泡的寿命，加之灯泡装在灯罩和滤光片中，散热条件差，使灯泡可能在高温下工作，这也使实际使用 寿命降低。

4）灯泡和过滤片上集聚的灰尘将严重地降低黑光灯的输出，集聚灰尘严重时，能使输出功率降低一半。

5）黑光灯的使用电压超过额定电压时，对灯的寿命有很大的影响，使用电压的微小增加，灯的寿命将急骤下降，如额定电压规定为 110V 的灯泡，当电源电压增加 125～130V 时，每点燃一小时，灯泡寿命就减少 48h。

黑光灯的黑光强度必需用黑光强度检测仪来进行测定，达到检验标准的要求方可进行荧光渗透泄漏检验。荧光渗透泄漏检验用的黑光检测仪有两种形式。一种是黑光直接辐射到离黑光灯一定距离处的光敏电池上，测得黑光辐照度值，以 $\mu W/cm^2$ 来表示。这种黑光强度检测的组成见示意图 9-5a。图中未画出黑光过滤片，黑光过滤片的作用是挡住外部的白光，使其不照射到硅光敏电池上。这种类型的黑光强度检测仪如日本特殊涂料公司的 UK—2500 型，其测量范围为 0～2500$\mu W/cm^2$ 和 0～10000$\mu W/cm^2$，误差为±2.5%；美国紫外线产品公司的 J221 型，其测量范围为 0～1200$\mu W/cm^2$ 和 1000～6000$\mu W/cm^2$；我国制造的 ZOJ—1 型，其测量范围为 0～4500$\mu W/cm^2$。

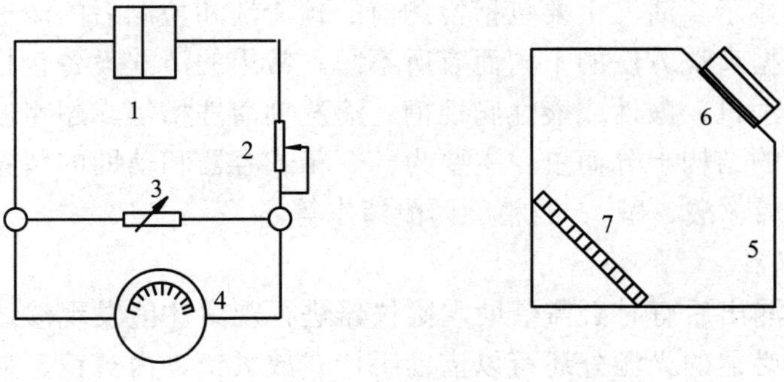

a）　　　　b）

图9-5　黑光检测仪的两种组成示意

1—硅光电池　2—调整电位器　3—分流电阻　4—电度表　　5—照度计　6—光敏电阻　7—荧光板

另一种类型的黑光强度检测仪的结构见示意图 9-5b。黑光辐射到一块荧光板上（荧光板是无机的荧光粉沾在一块薄板上，表面涂一层透明的聚脂薄膜）激发其发黄绿色荧光，黄绿色光再照射到光电池上（光电池前装有黄绿色滤光片），使照度计指针偏转，指示出照度值，以勒克斯（lx）为刻度。由于这种检测仪以照度刻度，故称为黑光照度仪。这种检测仪如英国阿觉克斯公司生产的 BC195 型，测量范围为 0～500 lx。

2. 加压箱

加压箱是进行透明玻璃外壳密闭电子元器件工序粗检漏或不透明外壳密闭电子元器件泄漏破坏性失效分析的重要设备之一。加压箱的作用是把渗透剂在一定压力和温度下通过加压的方式渗入被检件，然后观察泄漏的装置。加压箱的结构主要是一个能够密封的箱体和周围辅助系统组成，主要包括箱体、增压管路、压力表、压力调节阀、温度控制电路、液体过滤器等组成。加压箱的增压范围一般从一个大气压到几个大气压可调，并能连续稳定的保持压力几个小时至几十个小时。加压箱的容积主要根据被检件的尺寸大小和渗透压力大小来确定，即当箱体内装有足够的渗透剂时其深度能够完全淹没所有被检工件。液体过滤器主要作用是将液体中的颗粒状未溶解物去除，不同的试验对过滤器的能力要求不同。加压系统一般选用纯净氮气作为增压介质，在一般试验中最高增压压力为 7.2×10^5Pa（约 7atm），保压时间为 3～4h。当被检件对压力要求有限制时，可以降低压力检测，这时保压时间要相应延长，例如当压力为 4.1×10^5Pa（约 4atm）时，保压时间延长至 10h。

3．喷涂设备

渗透剂和显像剂的涂刷可以可以同喷涂、刷涂、流涂、静电喷涂或浸涂等多种方法。不同方法的选择应根据被检件的大小、形状、数量和检验部位进行选择。一般的说，小零件可以采用浸涂法；大零件采用喷涂法、流涂法；焊缝检测采用刷涂法；局部检验采用刷涂发或喷罐喷。应注意的是：第一无论选择哪种方法都要保证渗透面全部被渗透剂所覆盖，并在整个渗透时间内保持润湿状态；第二无论采用何种涂刷方法都不能让渗透剂沾染被检表面。有的时候为了让渗透剂的渗透效果更好，某些喷涂设备还带有加温装置。

4．清洗设备

在渗透泄漏检测中，清洗的主要作用是疏通漏孔并清除被检件表面的多余物，让渗透剂更容易渗透和显示。清洗主要包括检测前的预清洗和检测后的渗透剂去除清洗两个部分。清洗设备根据清洗方法的不同而有所不同。常用的清洗设备包括三氯乙烯蒸汽除油装置、超声波清洗机、碱性或酸性腐蚀槽、清洗剂清洗槽等。超声波清洗剂可在市场上购买，其他装置的结构十分简单，主要为一个箱式容器和辅助的装置等。漏孔通道的清洗剂包括三氯乙烯、酸、碱 、酒精、丙酮清水等。

5．光学观察仪器

渗透剂从漏孔漏出后有时必需借助观察仪器进行观察才能发现渗透剂的痕迹。进行漏孔观察时除了所必需的光源外还可以借助手持式放大镜、内窥镜、显微镜等光学观察仪器，进行放大观察。这些光学仪器在市场上都能购买到现成的成品，这里不再对其工作原理进行描述。

9.2.2 材料

1．渗透剂

渗透泄漏检验所用的渗透剂类型很多，除一般的渗透无损检测所用所用荧光渗透剂和着色渗透剂外，还包括煤油、水等其他液体。这里我们重点介绍荧光渗透剂和着色渗透剂。渗透剂是渗透泄漏检验中最关键的材料，渗透剂的质量直接影响检验的灵敏度。

（1）理想的渗透剂应具备的性能

1）能容易地渗入零件表面细微的缺陷中去；

2）能停留在表面开口缺陷中，即使是浅而宽的开口缺陷， 渗透剂也不容易从缺陷中清洗出来；

3）不容易挥发，不会很快地干在零件表面上；

4）容易从被涂覆过的零件表面上清除掉；

5）易于从缺陷中吸附到零件表面上来，即使缺陷很细微，也要易于吸附到零件表面上来；

6）扩展成薄膜时，仍有足够的荧光亮度或颜色强度；

7）当暴露于热、光及紫外线下时，化学和物理性能稳定，有持久的荧光亮度和颜色强度；

8）不受酸和碱的影响；

9）在存放和使用过程中，各种性能稳定，不分解、不混浊、不沉淀；

10）对被检材料和存放容器无腐蚀，与被检件将来盛放的介质相容性好；

11）无不良气味；

12）闪点高、不易着火；

13）无毒，对人体无害，不污染环境；

14）价格便宜。

当然任何一种渗透剂不可能全面达到理想的程度，只能尽量接近理想的水平。因而在渗透泄漏检测中选择合适的渗透剂或者研制合适的渗透剂配方是取得检漏成功的关键之一。

一般来说，在每种渗透剂的研制和选用过程中都采取折衷的方案，或者是突出某一项或某几项性能指标。例如，水洗型渗透剂突出了“易于从被涂覆过的表面上去除掉”的性能，后乳化型渗透剂则突出了“能保留在浅而宽的缺陷中”的特点。

（2）渗透剂的物理化学性能　渗透剂的物理化学性能主要包括粘度、表面张力、润湿能力、密度、挥发性、闪点、光和热的稳定性、化学性、溶剂溶解性、溶解度、水洗能力、含水量和容水量及毒性等。

1）粘度。动力粘度是用来衡量液体流动时的阻力的物理量，它与液体分子间的内摩擦有关。动力粘度单位是 Pa · s 或泊（Po，1Po=0.1Pa · s）。渗透剂性能用运动粘度来表示，运动粘度是动力粘度与液体密度的比值，单位是 m^2/s 或斯托克斯（即斯，St），斯托克斯的 1%为厘斯托克斯（即厘斯，cSt），$1St=10^{-4}m^2/s$。

从液体在毛细管中上升的高度的公式看，液体的粘度与上升高度并没有关系，因此，粘度对渗透剂的静态渗透性能没有影响。水的粘度较低，在 20℃时为 1.004cSt。但水并不是一种好的渗透液体；煤油的粘度在 20℃时为 1.65cSt，比水高，而煤油却是一种很好的渗透剂。

粘度对渗透剂的运动性能有很大的影响，因而粘度仍然是衡量渗透剂性能的一项重要指标。粘度的大小有如下影响；

①粘度高的液体不能很快的流遍零件表面，渗进表面开口的缺陷中去所需的时间较长；粘度低的渗透剂能很快流遍零件表面，能很快地渗进表面开口的缺陷中去。

②粘度高的渗透剂从被涂覆的表面上滴落下来的时间较长，因而被拖带走的渗透剂损耗较大；粘度低的渗透剂被拖带的损耗较小。

③粘度高的后乳化型渗透剂由于拖带的多而严重污染乳化剂，乳化剂使用寿命低，检验费用高。

④低粘度的渗透剂涂覆表面并渗进表面开口的缺陷中后，在去除表面多余渗透剂的操作中，容易被洗出来，特别是浅而宽的缺陷中的渗透剂更容易洗掉。

因此，渗透剂的粘度太高或太低都不好，目前国内外各种渗透剂的粘度均居中间范围——既不太稠，也不太稀，大多在4～10cSt范围内（在38℃时）。

2）表面张力和润湿能力。表面张力润湿能力是确定一种渗透剂是否具有高的渗透能力的两个最主要因素。渗透剂的表面张力用表面张力系数来表示，渗透剂对零件表面或对缺陷的润湿能力用接触角来表示，渗透剂的渗透能力用在毛细管中上升的高度来衡量。从液体在毛细管中上升高度的公式中可以看出，渗透剂的渗透能力与表面张力系数和接触角的余弦的乘积成正比。由于表面张力与接触角成正比，而只有当接触角小时，其余弦值才大，接触角接近零时，余弦值接近最大值“1”，因此，一种好的渗透剂应具有不太大的表面张力和较小的接触角。

需要指出，不能单独以所用的渗透剂来衡量检验灵敏度的高低，而应当结合被检零件的材料、表面状态和清洁程度来综合考虑，因为渗透剂和被检零件的接触角与以上因素有关。也就是说渗透剂的渗透能力只能对一特定表面的表面张力系数和润湿性来评定。

3）密度。密度和重度是两个不同的物理量。密度是单位体积内所含物质的质量，是与重力加速度无关的物理量；重度是单位体积内所含物质的重量，是与重力加速度有关的物理量。由于同一地方物质的密度值和重度值相差甚微，故可近似认为数值相等。从液体在毛细管中上升高度的公式看，液体的密度愈小，上升高度值愈大，说明渗透能力高。由于渗透剂中主要液体是煤油和其他有机溶剂，因此渗透剂的密度一般小于 $1\times10^3kg/m^3$。密度小于 $1\times10^3kg/m^3$ 的渗透剂在使用时，水进入渗透剂（后乳化型的）中能沉于槽底，不会对渗透剂产生污染；水洗时，也可漂浮在水面，容易溢流掉。

液体的密度与温度成反比，温度愈高密度值愈小，渗透能力也随之增强。水洗型渗透剂被水污染后，由于乳化剂的作用，使水分散在渗透剂中，因而渗透剂的密度值增大，渗透能力下降。

4）挥发性。渗透剂最好是不挥发的，这样装在敞口槽中使用时挥发损耗小。易挥发的渗透剂在滴落过程中易干在零件表面上，使水洗带来困难；易挥发的渗透剂，容易干在缺陷中，不能吸回零件表面形成缺陷显示。易挥发的渗透剂，着火的危险性大，不宜装在开口槽中使用。

有时在不易挥发的渗透剂中有意地加进一定量的挥发性液体，以降低渗透剂的粘度，提高渗透速度。加进挥发性成分还有另一个优点，即渗透剂从缺陷中渗出时，挥发成分挥发掉，从而限制了渗透剂在缺陷处的扩散面，使缺陷显示轮郭清楚。

5）闪点。可燃性液体在温度上升过程中，液面上方挥发出大量可燃性蒸气与空气混合，接触火焰时会出现爆炸闪火现象。在液体加温过程中刚刚出现闪火现象时液体的最低温度，称为闪点。闪点和燃点是两个不同的物理量，燃点高于闪点，燃点是液体加温到能被接触的火焰点燃并能继续燃烧时的液体的最低温度。闪点低的液体其燃点也低，引起着火的危险性也大。从使用安全考虑，渗透剂的闪点愈高愈安全。美国军标规定，渗透剂的闪点必须大于52℃。

闪点值还影响运输和贮存，闪点低的液体在运输时必须挂上红牌子，以引起特别注意，并且规定只能以很小的数量装箱运输。

有些压力喷罐使用的渗透剂，具有较低的闪点值。使用时，应特别注意避免烟火，在室内操作时，应有良好的抽风条件。

6）光和热的稳定性。渗透剂的长期使用时，在光和热的影响下应不发生变质、分解、混浊、沉淀等现象。荧光渗透剂要求经白光和黑光照射后，发光性能不降低。着色渗透剂要求在强白光照射后，着色剂不退色。

渗透剂中染料在高、低温下都须保持良好的溶解度，应不发生变质、分解、混浊和沉淀。渗透剂在干燥的过程中受热不应变质。若将渗透剂试样放进烘箱中在较高温度下烘烤一段时间，测量性能无什么变化，就说明该渗透剂具有好的热稳定性；将渗透剂在冰箱里放一段时间，再测定性能有无变化，可由此确定冷稳定性。

7）化学惰性。渗透剂对被检材料和盛放容器尽可能是惰性的或不腐蚀的。油基渗透剂在大部分情况下是符合这一要求的。然而在水洗型渗透剂中乳化剂可能是微碱性的。渗透剂被水污染后，水与乳化剂结合而形成微碱性溶液并保留在渗透剂中，这时渗透剂将腐蚀铝、镁合金的零件，还可能与盛放容器上的涂料或其他保护层起反应。

在正常使用情况下，渗透剂与零件表面接触的时间是相当短的，不致于对铝、镁零件产生腐蚀作用。清洗零件时，虽然水与零件表面上的渗透剂接触，但水量大，表面多余的渗透剂被清洗掉了，加之清洗后接着就干燥，故在清洗操作时，一般不会对铝、镁等零件产生腐蚀作用，但若零件检验后，残余的渗透剂长期保留在零件上，将可能产生腐蚀麻点。

渗透剂中硫、钠等元素的存在，在高温下会对镍基合金的零件产生热腐蚀（也叫热脆），使零件遭到严重破坏。渗透剂中的卤族元素如氟、氯等很容易与钛合金起作用，在应力存在的情况下，产生应力腐蚀裂纹。宇航工业大量使用镍基合金和钛合金材料，因此需控制以上元素的含量。

液体燃料火箭或其他盛液氧的装置，渗透剂应与液氧不起反应，油基的或类似的渗透剂不能满足这一要求，需要一种特殊的渗透剂，称为液氧相容的渗透剂用来检查橡胶、塑料等零件的渗透剂应考虑不与其反应，也应采用特殊配置的渗透剂。

8）溶剂溶解性。渗透剂的溶剂溶解性是指渗透剂被其他溶剂溶解的能力。溶剂去除型渗透剂须采用溶剂溶解去除表面多余的渗透剂，故要求其具有好的熔剂溶解性。储存渗透剂的容器、渗透剂槽、制造渗透剂的装置、试验渗透剂的仪器、器皿等，使用后常需用溶剂清洗，也要求渗透剂具有良好的溶剂溶解性。

溶剂溶解性与选用的清洗溶剂种类有关，如通常所用的水洗型和后乳化型荧光渗透剂，在汽油、酒精中的溶解较小，而在煤油中的溶解较大。用煤油清洗渗透剂效果很好。

9）溶解度。渗透剂是将染料溶解到渗透溶剂中而配制成的。染料在溶剂中的溶解程度叫做染料在该溶剂中的溶解度。溶解度高可以得到足够浓度的渗透剂。由于储存、运输和在各种温度下使用的可能性，要求渗透剂不仅在加温、加压下，染料有较高的溶解度，而且要求在低温下不发生分解、沉淀和混浊，或者在低温下虽发生染料分离沉淀，回到室温时要能重新溶解。事实上，很多渗透剂是具有这种能力的，因此，要求将渗透剂从冷的地方（如储存地）拿到室温下使用时，应至少在室温下放置 24h。

10）水洗能力。水洗型渗透剂及后乳化型渗透剂，在施加乳化剂后能否容易地被水清洗掉的能力称为水洗能力。要求渗透剂在规定的水洗温度、压力、时间等条件下，零件表面多余渗透剂在水洗后，应达到不残留明显的荧光背景或着色底色的程度。

11）含水量和容水量。渗透剂中水分的含量与渗透剂总量之比的百分数，称含水量。渗透剂在使用中很容易被水污染，当渗透剂中含水量超过某一极限时，渗透剂出现分离、混浊、凝胶或灵敏度下降等现象， 这一极限值称为渗透剂的容水量。

渗透剂的含水量愈小愈好，渗透剂的容水指标愈大，表示其耐水污染的性能愈好。

12）毒性。渗透剂应是无毒（或低毒）的，有毒或腐蚀性大、异臭的材料不允许用来配制渗透剂。现在生产的大部分渗透剂是安全的，对人体健康并无严重影响。但尽管如此，操作者应避免自己的皮肤长时间地接触渗透剂，应避免吸进渗透剂的蒸气。

为保证无毒或低毒，渗透剂制造厂不仅应对配制渗透剂的各种成分进行毒性试验，还应对配制好的渗透剂进行毒性试验，以确保供应无毒或低毒的渗透剂。

（3）渗透剂的组成　渗透剂由多种特性的材料配制而成，其主要组分是染料、溶剂和乳化剂。荧光染料是荧光渗透剂的发光剂，着色染料是着色渗透剂的颜色显示剂。溶剂一方面用来溶解染料，另一方面本身也作为渗透溶剂。水洗型渗透剂中含有乳化剂，使其能用水直接洗掉。

1）染料。荧光染料要求发光强，色泽鲜艳，对可见光和紫外线照射稳定性好，对零件不腐蚀，容易清洗和在渗透溶剂中的溶解度大等。

荧光染料种类很多，在紫外线照射下从发蓝色荧光到发红色荧光的各种染料均有，荧光渗透剂选择在黑光照射下发出人眼敏感的黄绿色荧光的荧光染料。我国常用的有YJP11、YJP15、YJN68、YJI43、MDAC和S101等。

一种荧光渗透剂中往往需加进两种荧光染料，一种染料在黑光下发出的荧光能激发另一种染料发荧光，这就是所谓“串激”发光。如MDAC在黑光照射下发出波长为$4.25\sim4.4\times10^{-7}$m的蓝紫色光，恰好与YJN68的吸收光谱4.3×10^{-7}m相重合，故被YJN68所吸收，并发出波长为5.1×10^{-7}m的绿色荧光。由于串激发光，而使得YJN68在黑光照射下，能发出很明亮的黄绿色荧光。

着色染料要求色泽鲜艳、颜色浓、对比度高、对光和热的稳定性好、不褪色、对零件不腐蚀、容易清洗和易溶于合适的溶剂中等。几乎所有的着色渗透剂都采用暗红色的染料，因为暗红色在白色背景上能得到高的对比度。大部分红色染料都能得到较高的溶解度，故可得到高浓度的着色渗透剂。常用的着色染料有苏丹红、刚果红、烛红、油溶红、荧光桃红、丙基红等，其中以苏丹Ⅳ应用最广，其化学名称为偶氮苯。偶氮-β萘酚，溶于酒精，煤油，滑油中呈暗红色。

2）溶剂。溶剂是用来溶解染料的，根据化学结构相似相溶的原理，应尽量选择化学分子结构与染料相似的溶剂，若溶剂分子结构与染料不太相似，必须经过实际溶解试验，证明与染料互溶性好时，才能选用。

溶剂又是起渗透作用的渗透剂，渗透能力强的溶剂对染料在其中的溶解度不一定高或者染料溶解在其中不一定能得到理想的颜色或荧光强度，有时常需采用一种中间浴剂来溶解染料，然后再与渗透性能好的溶剂互溶，得到清澈的混合液，这种中间溶剂称互溶剂。

荧光染料的发光强度和波长与所用的溶剂种类和染料在该溶剂中的溶解度有关，如YJP15溶解在氯仿中，在黑光下发强黄绿色荧光，而溶解在石油醚中，则呈绿色荧光且发光强度较弱。

试验证明，荧光染料在溶剂中的浓度增加时，荧光强度也随之增加，但浓度增加到某一极限值时，浓度再增加，荧光强度反而出现减弱的现象。这说明靠提高浓度来提高荧光强度的做法是有限的，选择合适的溶剂有时可得到更高的荧光强度。

染料在溶剂中的溶解度与温度有关，为使染料在低温下不从溶剂中分离出来，还需要渗透剂中加进一定量的助溶剂（或称偶合剂、稳定剂）。

3）乳化剂、润湿剂。水洗型渗透剂中含有乳化剂。乳化剂分子由亲水基和亲油基两部分组成，能吸附在油和水的界面上，降低油水的界面张力，使水洗时能被洗掉。乳化剂在渗透剂中还能促使染料的溶解、起增溶作用。

乳化剂的质量十分重要，要求乳化剂纯度高；含水、杂质和油污的量要少；低温性能好及相对分子质量小等。这样渗透剂在低温下不分解，不沉淀，对零件不腐蚀。

为增大渗透剂与固体表面的润湿作用，在后乳化渗透剂中需加进少量的润湿剂。润湿剂是界面活性剂的一种，在后乳化渗透剂中起润湿作用。

（4）渗透剂的种类

1）水洗型荧光渗透剂。水洗型荧光渗透剂由油基渗透溶剂、互溶剂、荧光染料、乳化剂助溶剂组成。由于渗透剂中含乳化剂，故也称“预乳化型”或“自乳化型”渗透剂。渗透剂中乳化剂含量愈高，愈容易清洗，但检验灵敏度也愈低；乳化剂含量少，难清洗，但检验灵敏度较高。

渗透剂中荧光染料的浓度高，可得到高的荧光亮度，但渗透剂价格也将提高、在低温下染料被分离出来的可能性大、清洗也困难。

根据渗透剂从零件表面上去除掉的难易程度和检验灵敏度的高低通常可划分为 1/2 低灵敏度、低灵敏度、中等灵敏度和高灵敏度和超高灵敏度五种类别。

2）后乳化型荧光渗透剂。后乳化型荧光渗透剂由油基渗透溶剂、互溶剂、荧光染料、润湿剂组成，互溶剂所占的比例比水洗型的高，目的在于溶解更多的染料，得到更高的荧光强度。

后乳化渗透剂保留在缺陷中不被洗去的能力强。水进入渗透剂槽中能沉到槽底，故抗水污染、受酸或铬酸盐的影响也小。

后乳化型荧光渗透剂按其在黑光灯下发光强度的不同分为低灵敏度、标准灵敏度、高灵敏度和超高灵敏度四类。

3）溶剂去除型渗透剂。溶剂去除型渗透剂有荧光的和着色的两类，有油基的，也有醇基的。溶剂去除型着色渗透剂应用最广，且多装在压力喷罐中使用。后乳化型荧光渗透剂常常可直接作为溶剂去除型渗透剂使用。

溶剂去除型着色渗透剂通常采用低粘度的易挥发的溶剂作渗透溶剂，故具有很快的渗透速度。由于装喷罐使用，其闪点和挥发性的要求不像在开口槽中使用的渗透剂那样严格。

溶剂去除型着色渗透剂与溶剂悬浮型显像剂配合使用，可得到与荧光渗透检验相类似的灵敏度。

4）其他用途的渗透剂。

①着色荧光渗透剂。着色荧光渗透剂是一种既可在白光下检验又可在黑光下检验的特

殊渗透剂。这种渗透剂中的染料既能在白光下呈鲜艳的暗红色，又能在黑光下发出明亮的荧光。这种渗透剂在白光下检验具有着色检验的灵敏度，在黑光下检验具有荧光检验的高灵敏度，也就是一种渗透剂能同时完成两种灵敏度的检验，故又称为双重灵敏度的渗透剂。

应当指出，着色荧光渗透剂决不是将着色染料和荧光染料同时溶解到渗透溶剂中而配制成的，而是将一种特殊的染料溶解在渗透溶剂中的，这种染料既在白光下呈暗红色又在黑光下发荧光。由于分子结构上的原因，着色染料若与荧光染料混到一起，将要猝灭荧光染料所发出的荧光。

②化学反应型着色渗透剂。化学反应型着色渗透剂是将无色的染料溶解在无色的熔剂中的一种无色或淡黄色的渗透剂。这种渗透剂在与显像剂接触时发生化学反应，产生鲜艳的颜色，从而产生清晰的缺陷显示。显像剂不是普通的显像剂，其中含有酸性的显像粉末，当它与渗透剂接触时发生反应产生颜色。这种显示还可在黑光灯下发荧光，因此也被称为双重灵敏度的渗透剂。

化学反应型渗透剂具有不会使零件、工作台、操作者的衣服、皮肤等污染成红色的优点，洗出的水也是无色的，避免了颜色污染问题。

③高温下使用的渗透剂。对高温零件进行检验时，涂覆在零件上的荧光渗透剂中的染料很快地遭到破坏，荧光猝灭。因此，通常的荧光渗透剂不能用于高温零件的检验。高温下使用的渗透剂，能短时间地与高温零件接触而不破坏。用这种渗透剂检验时，试验速度要尽量快，要趁染料未完全破坏前，完成对零件的检验。

④水基渗透剂。水基渗透剂是以水作为渗透溶剂的渗透剂。大家知道，水的渗透能力是很差的，但如果在水中加进适量的表面活性剂降低水的表面张力，改善水对固体表面的润湿能力，水是可以变成一种好的渗透剂的。尽管水基渗透剂达不到泊基或醇基渗透剂那样好的渗透能力，但由于水具有无色、无臭、无毒、不可燃、不污染环境、使用安全、配制的渗透剂能直接用水去除和价格便宜等优点，而受到重视。对某些检验灵敏度要求不高的零件可考虑采用这种价廉的渗透剂。某些零件不允许与可燃性染料接触，如盛液氧的，容器，可采用水基渗透剂进行检验。塑料零件、橡胶零件与油基或醇基渗透剂可能发生反应而引起破坏，也可采用水基渗透剂。

目前水基渗透剂的灵敏度还不能令人满意，因而应用还不广泛。水基渗透剂有荧光的和着色的两类。

2. 清洗剂

渗透泄漏检验中，在检验结束后用来去除被检件表面渗透剂的溶剂叫去除剂。水洗型渗透剂，直接用水去除，水就是一种去除剂。溶剂去除型渗透剂采用有机溶剂去除，这种去除溶剂应与渗透剂有良好的互溶性。通常采用的去除溶剂有煤油、酒精、丙酮、三氯乙烯等。后乳化型渗透剂在乳化后用水去除，它的去除剂是乳化剂和水，下面主要介绍一下乳化剂。

（1）表面活性剂的乳化作用　把油和水一起倒进烧杯中，静置后会出现如图 9-6a 那样的分层现象，上层是油，下层是水，形成明显的分界面。如果加以搅拌，虽能暂时混合，但稍静置后，又分成明显的两层。如果往烧杯中加入少量的表面活性剂，如加进肥皂或洗涤剂；再经搅拌混合，则油将变成微小粒子分散于水中，呈乳状液。这种乳状液即使静置后也不出现分层，这就是表面活性剂乳化作用的结果。

为什么在油、水中加入表面活性剂就不分层了呢?这要从表面活性剂的分子结构来分析。表面活性剂的分子模型见图 9-6b 所示，它具有亲水基（亲水、憎油）和亲水基（亲油、憎水）两部分（或称两个基团）。这两个基团不仅具有防止油水两相互相排斥的功能。而且还具有把油水两相连接起来不使其分离的特殊功能。因此，当往烧杯中加进表面活性剂后，表面活性剂吸附在油、水的边界上，以其两个基团把细微的油粒子和水粒子连接起来，使油以微小的粒子稳定地分散在水中。图 9-7 为表面活性剂乳化作用示意图。表面活性剂有很多作用，我们把起乳化作用的表面活性剂称为乳化剂。

a）　　　　　　b）

图9-6　油与水的分层现象与表面活性剂的分子模型

a）油水混合后的分层现象　b）表面活性剂的分子模型

图9-7　表面活性剂的乳化作用示意图

表面活性剂溶于水时，凡能电离生成离子的叫离子型表面活性剂，凡不能电离生成离子的叫非电离型表面活性剂。渗透泄漏检验通常采用非离子型表面活性剂作乳化剂，表面活性剂的亲水性用亲憎平衡值（H.L.B）来表示，非离子型表面活性剂的 H.L.B 值可用下式计算：

$$H.L.B=\frac{\text{亲水基部分的分子量}}{\text{表面活性的分子量}}\times\frac{100}{50} \tag{9-2}$$

H.L.B 值愈高，亲水性愈好；H.L.B 值愈低，亲油性愈好。表面活性剂具有湿润、洗涤、乳化、增溶、消泡等作用。后乳化型渗透剂的去除剂应同时具有乳化作用和洗涤作用，因此，后乳化型渗透剂的亲水性乳化去除剂的 H.L.B 值，一般选择在 11～15 之间。

H.L.B 值在 3.5～6 和 8～18 的表面活性剂又称乳化剂。后乳化型渗透剂的去除，多采用亲水性乳化剂，其 H.L.B 值在 11～15 之间。H.L.B 值在 3.5～6 的称为油包水型或亲油型乳化剂，这种乳化剂能将水分散在油中。后乳化型渗透剂有时也采用这类乳化剂作去除剂。

H.L.B.值的大小可粗略地根据表面活性剂在水中的分散情况来判断。表 9-1 列出了从表面活性剂在水中分散情况所估计的 H.L.B 值。

表 9-1 从表面活性剂再水中分散的情况来估计的 H. L. B 值

表面活性剂在水中分散的情况	H.L.B 值
在水中不分散	1～4
在水中分散不好	3～6
强烈搅拌后成乳状分散	6～8
搅拌后成稳定的乳状分散	8～10
搅拌后成透明至半透明的分散体	10～13
透明溶液	大于 13

将几种不同 H.L.B 值的表面活性剂按一定的比例混合在一起，可得到一种新 H.L.B 值的表面活性剂。混合后的表面活性剂比单一的表面活性剂性能好。几种表面活性剂混合后的 H.L.B 值可按下式计算:

$$\text{H.L.B}=\frac{ax+by+cz...}{x+y+z...} \tag{9-3}$$

式中 a、b、c —— 混合前的几种表面活性剂的 H.L.B 值;

x、y、z —— 混合前的几种表面活性剂的重量。

例如：10 克 MOA—3 和 20 克 TX—10 混合后，其 H.L.B 值按上式计算为:

$$\text{H.L.B}=\frac{5\times10+14.5\times20}{10+20}=11.3$$

混合后的乳化剂可以乳化煤油。

表 9-2 列出了几种常用乳化剂的牌号和作用，供参考。

表 9-2 常用的乳化剂

牌 号	名 称	作 用	H.L.B.值
OP—10	聚氧乙稀醚烷基酚	亲水乳化剂洗净剂	14.5
TX—10	聚氧乙稀醚烷基酚	亲水乳化剂洗净剂	14.5
MOA—3	醇醚聚氧乙稀脂肪	亲油乳化剂	5
阿特拉斯 C3300	三乙醇胺油酸皂	亲水乳化剂	12
乳白灵 A	醇醚聚氧乙稀脂肪	亲水乳化剂洗净剂	13

（2）渗透泄漏检验用的乳化剂的性能要求　尽管 H.L.B 值是选择乳化剂的基准，但在实际应用中，常需考虑被乳化物的具体情况。被乳化物与乳化剂的亲油基化学结构相似时，乳化效果好。后乳化型渗透剂是乳化的对象，因此要求乳化剂的亲油基要与渗透剂中的油基及染料的化学结构相似。由于乳化的目的是要将渗透剂清洗掉，故乳化剂还应具有良好的洗涤作用。H.L.B 值在 11～15 范围内的乳化剂，既具有乳化作用又具有洗涤作用，是比较理想的去除剂。

亲水型乳化剂的粘度一般比较高，通常都是用水稀释后再使用的。稀释后的乳化剂浓度高、乳化能力就愈强，乳化速度较快，因而乳化时间较难控制，而且乳化剂拖带损耗大。稀释后的乳化剂浓度太低，乳化剂的乳化能力较弱，乳化速度慢，需要较长的乳化时间，乳化剂有足够的时间渗入表面开口的缺陷中去，使缺陷中的渗透剂也变得容易用水洗掉，从而达不到后乳化渗透检验应有的高灵敏度。乳化剂浓度太低，受水和渗透剂污染变质的速度快，使更换乳化剂的频次太高，很不经济，因此，需要根据被检零件的大小、数量、表面粗糙度情况，通过试验来选择最佳的浓度或按乳化剂制造厂推荐的浓度使用。通常乳化剂制造厂推荐用的浓度为 5%～20%。

亲油型乳化剂不加水使用，若乳化剂粘度大，扩散到渗透剂中去的速度就慢，容易控制乳化，但乳化剂拖带损耗大。粘度低的乳化剂，扩散到渗透剂中去的速度快，乳化速度快，需注意控制乳化时间。粘度低的乳化剂相对而言，拖带损耗小。

除了以上要求外，乳化剂还应具备如下性能：

1）乳化剂必须适合在开口槽中使用，为此要求乳化剂具有高闪点和低的蒸发速率。

2）乳化剂耐水和渗透剂的污染能力要强。

3）乳化剂对零件和容器应不腐蚀。

4）乳化剂应无刺激性的臭味、应无毒。

一般来讲渗透无损检测中所用的乳化剂都是由渗透剂制造厂根据其渗透剂的特点，配套生产供应的，所以我们在选用用渗透剂的同时也尽量选用与所用渗透剂相同族组的乳化剂。

3．显色剂

显色剂是用于明确显示漏孔位置的试剂，在渗透泄漏检验中由于渗透剂本身带有颜色或者发出荧光因此一般不用专门的显色剂，只是为了提高对比度和检验灵敏度而用白色的干粉显像剂或者水悬浮型或者溶剂悬浮型显像剂来增强缺陷显示。

显像剂分为干粉显像剂、水悬浮型湿显像剂、水溶型湿显像剂和溶剂悬浮型湿显像剂四大类。其物理化学性能要求如下。

1）干粉显像剂的颗粒度不应超过 1～3μm。密度不大于 0.075×10^3kg/m^3，即每升体积的松散的显像粉重量为 75g 以下。包装状态下的密度不大于 0.13×10^3kg/m^3，即每升体积的显像粉重量不多于 130g。密度采用称重法测量。

2）水悬浮型和溶剂悬浮型湿显像剂的沉淀率要求。显像剂粉末在水或溶剂中的沉淀速率称为沉淀率。显像粉末越细则越容易悬浮，沉淀慢；反之则不易悬浮而且沉淀快。因此应选用颗粒细微而均匀的显像粉。

3）分散性。分散性指当显像粉末沉淀后，再次进行搅拌，显像粉重新分散到溶剂中的能力。分散性好的显像剂在搅拌后能全部重新分散到溶剂中去，而不残留任何结块。

4）湿显像剂的润湿能力。湿显像剂能够很好地润湿零件表面，如润湿能力差，在显像剂挥发后，会出现显像剂流痕和卷曲、剥落等现象。

5）腐蚀性。显像剂在显示过程中和显像后都不应该对零件产生腐蚀。由于显像剂中的硫、钠、氯、氟等会对镍基痕迹零件产生热腐蚀和对钛合金零件产生应力腐蚀裂纹。因此在原子能工业和航空航天工业上应用的显像剂必需要严格控制这些元素的含量。

6）毒性。显像剂应五毒有毒的、易臭的材料不允许用来配置显像剂。长期吸入显像粉末会对肺部产生有害影响，应避免使用二氧化硅干粉显像剂。干粉显像一定在抽风条件好的地方进行。

在化学示踪物检漏中必需利用显色剂进行漏孔定位。氨检漏法就是一种常见的化学示踪物检漏方法。在氨检漏中最早有介绍用酚酞试纸或晒图纸作为氨检漏的显色剂，但因灵敏度不高而煤油得到很大发展。后来日本人高桥诚等提出用嗅酚兰涂料作为显色剂使得该技术有了较大发展，直到现在主要的显色剂还是采用嗅酚兰。但为了避免错误显示和假显示，技术人员开发了防护显色涂层材料。分别为①隔离层，使显色剂与被检件表面隔离但可以让泄漏的氨通过。②显色层。③保护层，覆盖在显色剂的外表面，即可防止周围气氛中的氨对显色层的影响使显色半点更为清晰，还可防止岸的散失，并具有积累效果。保护层本身透明度要好以便观察能够定量。

除氨气外还有很多气体也可以作为显色检漏的示漏介质，不同示漏气体对相应的显色试剂会产生不同的颜色变化，详见表 9-3。

表 9-3 不同示漏气体对相应显色剂产生的颜色

示漏气体	CO	HCL	醋酸	CO_2	CS_2	乙炔	丙酮
显色试剂	嗅酚兰	甲基橙	连笨碳酰胺	碘酸钾+淀粉	已乙胺+硫酸铜	氯化钯	氯化羟胺+甲基橙
颜色变化	黄—蓝	黄—红	白—红	白—紫	白—黄	白—黑	黄—红

9.3 检测技术

9.3.1 着色渗透检漏技术

着色渗透检漏是应用范围最广泛检漏方法之一，比较适合于表面光洁的零件和焊缝的检验，特别适合于大零件所局部检验和非批量零件的检验和现场检验。检验前对被检零件的两个侧面进行预清洗，然后在一个侧面上施加渗透剂，注意施加过程中不能让渗透剂粘污被检零件的检查表面，见图 9-8。在渗透过程中注意保持渗透面的渗透剂始终为湿润状态。渗透结束后在试件的观察表面焊缝区域进行观察，若存在较大漏孔时会用肉眼直接发现渗出的带色的渗透剂，另外也可以使用显像剂进行显像观察，着色渗透泄漏检验一般使用非水湿显像剂显像，因而具有较高的检验灵敏度。这种渗透剂的渗透速度很快，因此在检测中注意掌握渗透时间。渗透时间的选择可以用工艺试验进行确定。方法是利用已知漏孔的试件进行渗透试验，计算观察到漏孔显示所需的时间。一般的讲漏孔越小，被检零件的厚度越厚则需要的渗透时间越长，反过来渗透时间越长则检测灵敏度越高，发现的漏孔越小。

表 9-4 为在渗透检测时不同材料的渗透时间，从表中可见渗透时间为 2～20min。由于渗透检测的缺陷检测是单面检测因此需要的渗透时间比较短；而在渗透泄漏检测中，渗透时间一般应不小于 15min，这主要根据被检材料的厚度和检漏灵敏度要求来决定。

表 9-4 渗透检测时不同材料的渗透时间

材料和状态	缺陷类型	渗透时间/min
各种材料	热处理裂纹	2
	磨削裂纹、疲劳裂纹	10
塑料陶瓷	裂纹、气孔	1～5
刀具或硬质合金刀具	未焊透、裂纹	1～10
铸件	气孔	3～10
	冷隔	10～20
锻件	裂纹、折叠	20
金属滚轧件	缝隙	10～20
焊缝	裂纹气孔	10～20

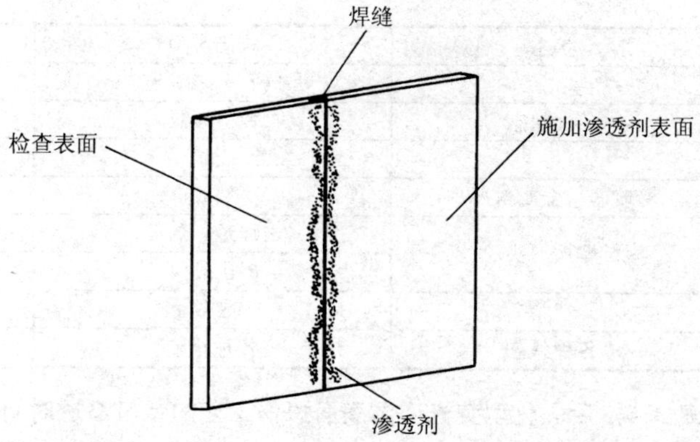

图9-8　平板焊接零件渗透泄漏检查示意图

着色渗透泄漏检验的突出优点是：

1）设备、材料都比较简单，工艺操作过程简单、方便，易于野外和现场检查。

2）漏孔污染对检漏灵敏度影响不像荧光渗透检验的影响那样严重。零件在预清洗中残留的酸、碱对着色渗透剂的破坏不明显。

着色渗透泄漏检查的不足是：

1）所用材料多数可燃，因此现场需要特别注意用火和防火安全。

2）在粗糙表面上使用时容易造成假显示或者漏检，特别是吹砂表面。

9.3.2　荧光渗透检漏技术

荧光渗透检漏是一种灵敏度较高的渗透泄漏检测方法，其处理过程和工序与着色渗透泄漏检查基本一致，仅在观察漏孔时需要借助黑光灯和暗室，清洗时要根据荧光渗透剂的种类不同其处理方法略有差异。表 9-5 和 9-6 分别为两种荧光渗透剂进行渗透无损检测时的渗透时间。

表 9-5　水洗型荧光渗透表面探伤工艺的参考渗透时间

材料	状态	缺陷类型	渗透时间/min
铝、镁	铸件	气孔、裂纹、冷隔	5～15
	锻件	裂纹	15～30
		折叠	30
	焊缝	未焊透、气孔、裂纹	30
	各种状态	疲劳裂纹	30
不锈钢	铸件	气孔、裂纹、冷隔	30
	锻件	裂纹、折叠	60
	钎焊缝	裂纹、未焊透、气孔	60
	各种状态	疲劳裂纹	30
黄铜	铸件	气孔、裂纹、冷隔	10
青铜	锻件	裂纹	20
		折叠	30
	钎焊缝	裂纹	10

（续）

材料	状态	缺陷类型	渗透时间/min
青铜		气孔、未焊透	15
	各种状态	疲劳裂纹	30
塑料		裂纹	5～30
玻璃	玻璃与金属封严	裂纹	30～120
硬质合金刀头	焊接刀头	未焊透、气孔	30
		磨削裂纹	10
钨丝		裂纹	1～24 小时
钛和高温合金	各种状态	各种缺陷	不推荐用这种渗透剂

表 9-6　后乳化型荧光渗透表面探伤工艺的参考渗透时间

材料	状态	缺陷类型	渗透时间/min
铝、镁	铸件	裂纹、折叠	10
	焊缝	气孔、未焊透、裂纹	10
	各种状态	疲劳裂纹	10
不锈钢	精铸件	裂纹	20
		气孔、冷隔	10
	锻件	裂纹	20
		折叠	10～30
	焊缝	裂纹、未焊透、气孔	20
	各种状态	疲劳裂纹	20
黄铜	铸件	裂纹	10
青铜	锻件	气孔、冷隔	5
		裂纹	10
		折叠	5～15
	钎焊缝	裂纹、折叠、气孔	10
	各种状态	疲劳裂纹	10
塑料	—	裂纹	2
玻璃		裂纹	5
硬质合金刀头	钎焊刀头	未焊透、气孔	5
		磨削裂纹	20
玻璃与金属封严	—	裂纹	5～60
钛合金与高温合金	各种状态	各种缺陷	20～30

从以上表格中列出的渗透时间来看，荧光检验的渗透时间比着色检验的渗透时间要长，最长的甚至达到 24h。当然在具体检测中一定要根据所选渗透剂的品牌和性能，以及被检件的检漏灵敏度和渗透厚度来具体选择。

荧光渗透泄漏检测的主要优点是：

1）被检件的漏孔显示在黑光灯下有明亮的荧光和高可见度，这是与其他渗透泄漏检验的主要区别和优势所在。

2）对被检件表面要求不高，无论复杂工件和粗糙表面甚至变截面之处都能正常显示漏孔。

3）泄漏检测灵敏度高，定位准确。

荧光渗透泄漏检验的不足之处是：

1）渗透剂配方复杂，使得这种渗透剂容易受到污染变质。例如有的渗透剂中水分过多时会造成渗透剂溶液浑浊产生分离、沉淀，最终造成检验灵敏度降低。

2）酸的污染对检验灵敏度有较大的影响，因此在预清洗后一定要冲洗干净再做检验。

3）荧光渗透检验需要暗室和黑光灯，观察漏孔必需在黑光灯下进行。

一般地讲，各种荧光渗透剂和着色剂都可以用于泄漏检验，其中高灵敏度的后乳化型荧光渗透剂最为常用。这是因为后乳化型荧光渗透剂具有高的渗透能力和荧光亮度，探测泄漏时，不需要清除表面多余的渗透剂，因此各种表面（包括粗糙表面的零件）均可采用高灵敏度的后乳化型荧光渗透剂进行检验。

泄漏检测用的荧光渗透剂的荧光颜色多种多样。我们根据零件表面的颜色来选择不同的荧光颜色。例如零件的油污在黑光灯下会发出蓝色荧光，可以采用红色荧光渗透剂，这样在黑光灯下蓝背景上的红色荧光十分醒目。

9.3.3 变色渗透检漏技术

变色渗透检漏是利用了渗透剂和显色剂发生化学反应，而改变颜色的原理进行漏孔检验，一般为气体渗透剂从漏孔中渗出时遇到显色剂发生化学反应，于是在漏孔附近产生明显的颜色变化从而指示漏孔的位置。这种检漏方法最大的特点是检漏中的渗透剂、显色剂不含任何颜料和荧光物质。从而使这种渗透剂和显色剂的化学配方比较简单，其中渗透剂的渗透能力一般都很强，可以渗入极细小的缺陷中去，而且污染也不太严重。该方法用到的显像剂粒度要求尽量小，通常要求粒度小于 10μm。其优点是不会使零件、工作台、操作者的衣服、皮肤等污染成红色，洗出的水也是无色的，从而避免了颜色污染问题。

氨泄漏检查是变色渗透检漏中应用较多的一种方法。这种方法具有操作简单、灵敏度比较高、与体积无关等特点，因此对于检验大型而复杂容器和管路来说具有其他方法不可比拟的优点。主要步骤为容器表面清洗，并将容器内外进行干燥，然后在被检件外壁绑扎显影带（软布或者软纸）、或者复合涂层等可以与氨气发生变色反应的其他物质，准备就绪后再开始向容器中充入纯氨气或者氨气-空气的混合气，并保持一定的压力，然后在容器外侧待检部位观察，若指示剂变色则说明有漏孔。下面以复合涂层指示剂法进行重点说明。

在进行复合涂层氨检漏时重点要进行指示剂涂层的配置和工艺喷涂。指示剂涂层一般要求满足：

1）灵敏度高，而且具有积累性能；

2）喷涂后容易清除；

3）涂料不堵塞漏孔，可重复进行喷涂检漏。

指示剂涂层的第一层为隔离层，其一般用钛白粉（TiO_2），由酒精调成混浊液进行喷涂，喷涂时使涂层的厚度为 $8mg/mm^2$ 左右。

第二层为显色层，显色层较为关键，多数使用嗅酚兰显色剂。

第三层为保护层，采用硝基清漆。

喷涂时要求灵活掌握。若被检件表面干净可以只喷一层隔离层或者不喷隔离层；但表面不干净时一般要喷 1～3 层隔离层。显色层一般喷一层即可，保护层一般喷两层。还要注意隔离层要干透才可再喷显色层，否则会引起假显示。试验证明当隔离层未干透时会引起变色剂变色。

试验还表明，用涂料喷涂法检漏时，斑点的面积与时间、漏率、压强等的关系与试纸法十分类似。成斑时间 t 和斑点面积 S 有直线关系，这说明涂料的显色有较好的积累效应，通过试验我们可以求出 $\frac{\Delta S}{\Delta t}$ 就是显色检漏的成斑率，试验还表明成斑率与漏孔漏率之间有良好的线性关系，因此在涂料显色检漏时仍然可用成斑公式：

$$S = NC\frac{\eta_A}{\eta}\frac{p^2 - p_0^2}{p_0^2}L(t - t_0) \tag{9-4}$$

式中 S —— 斑点面积，mm^2；

N —— 氨浓度，%；

p、p_0 —— 分别为充气和大气压强，Pa；

η_A、η —— 空气和充入气体的粘滞系数，Pa · s；

L —— 漏孔对空气的漏率，$Pa \cdot m^3/s$；

t —— 积累时间，s；

t_0 —— 隐斑时间，s。

$C = \frac{C_0}{h}$ 为涂料对氨显色灵敏度（$m^2/Pa \cdot m^3$）。其意义是特定显色涂层厚度 h 下，$1Pa \cdot m^3$ 纯氨气所能产生的斑点面积。

实践还证明隔离层厚度对成斑影响不大，因此在检漏实践中对于工件比较脏的隔离层可适当厚些，否则可以薄些。

显色层厚度对成斑过程有一定的影响，即显色层越厚则成斑实践变长检漏灵敏度降低。这是因为显色层与氨反应变色，较厚的显色层意味着需要更多的氨气来反应，而且在显色层内侧比外侧优先反应，因此斑点会变小。因此在检漏实践中一定注意同一次检测所有显色层的厚度尽量保持一致。

9.3.4 煤油渗透检漏技术

煤油渗透检漏是一种常用的检漏方法，在航天发动机壳体焊缝和航空油箱检漏中普遍使用。其原理是利用煤油分子量小、渗透能力强的特点，来作为渗透剂进行检漏。这种方法需要被检件表面不能有油污，否则会造成误判、错判。

由于煤油无毒、无污染且价格低廉因此在实际检漏中应用面较广，其检测零件一般是容器式，在施加煤油的一面可以密封使煤油液面能够高于被检焊缝 1～2cm。泄漏的观察也比较简单，在光照充足的环境下在焊缝的外侧观察有无油渍渗出。有时为了加强油渍的显示对比度还可以在观察表面涂上白颜色的粉末显像剂，这样当煤油渗出时就会在白色背景上明显发现油渍。另外也可以在煤油中加入色彩鲜艳的添加剂或者荧光添加剂并在渗透过程中充压以加速渗透过程，然后利用直接目视或者借助黑光灯进行观察，这可大大提高检漏灵敏度。需要注意的是加压煤油渗透一般压力比较低，压力的大小一方面取决于容器的承压能力，另一方面还要进行必要的工艺试验来确定加压压力与渗透时间和检漏灵敏度的关系。

9.3.5 渗透检漏的灵敏度

检漏灵敏度指检漏方法所能发现最小漏孔的能力。据报导渗透检漏的灵敏度最高可以发现 10^{-7} 量级的漏率，在进行渗透泄漏检测时，泄漏检测灵敏度在一定意义上取决于所选择的检漏方法、渗透时间和观察方式。不同的检漏方法其检漏灵敏度会有所不同，渗透泄漏检验中荧光法的泄漏检测灵敏度最高。

9.3.6 比对试样与漏率估计

在机械制造行业的表面缺陷检漏中，是用标准缺陷试样来判别渗透检测灵敏度和可靠性的。在渗透检漏中，我们同样可以利用标准漏孔试样来进行漏率估计。方法是在一块试板上制作一组标准漏孔组，利用氦质谱检漏方法将漏孔的率进行准确标定，然后利用渗透方法检查这些漏孔观察显示斑痕的大小，以后我们就可根据渗透剂斑痕的大小来进行漏率估计了。但要注意的是：

1）渗透泄漏检查的对象不同必需要用不同的材料制作标准漏孔试样；

2）不同的检验方法显示的斑痕大小不完全相同，彼此不能相互借鉴；

3）不同的渗透时间对于同种材料和同种方法出现的结果也会大不相同。

因此进行漏率估计的前提是固定检验方法、渗透剂种类、被检件材料、被检件厚度、渗透时间、观察方法以后才能得到准确的估计。

在一般检测中需要渗透泄漏检查的零件都是“漏即不合格”的验收标准。若需要判断漏率时可以制作验收标准漏率的标准漏孔试样，然后在正常工艺下观察渗透剂斑痕的大小形状，然后用实际检验结果来进行比对，小于标准漏孔试样斑痕的则合格。

9.4 实际应用

9.4.1 飞机油箱煤油渗透检漏

航空飞机机翼油箱是飞机的关键部件之一，它要求的的漏率比较高。飞机机翼油箱的密封性检查一般分为三个步骤：

1）第一步为充空气的的气密性试验，可以用压降法或者涂刷肥皂水、探测漏气指示仪器等办法进行检查，若确实无漏气然后再进行煤油渗透泄漏检查。

2）将清洁的煤油充入整体油箱（充至整个容积的 80%～85%），再充以 0.02MPa 的空气，翼尖先后向上向下倾斜 20° 各停留 1h。上述试验完毕后回复水平位置，卸压后进行目视检查，如无漏油现象可进行下一步试验。

3）无压停放试验。煤油在油箱中不卸出存放 14～21h，其中包括翼尖向上倾斜 15° 约停放 2～3h，然后翼尖向下倾斜 15° 约停放 6～9h，并翻转过来即下壁板在上面停放约 2～3h。若试验中发现整体油箱有漏油现象，需要对漏油处进行修补。

9.4.2 发动机喉部焊缝检漏

航天太空飞行器的发动机喷管是用来在空间飞行时调整姿态的关键部件之一。由于结构的原因其制造工艺上在关键的喉部位置有一条环形焊缝，要求进行煤油渗透泄漏检查，检查步骤为：

1）对焊缝的外面观察部位进行酒精清洗将上道工序中余留的油渍等清除干净，同时观察焊缝的焊接情况，特别注意焊缝的起弧和收弧位置有无明显的焊接外观缺陷，所有观察到的这些位置都是后续煤油渗透检查的关键位置。

2）用橡胶塞密封喷管的喉部并在喷管中倒入清洁的煤油，液面以超过待检焊缝 1～2cm 为宜，静置 15min。

3）在光线充足的室外或者利用照明灯观察待检焊缝的外部是否有油渍渗出，若发现有异常的油渍可用酒精搽拭干净后再观察 10min 以确认是否真正发生泄漏。

4）发生泄漏的喷管视为不合格处理。

9.4.3 压力容器焊缝检漏

压力容器焊缝检漏的方法很多，其中之一就是渗透泄漏检查方法。下面分别介绍。

（1）与液压考核试验同时进行　渗透剂为水、酒精、液压油等，为了提高检漏灵敏度可在上述溶剂中加入合适的颜料或者着色渗透剂、荧光渗透剂。试验中容器在一定压力下接收强度考核试验，试验结束后目视观察容器焊缝上是否泄漏，有泄露则要进行修补。

（2）利用着色渗透剂或者荧光渗透剂进行局部焊缝检查　这种方法比较适合于容器在未全部成形前的部件检查或者方便进行内外部观察的大型容器。主要步骤是焊缝表面的清理，然后在焊缝的一面施加渗透剂，然后在焊缝的另一面进行观察。这种方法的检测灵敏度与所使用的渗透剂种类和渗透时间有很大的关系，并且注意在渗透时间内施加渗透剂的焊缝一侧保持渗透剂始终润湿。

（3）氨泄漏检查　多用于大型容器的在役检查，主要原理可参见 9.3.3 所述，检测程序一般为容器外表面的清理、涂层的施工、氨气充压和成斑检查。

9.4.4 电子元器件粗检漏

电子器件检漏也应用了这种方法。按 GJB 128A—1997 规定，他仅能用于透明玻璃外壳的器件，对不具备透明外壳的器件只用于破坏性实验（因为国军标规定的是加压渗透法）。

有资料介绍，用染料渗透检漏，不用加压法。也可以很容易地检出 10^{-6}Pa · m^3/s 的漏孔。如果延长渗透时间，灵敏度还可提高。

按 GJB 128A—1997 的规定，器件检漏时要浸在渗透剂中加压，让染料渗入器件上存在的漏孔中。因此加压渗透法只能用于已封接好的器件。其实对器件也可以不加压，用涂刷的办法也可使带染料的渗透液由毛细作用渗入漏孔中，达到检漏的目的。所以对某些电子元件（如要求密封的接插件）或尚未封接的器件半成品的帽盖等也可以用涂刷染料渗透液来检验它的密封性。这种检漏方法可以扩大元器件检漏领域的应用范围，而不仅限于国军标所规定的使用区域。

由于国军标 GJB 128A—1997 规定，器件检漏仅使用染料渗透中的荧光检测部分。以下主要以电子元器件荧光染料渗透检漏做主要介绍。

检漏程序如下：

1）将器件放入加压箱。

2）将配制好的染料渗透剂倒入加压箱，淹没所有器件，关紧加压箱。

3）用氮气对加压箱加压，加压压力和加压时间按器件的技术规范执行，或按 GJB 128A—1997 的规定。

压力为 7.2×10^5Pa，加压时间为 3h；

压力为 4.1×10^5Pa，加压时间为 10h。

卸压，打开加压箱，取出器件。

4）清洗器件外表。根据所用渗透剂种类的不同，选用相应的清洗剂，对沾附在器件外表的多余渗透剂清洗干净，但不能将已渗入缺陷的渗透剂清洗出来。

5）水洗型渗透剂直接用水去除；后乳化型渗透剂在乳化后用水去除；溶剂去除型渗透剂用溶剂擦除。

用水清洗是比较安全的，因为水不溶解渗透剂，水的渗透能力又很差，使从缺陷中洗出渗透剂的可能性减小。水洗型渗透剂中含有乳化剂，水洗时间长水洗压力高、水洗温度高都有可能把缺陷中的渗透剂洗掉。一般规定水温在 15～40℃范围内，压力在 147～294kPa（1.5～3kgf/cm^2）范围内，水洗时间在得到合格背景的前提下愈短愈好，通常在黑光灯下控制。

后乳化渗透剂中不含乳化剂，只要乳化控制严格，缺陷中的渗透剂被洗掉的可能性要小得多，因此具有高的检验灵敏度。

为了保持好缺陷中的渗透剂可用未沾溶剂的干净布擦除多余的渗透剂，这时缺陷中的渗透剂保留最好。

水洗的方法有搅拌水浸洗、水喷枪冲洗和多喷头集中喷洗几种。搅拌浸洗时，槽中要不断补充干净的水，脏水从槽子上方溢流排出，使槽中保持干净的活水。搅拌水洗和喷枪清洗相结合的方法应用较广，在搅拌水中粗略地清洗后，再用喷枪清洗，并注意清洗零件的凹槽、盲孔、空腔等容易残留渗透剂的部位。采用多喷头集中喷洗的效果最佳，这种方法往往用在自动清洗装置中。

6）对器件进行剖切，去掉器件的帽盖。切割时要防止各种荧光物质对器件内腔的沾污。对透明的器件，可以不作剖切。

7）检验。荧光染料渗透检漏的检验应在暗室中进行。要求暗室足够地暗。其白光强度应小于 5 lx。检验桌上应避免放置荧光物质或沾染荧光渗透剂。暗室中黑光强度要足够。一般规定在距离紫外灯 380mm 处，其强度不低于 1000μW/cm^2 。

检验员进入暗室检验零件前，应至少等待 5min，以使眼睛适应暗室条件。

当发现泄漏缺陷后，应仔细观察判别真伪。可用酒精棉球仔细擦拭有漏处，如果被擦去的是真实缺陷显示，在擦掉后过一会，还会再显示出来。检查时，可用放大镜帮助判别缺陷。

在暗室里检验，检验者很容易疲劳。所以不要观察太长时间，否则会影响检验灵敏度。检验时，黑光不能直射或反射到检验者的眼睛。尽管我们使用的紫外线波长对人无太大伤害，但黑光可使人的眼球发荧光，出现视觉模糊，加速眼睛疲劳，影响检验质量。

按 GJB 128A—1997 的规定“在器件腔体内出现任何染料的迹象都应判为失效。

9.4.5 核试验装置局部渗透检漏

检漏是核试验装置的重要工序之一。核试验装置多数为超厚的容器、管路，其中也有超薄的具备特殊用途的容器等，在装置未连接成形前的部件检测中多数用到了渗透泄漏检查手段，对厚壁焊缝和薄壁器件的本体进行泄漏检查。其检测方法和步骤与上述的其他装备渗透检查基本一致，值得注意的是由于核试验装置的特殊用途而使得对选用的渗透剂有更高的要求，保证渗透剂不会腐蚀部件或者在将来工作环境下和其他介质发生反应并加剧腐蚀部件的情况产生。

复 习 题

1. 试描述渗透泄漏检测的原理。
2. 什么是毛细作用？画图说明。
3. 什么叫紫外线？荧光渗透泄漏检验用的紫外线波长在什么范围？
4. 荧光物质为什么发出荧光？
5. 什么是对比度？
6. 黑光灯在使用过程中强度会发生什么变化，为什么？
7. 理想的渗透剂应具备什么性能？
8. 渗透剂的物理化学性能主要包括哪些？
9. 显色剂的物理化学性能要求是什么？
10. 氨检漏用到的复合涂层分为哪几层？作用是什么？
11. 试论述渗透泄漏检查的检漏灵敏度与什么有关系？
12. 着色渗透泄漏检查的推出优点和缺点是什么？
13. 荧光渗透泄漏检查的推出优点和缺点是什么？
14. 变色渗透泄漏检查的成斑面积与检漏时间有什么关系？并论述显色涂层厚度与成斑率的关系。
15. 如何估计渗透泄漏检测的漏率？
16. 飞机机翼油箱的煤油检漏分为哪几步？
17. 试描述电子元器件的荧光渗透检漏的程序。

第 10 章　其他检漏方法

10.1　高频火花检漏法

高频花火检漏器是真空实验室中常用来作低真空估计（10^4～10^{-1}Pa）及玻璃系统检漏的一种仪器。高频火花检漏器的外形及电路如图 10-1 所示。当按下开关 S 后，220V 的交流电源就接通了，振动线圈 L_1 便产生交变磁场并吸放接触头 CD，经电容器 C 及谐振线圈 L_2 产生高频电压，在线圈 L_3 上感应的高频高压由放电簧 F 放出高频火花。这种高频火花在空气中呈紫色线状，一般有三条以上，长度在 20mm 以上。

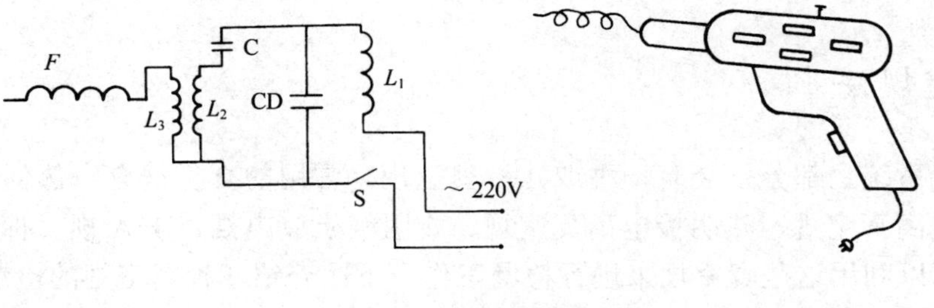

图10-1　高频火花检漏器

用高频火花检漏器进行检漏的方法如下：

1. 火花法

适用于玻璃系统。先将系统抽成真空，用高频火花检漏器放出的火花尖端沿玻璃表面移动。当遇到漏孔后，火花便集中成一束，穿过漏孔进入真空系统中，在漏孔处形成一个亮点，这样便可以判断漏孔存在的位置。

2. 放电法

利用低真空气体辉光放电颜色来检漏。当高频火花检漏器放出的火花打在真空度为 10^3～1Pa 之间的系统的玻璃上时，会因感应而使系统内的气体产生辉光放电，其放电颜色与系统中的气体种类有关。检漏前，系统中是空气，其辉光呈紫红色或玫瑰色。这时若用醮有乙醚、酒精、丙酮、汽油或其他一些易挥发的碳氢化合物的棉花在系统外表涂擦或用喷雾器喷射，当遇到漏孔时，乙醚等蒸气就会通过漏孔进入系统，立刻使辉光颜色发生变化，由此便可判断漏气的存在及其位置。

放电法既适合于玻璃系统，也适合于金属系统。对于金属系统来说，如果直接用火花去打，由于火花打在金属上发生高频短路，所以非但不能检漏，而且时间长了还会因高频电流过大而使仪器烧坏。因此需要在系统的前级金属管道上用真空胶管过渡接一段玻璃管，火花打在这段玻璃管上后，通过玻璃管中辉光颜色的变化来指示漏气存在。各种气体或蒸气在真空中的放电颜色见表 10-1。

在实际检漏中，由于不同玻璃会发出不同颜色的荧光，且系统中的气体成分较多，所以其辉光颜色会有所不同，但检漏中应以示漏物质的辉光颜色为主来判断漏气与否。

该种方法的最小可检漏率一般可达 $1\times10^{-3}Pa\cdot m^3/s$。

表 10-1　各种气体或蒸气的辉光颜色

气体	辉光颜色	蒸气	辉光颜色
空气	玫瑰红	水银	绿-兰
氮	红金	水	天兰
氧	淡黄	酒精	淡兰
氢	特有的红色	乙醚	浅兰绿
氦	紫罗兰-红	丙酮	兰
氩	深红	苯	兰
氖	血红	甲醇	兰
二氧化碳	白-兰绿	泵油	淡兰（有荧光）

10.2　真空规法

每个真空系统上都分别装有一种或几种真空规。常用的真空规有：热偶规、皮喇尼规、中真空电离真空规、热阴极电离真空规、冷阴极磁放电规、B-A 规、抑制规、弯注规等。我们可以利用这些真空规来进行检漏工作。下面介绍几种真空规的检漏方法。

1. 单支规管法

当真空系统抽到一定的真空度后，打开相应的真空计进行真空测量。当用示漏物质（气体或液体）喷射或涂覆于容器外壁可疑漏气部位时，示漏物质就会通过漏孔进入真空系统中。由于规管对各种气体的灵敏度不一样，而所选的示漏物质与系统中剩余气体/空气相比，其灵敏度相差很大（大得多或小得多），所以真空计的指示就会发生明显的变化（变大或变小），因而就指示了漏孔的存在和漏孔的位置。一般说来，喷吹示漏物质比涂覆方法好，以免器壁外表面的污染物堵塞漏孔。此外气体示漏物质比液体示漏物质好，因为液体不仅可能被吸附在漏孔内堵塞漏孔，而且还会对漏孔内部造成污染。

常用的示漏物质有：氢、二氧化碳、丁烷、丙酮、乙醚、酒精等。

这种方法的灵敏度除了与所用的示漏物质有关外，还与系统的真空度有关。真空度越高，检漏灵敏度也越高。这种方法是利用系统上现有的真空规来进行检漏的，非常方便，是目前真空系统在调试、运行过程中广泛采用的一种检漏方法。

2. 吸嘴抽空法

对容器抽真空时，如果怀疑焊缝或某个位置存在大的漏气，可用一个能与容器壁密封的吸嘴罩住该部分，然后用机械泵将吸嘴抽空，如图 10-2 所示。吸嘴所罩部位若有漏孔，由于漏孔进气端压力降低，漏率将大大减小，甚至可以忽略，因此容器中的压力将会降低，真空计会明显反应出来。如果吸嘴重新放入大气，容器中的压力又将迅速上升到原来值。

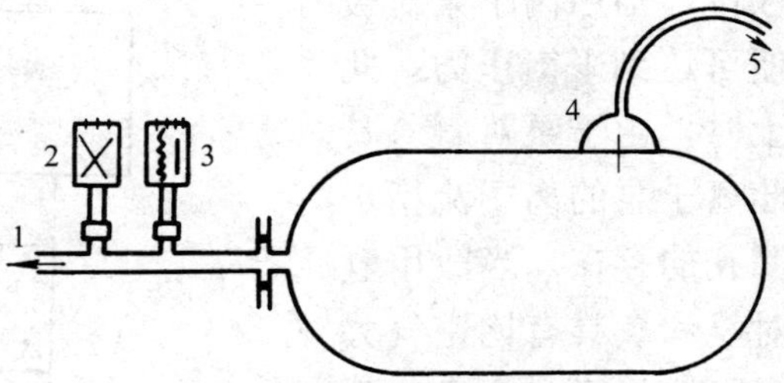

图10-2　吸咀抽空法示意图

1—扩散泵　2—热偶计　3—电离计　4—吸嘴　5—机械泵

3. 夹层抽空法

在检验已装好的大型夹层真空保温容器时，如怀疑内胆漏气，可将内胆（或夹层）用带规管的高真空抽气装置抽气，而将夹层（或内胆）用机械泵抽气，如图 10-3 所示。如内胆有漏孔，那么在机械泵抽气前后的真空计指示会有较明显的变化；同样，如果夹层（或内胆）中重新放入大气，那么放气前后真空计的指示也会有较明显的变化。

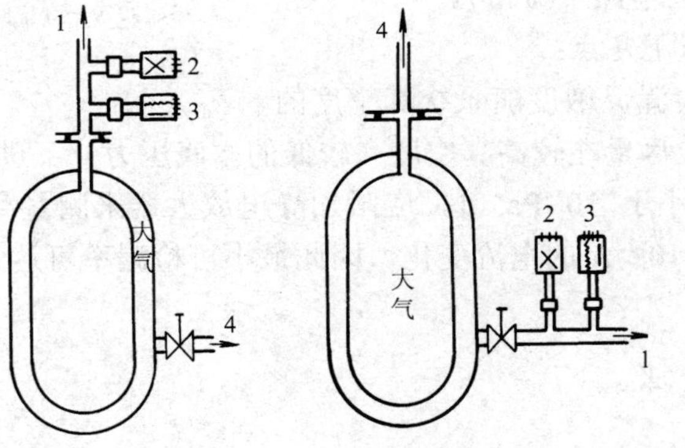

图10-3　夹层抽空法示意图

1—扩散泵　2—热偶计　3—电离计　4—机械泵

4. 堵塞法

正在进行抽气的容器的壁上如果存在较大漏孔，可用真空泥一点一点地堵（也可用真空漆或洋干漆一点一点地刷），同时注意容器中真空度的变化情况。一旦堵住了漏孔，真空度就会明显好转；一旦除掉堵塞物，真空度又会明显变坏。以此来验证漏孔是否存在及漏孔存在的位置。这种方法对大漏孔是灵敏可靠的。然而对小漏孔来说，由于堵塞物难以清除干净，给验证工作带来一定困难。

10.3　离子泵检漏法

溅射离子泵的离子流大小与系统压力有关，因此，像电离真空计一样，用离子泵的电流指示可对系统或被抽容器进行检漏。这是一种既简单又灵敏的检漏方法。

检漏系统如图10-4所示。当用离子泵对被检容器抽气时，数分钟便可达到平衡压力。此时当用氩气喷吹在漏孔上时，由于泵对氩气具有比空气低的抽速，因此离子泵的离子流指示就会迅速上升，指示了漏孔的存在。当改用氢或氧来检漏时，由于泵对氢和氧具有比空气大的抽速，因此离子泵的离子流指示就会迅速降低。当漏率大于10^{-6}Pa·m³/s时，阀门5可能要关小，阀门4、7、9全开，以免检漏过程中系统的压力上升过快，离子泵的离子流过大导致过载；当漏率小于10^{-6}Pa·m³/s时，阀门5可以全开，阀门4可以关闭，可提高检漏灵敏度；当漏率小于10^{-9}Pa·m³/s时，即要等待较长时间，待系统真空度较高时才能进行检漏。

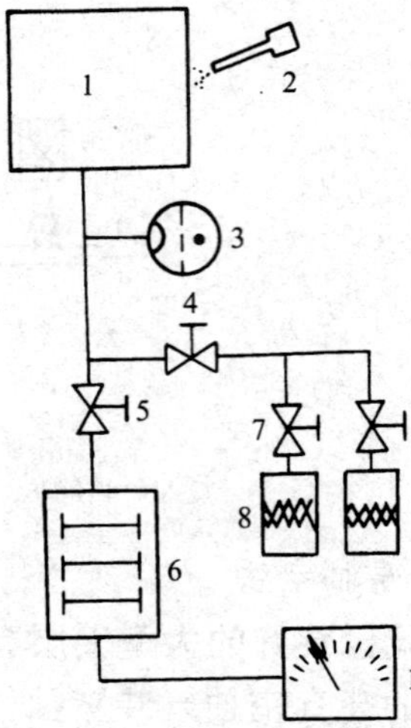

图10-4 离子泵检漏法检漏系统

1—被检系统 2—示漏气体喷枪 3—真空计 4、5、7、9—真空阀 6—离子泵 8、10—吸附泵 11—离子泵电源

最小可检漏率可达10^{-12}Pa·m³/s。

检漏中应注意以下几点：

1）这种方法的检漏灵敏度随系统真空度的提高而提高，因此应尽量在较高真空度（较低的本底压力）下进行检漏；

2）当系统压力小于10^{-6}Pa时，应附加静电放大器来测量离子泵电流，由于静电放大器很容易测量1×10^{-12}A的电流变化，因此最小可检漏率可达10^{-12}Pa·m³/s。

10.4 声波检漏法

10.4.1 声波的基本知识

1. *声波的分类*

声波就是机械振动在弹性介质中的传播，如果以频率f来表征声波，并以人的可感觉频率为分界线，则可把声波划分为次声波（$f<20$Hz），可闻声波（20Hz$\leqslant f \leqslant$20kHz）及超声波（$f>20$kHz）。在超声波检漏中，最常使用的频率范围为30～40kHz。

2. *声速与波长*

（1）声速　一定频率的简谐波在介质中传播时，单位时间内波所传播的距离称为这种频率的波在该介质中的传播速度，简称声速，以C表示。

（2）波长　在简谐波中，两个振动位相同点之间的最小距离称为波长，用λ表示。波长λ，声速C，频率f和周期T之间的关系为：

$$C=\frac{\lambda}{T}=\lambda f \qquad (10\text{-}1)$$

3. *声场的特征量*

（1）声压　在有声波传播的介质中，某一点在某一瞬间所具有的压力与没有声波存在时该点的静压力之差称为声压，用 p 表示，单位为 Pa。比较两个声波时只须用其幅度作比较，因此通常把声压辐度简称声压。

（2）声强　在垂直于声波传播方向上，单位面积上单位时间内所通过的声能称为声强，用 I 表示。

$$I=\frac{p^2}{2\rho C} \tag{10-2}$$

式中　ρ —— 介质的密度；

C —— 介质中的声速；

P —— 声压。

（3）声特性阻抗　声特性阻抗用 Z 表示，

$$Z=\rho C \tag{10-3}$$

（4）声强级　由于声强的变化范围很大，数量级可以相差很多，因此，用通常数字表示和运算很不方便，并且人耳对声音响度的感觉近似地与声强的对数成正比，于是采用对数来表示声强的大小，单位为贝尔。用 B 表示。

$$\text{声强级}=\lg\frac{I_1}{I_2} \tag{10-4}$$

贝尔这个单位太大，常取其 1/10 称为分贝，用符号 dB 表示。

几个重要的声强级值见表 10-2。

表 10-2　几个重要的声强级值

p_1/p_2	10	7	5	3	2	1	1/2	1/5	1/10
声强级/dB	20	17	14	9.5	6	0	−6	−14	−20

4. *声波的波形*

声波在无限大且各向同性的介质中传播时，其形状（波形）是根据波阵面的形状来区分的。

波阵面：同一时刻介质中振动相位相同的所有点所联成的面。在任何时刻，波阵面的数目是任意多的。

波前：某一时刻振动所传到的距声源最远的各点所联成的面。在任何时刻，波前的位置总是确定的，且只能有一个。

波线：表示波传播方向的线。在各向同性介质中，波线垂直于波阵面。

声波的波形有以下几种：

1）平面波。波阵面为平面的波称平面波。一个作谐振动的无限尺颊在各向同性的弹性介质中传播的波是平面波，如不考虑介质的吸收，声压不随距声源的距离而变化，是一个恒量。

2）球面波。声源为点状球体时，波阵无足以声源为中心的球面，球面波的声强与距离声源的距离的平方成反比，故声压与距离成反比。

3）柱面波。波阵面是同轴圆柱面的波，其声源是一无限长的线状直柱。柱面波的声强与距离声源的距离成反比，故声压与距离的平方根成反比。

4）活塞波。声源为圆盘形（尺寸不是很大，也不是很小），它发出的波介于球面波与平面波之间。

5. 声波的波动特性

（1）波的叠加　当几列波同时在一个介质中传播时，如果在某一点相遇，则相遇点质点的振动是各列波所引起的振动的合成。合成声场的声压是每列声波声压的矢量和，这就是声波叠加原理。相遇后各列声波各自原有的特性不变，继续前进，好像传播过程中没有遇到别的波一样。

（2）干涉现象　当几列特性不同的波在某点相遇后叠加时，该点的振动非常复杂，其振幅不是它们的振幅之和，而与声波的相位差有关，在某些地方振动始终加强，而在另一地方则始终减弱，甚至完全抵消，这种现象称为干涉现象。能产生干涉现象的波称为相干波。

（3）驻波　两列振幅相同的相干波在同一直线上沿相反方向彼此相向传播时叠加而成的波称为驻波。波线上某些点始终不动（称为波节），有些点振幅有极大值（称为波腹）。两个相邻波节或波腹之间的距离为半波长。

（4）惠更斯原理　波动起源于波源的振动，波的传播须借助于介质中质点之间的相互作用。对于连续介质来说，任何一点的振动将引起相邻质点的振动，所以波前在介质中达到的每一点都可以看做是新的波源（即子波源），向前发出球面子波，这就是惠更斯原理。

（5）声波的散射和衍射　声波在传播过程中如果遇到一个障碍物，就可能产生若干现象，这些现象与障碍物的大小有关。如果障碍物的尺寸比声波的波长小得多，则它们对声波的传播几乎没影响；如果障碍物的尺寸小于声波的波长，则声波到达障碍物后将使其成为新的波源而向四周发射波；如果障碍物的尺寸与声波的波长近似，则声波将发生不规则的反射、折射和透射，这些现象称为波的散射；如果障碍物的尺寸比声波的波长大得多，且它的声特性阻抗与周围介质相差很大，则在障碍物界面上只发生声波的反射而无透射，在障碍物后面将形成一个声影区，声波不按原来的方向传播，而是绕过障碍物边缘弯曲向障碍物后面传播，这就是绕射现象或称衍射现象。声影区随着离障碍物的距离的增大而逐渐缩小，到一定距离后消失，此现象本质上是子波的干涉。

10.4.2 声波检漏的方法

1. 听声法

用耳朵、医用听诊器以及在耳朵和器壁之间采用木制棒或其他定向的有声接收器监听由漏孔产生的可听的声音信号，这种方法的灵敏度很低，除了漏孔产生的可听声音的强度很小外，环境噪声信号的干扰也使得探测变得很困难。

2. 超声波定向探头检漏法

当一个系统中存在较大漏孔（10^{-3}Pa·m^3/s 以上）时，气体就会穿过漏孔形成湍流，这种湍流在漏孔附近产生频率大于 20kHz 的连续宽带超声波，在空气中传播。气体从漏孔中出来产生的超声波的中心频率 $f=\beta\frac{v}{d}$，v 为射流速度，d 为漏孔直径，β为系数，一般取 0.2。射流速度 v 与漏孔两端压差成正比，压差变大且漏孔直径变小，频率峰值向高频段移动。发射的声功率与 v 的 8 次方成正比，发射的声压衰减量与传播距离成正比，同时要考虑空气的吸收。

像无线电定向器获得无线电方位的方法一样，超声波检漏仪采用一种定向的超声波探头，在离漏孔较远的地方（30m）进行扫查，探测漏孔发出的超声波信号。由于超声波的方向性很强，因此调整探头的方向便可以找到输出最大值，此时探头所指的被检件位置便为漏孔的位置。为了提高定向能力，探头上可以安装一个抛物面反射器，并且利用外差法将这种超声波转换成人耳能听到的声音，如图 10-5 所示，声音强度的变化由指示仪表指示出来。

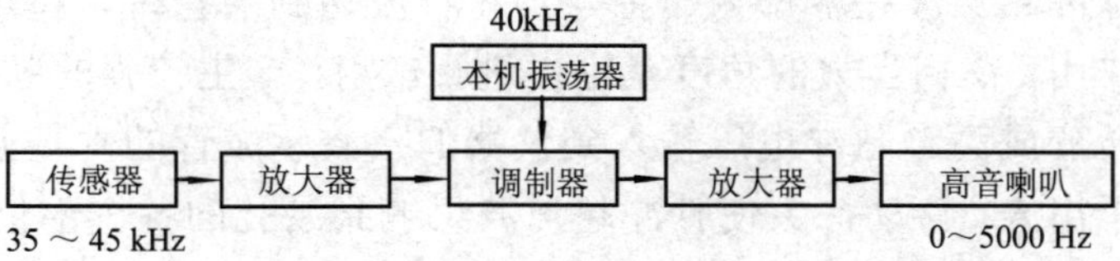

图10-5　超声漏孔探测器对声音的调制

检漏仪具有固定波段频率选择摸式，它通常设计成对 30～40kHz 信号频率范围有响应。当周围环境噪声较大时,可以调整频率，大大减少噪声的干扰。

检测中噪声干扰的来源主要有：

1）内部流体流动时的湍流流动噪声；

2）系统上由于机械摩擦产生的机械噪声；

3）由空气传播的噪声；

4）金属冲击或碰撞声；

5）传感器电路接收到的电噪声。

超声波检漏是在流过漏孔的气流为湍流时实现的，当漏孔较小、流过漏孔的气流为粘滞流甚至分子流时，超声波检漏是无能为力的。因此超声检漏法的最小可检漏率约为 10^{-3}Pa·m^3/s。

超声波检漏的仪器很多，美国 UE 公司生产了多种超声波检漏仪，美国 Questar 2000 型超声探测器，在距离 50ft（15m）的地方，在 5psi（3.4×10^4 Pa）压力下，可探测到 0.127mm 直径（10^{-3}～10^{-4} Pa·m^3/s）的漏孔。

3. 超声波接触探头检漏法

漏孔内外存在较大压差时，气体通过漏孔产生应力波（固体声波），这种应力波通过漏孔所在系统的器壁以兰姆波型式传播，如果将 AE 换能器（接触探头）置于器壁上，接收这种应力波（声能）并将这种声能转换成电信号，电信号传到检漏仪器上指示出来，从而指示了漏孔的大小。由于声波的频率很宽，因此检漏仪必须对这些频率具有选择性。大多数检漏仪具有带通滤波器，在带通频率范围内，当某一频率的漏气信号被激励时，漏气信号便具有峰值，提高了检漏灵敏度。此外，直接与器壁耦合的接触传感器比利用超声波定向装置的间接的空气耦合型传感器的灵敏度高，因此，接触传感器与器壁之间的耦合非常重要。所谓耦合就是将传感器的面上涂上一层耦合液（油、油脂），减少传感器与器壁之间的空气。

这种方法可以检测出40kPa压差下通过大于25μm直径的漏孔那样大小的漏率来。

4. *超声波人造声源检漏法*

当容器内没有压力时漏孔不会产生超声波声源，此时将颤声发生器放入容器内部，发生器产生强烈的颤声脉冲信号（40kHz）充满容器，并穿过漏孔，如果在容器外部用超声波定向探头检漏仪的探头进行扫查，便可以检测出声波穿透点，从而确定漏孔位置。

5. *脉冲超声波检漏法*

这种方法不是利用气体通过漏孔产生超声波信号来实现检漏的，而是利用高频脉冲电路产生的高频电压（1.6～5MHz）加在脉冲超声波探伤仪的换能器（接触探头）的压电晶片上发射的脉冲超声波在器壁内传播，当超声波遇到漏孔时，超声波能量的一部分与漏孔端部相互作用，在相当大的角度范围内进行散射，产生较强的脉冲超声回波信号，被探头接收，并转变成高频脉冲电压输入到仪器的接收示波管的垂直偏转板上。在荧光屏的纵坐标上显示出来，移动探头使脉冲超声波束射到漏孔的各个部位，根据漏孔进口、出口及漏孔中部的脉冲超声回波信号大小和动态波形可以间接测出漏孔的漏率来。用此法曾较好地解决了大容器（$1000m^3$）的检漏问题，检出最小漏率为$10^{-7}Pam^3/s$。

复 习 题

1. 高频火花检漏法是利用什么原理来进行检漏的？金属系统上如何采用高频火花检漏法检漏？

2. 真空规检漏法的灵敏度决定于哪些因素？

3. 用离子泵进行检漏的原理是什么？离子泵检漏中常用的示漏物质有哪些？

4. 称质量检漏法中，被检器件如何进行分组？如何判定器件失效？

5. 声波检漏中最常使用的频率范围是多少？

6. 何谓分贝？它是什么物理量的单位？

7. 声波检漏是在流体流过漏孔的什么流动状态下才能实现的？它的最小可检漏率是多少？

8. 常用声波检漏法有哪几种？你用过哪些方法？

第 11 章　电子元器件检漏

电子元器件是各类军工产品中不可缺少的组成部分，极其重要。元器件的质量好坏，直接影响着各种装备的质量。在众多的装备事故中，由于电子元器件质量不好而导致的事故所占的比例是相当大的。尤其在当今军事现代化、电子化、信息化的过程中，对电子元器件的质量要求应更加严格。

许多电子元器件都要求做成密封的，这是因为：

1）元器件必须具有抵抗外部环境腐蚀的能力，要求它必须是气密的，以阻止器件中的芯片、电路等不与外部环境相通，尤其是那些具有较高湿度的外部环境。否则，元器件的电参数值可能改变，性能会下降，器件上的焊接金属线或镀敷金属将会因电解腐蚀而损坏。

2）集成电路的线间距非常小，在有漏的玻璃封接结构中，入侵的水气会将磷从玻璃中分解出去，它不仅使封接性能下降，而且生成的磷酸可将芯片腐蚀，造成电路报废。

3）某些器件要求在某种气体保护下工作，改变气体种类或压力会影响器件功能，如继电器的开关触点在超高真空条件下会发生冷焊现象。所以继电器内充有一定压力的保护气体。

4）某些器件要求在真空环境下工作。若密封性不合格，就可能使器件提早失效。

5）其他一些原因（如防电磁辐射、防光源干扰等）也要求元器件是密封的。

在制造过程及使用周转过程中，需要应用各种检漏手段进行检测，以确保电子元器件的密封性达到图样及技术条件规定的质量要求。

11.1　电子元器件检漏的原理

11.1.1　电子元器件漏率的定义

按国军标 GJB 128A—1997 规定，元器件的漏率定义如下：

（1）标准漏率　标准漏率定义为在 25℃和压差（高压为 1.01×10^5Pa，低压为不大于 1.33×10^2Pa）下，每秒通过一条或多条泄漏通道的干燥空气量。标准漏率应表示为 Pa·cm^3/s（空气）。

（2）测量漏率　测量漏率（在国军标中用“R”表示，本书用“Q_R”表示）定义为在规定条件下，采用规定的试验介质测得的给定封装被检件的漏率。测量漏率必须转换成等效标准漏率（转换成空气等效值）。

（3）等效标准漏率　若给定封装的被检件的测量漏率为 Q_R，则其等效的标准漏率（国军标中用“L”表示，本书用“Q_L”表示）定义为具有相同漏气几何尺寸的同一种封装在标准漏率条件下呈现的漏率，等效标准漏率以 Pa·cm^3/s（空气）表示。

在电子元器件图样、技术条件中所注明的允许漏率都是指“等效标准漏率 Q_L”。实际就是指的标准漏率（即检漏时环境温度为 25℃，漏孔一端为 1.01×10^5Pa，另一端为不大于 1.33×10^2Pa 的压力，每秒通过漏孔的干燥空气量）。而在真正检漏时（多为背压检漏），漏孔两端的压力不可能达到标准漏率的要求，检漏用的示踪气体也不是空气，而是氦气。所以在检漏仪上显示的漏率值叫作测量漏率，也不是标准漏率的值。要想知道真正的漏率值即等效标准漏率 Q_L，必须作转换工作。

11.1.2 电子元器件检漏的特殊性

检漏的方法多种多样，大致可分为充压检漏与抽真空检漏。如大家经常见到的自行车内胎打气浸入水中，通过冒气泡来检漏就是典型的充压检漏。将被检工件用真空泵抽真空后，喷氦气找漏点的氦质谱检漏就是典型的抽真空检漏。作为密闭电子元器件，制作完毕后，就象一个乒乓球似的，外表没有任何可供充压或抽真空的管口。因而常用的充压、抽真空检漏都无法应用。元器件常用的检漏方法是氦质谱背压检漏。所谓背压检漏，即：将电子元器件放进加压罐，用高压示踪气体氦对元器件加压，氦气通过元器件上存在的漏孔被压入它的内腔，然后将压过氦的元器件放入真空容器，采用氦质谱抽空检漏法进行漏率测试的方法(在标准中通常叫细检漏)。由于被检工件内腔的容积不一样，氦气加压时的压力大小不一样，加压时间长短不一样，以及加压完毕到正式检漏的等待时间不一样，同样大小的一个漏孔，在检漏仪上所显示的漏率（测量漏率）值大小是不一样的，并且不是元器件的真正漏率，是一个测量漏率（过渡值）。要想知道工件的真正漏率（既等效标准漏率），还需作一些计算才能得到。另外，在背压检漏时，仪器上显示的每一个测量漏率都对应两个可能的等效标准漏率。而且有最大可检的极限值。也就是说漏率大到一定程度，这种方法就检测不到了。所以经氦质谱背压检漏的工件还必须作一次灵敏度比较低的辅助检漏(在标准中通常叫粗检漏)，以确定在两个可能的等效标准漏率中选哪一个才是正确的。元器件的生产往往是大批量的，检漏时一个一个地去计算、分辨是很费时的。因而在相应的国军标中并列地规定了一些较简便的检漏程序，但这些程序若使用不当也会带来很大误差，有可能将不合格品判为合格品，进而影响军工产品的质量，是一种很大的隐患。为了确保元器件检漏所得数据能真实地反映其密封性能的本来面目，对于从事检漏工作的操作者，就应该认真地了解元器件检漏的基本原理，了解元器件检漏与一般检漏不一样的地方，并搞清各类国标、国军标、部标中的许多具体规定，以确保检漏数据的可靠、准确。

11.1.3 电子元器件细检漏

在国家标准 GB/T 2423.23—1995 中规定：（电子元器件）等效标准漏率小于 $1\text{Pa}\cdot\text{cm}^3/\text{s}$ 的任何泄漏叫做细漏（fine leak）。所以对电子元器件漏率小于 $1\text{Pa}\cdot\text{cm}^3/\text{s}$ 的检漏方法统称为细检漏。国军标 GJB128A、GJB360A、GJB548A 三个基础标准规定的细检漏方法有三种：氦质谱背压细检漏；放射性同位素细检漏；光学细检漏。氦质谱背压细检漏使用得最多。电子元器件封接好的成品使用氦质谱背压细检漏，氦质谱背压细检漏的灵敏度比较高，最小可检漏率一般都小于 $1\times10^{-4}\text{Pa}\cdot\text{cm}^3/\text{s}$。但是这种检漏方法有一个很大的缺点，就是当被检件的漏率太大时，它就检不出来了，有最大可检漏率的限制。

一个很大的漏孔在检漏仪上不显示大漏率，却显示出一个很小的测量漏率，而且是漏孔越大、反应值越小。当然，小漏孔在氦质谱背压细检漏时，也显示一个较小的测量漏率，同一个测量漏率所对应的可能是一个大漏孔、也可能是一个小漏孔。检漏时，不论是大漏孔还是小漏孔，检漏仪上显示的测量漏率都不是元器件的真实漏率，还必须结合各种检漏参数（氦气加压压力、加压时间、侯检时间、内腔体积）按相应公式计算才能得到真实漏率即等效标准漏率，但按相应公式计算的结果正如前面介绍的一样，会得到两个解：一个较大的漏率和一个较小的漏率，要确认哪个解是正确的，就必须再作一次粗检漏（灵敏度不高的检漏，小漏检不出但能检出较大的漏），若粗检漏没有发现漏点，则较小的漏率的解是正确的；反之较大的漏率的解是正确的。在细检漏时，假如元器件的漏率已经被确认为超过标准规定，属于不合格产品，当然就没有必要再作粗检漏了。除了背压检漏以外，国军标 GJB360A、GJB548A 中对尚未封接的电子元器件外壳的检漏也称为细检漏，这些外壳的检漏实际是抽真空检漏，不是背压检漏，可以直接得到检漏结果，这种细检漏作完以后，就没有必要再作粗检漏了。

11.1.4　电子元器件粗检漏

在国家标准 GB/T 2423.23—1995 中规定：（电子元器件）等效标准漏率大于 $1Pa\cdot cm^3/s$ 的任何漏泄叫做粗漏（gross leak）。所以对电子元器件漏率大于 $1Pa\cdot cm^3/s$ 的检漏方法统称为粗检漏。国军标 GJB128A、GJB360A、GJB548A 三个基础标准规定的粗检漏方法有很多种，如氟油加压高温液体气泡粗检漏、抽真空气泡粗检漏、放射性同位素粗检漏、光学粗检漏、称重法粗检漏、氟碳气粗检漏等。经常使用的多为氟油加压高温液体气泡检漏和抽真空气泡检漏。这两种粗检漏的最小可检漏率可以和氦质谱背压细检漏的最大可检漏率相互衔接，电子元器件经过细检漏和这些粗检漏后，不会发生漏检。有人认为氦质谱检漏比气泡检漏的灵敏度高很多，作过氦质谱检漏以后就不应再作灵敏度很低的气泡检漏。这种观点是不对的，粗检漏对电子元器件的检漏来讲，是细检漏的后续工序，是对细检漏不足的一种补充，只作细检漏、不作粗检漏，等于只完成了检漏工作的一半。所以，对电子元器件检漏而言，氦质谱背压细检漏以后必须作粗检漏。一般细检漏要先作，粗检漏后作。这是因为粗检漏使用的氟油有可能将小漏孔堵塞，若先作粗检漏，被堵塞的小漏孔在细检漏时就有可能检不出来了。当然有的粗检漏方法不会堵塞小漏孔，也可以先作粗检漏。

电子元器件的粗检漏除了作为氦质谱背压细检漏的后续工序以外，也可单独使用。当元器件的漏率指标要求比较低时，粗检漏的灵敏度完全可以满足检漏要求时，只作粗检漏不作细检漏，是完全可以的，也是合理的。并不是所有电子元器件的检漏程序都包括细检漏的。

11.2　检漏设备与材料

11.2.1　检漏设备

国军标 GJB128A、GJB360A、GJB548A 三个基础标准规定了十几种检漏方法。但我国从事元器件检漏的单位实际应用的种类并不多。粗检一般多用氟油气泡检漏法，少数用抽真空气泡检漏法；细检一般使用氦质谱检漏法。下面主要介绍与这几种方法有关的仪器设备。

1. 粗检漏的主要设备

粗检漏的主要设备是抽真空加压台、氟油检漏仪和酒精负压检漏仪。下面介绍三种比较典型的产品。

（1）抽真空加压台　用于氟油检漏前的低沸点氟油加压，也用于氦质谱背压检漏前对器件作氦气加压及某些元件的氮气加压，可满足国军标中规定的抽空加压条件。

（2）氟油检漏仪　氟油检漏仪适用于有密封要求的半导体分离器件、微电子器件和电子及电气元件的氟油粗检漏。该设备是根据国军标 GJB 128A、GJB 360A、GJB 548A 对氟油检漏的要求设计的。油箱内装入重氟油，温度可以恒定在 125℃±5℃。油箱内部处理成阴暗无反射的黑色背景，左右两个照明呈直射平行光，因此，能非常清楚的观察到微小气泡。在设备顶部还安装了排风罩，蒸发的氟油蒸汽能有效地排出室外。

（3）酒精负压检漏仪　酒精负压检漏仪按航天标准 QJ 789A—1995 设计制造，用于密封电磁继电器的抽真空气泡粗检漏。继电器在检漏前放入抽空加压台的压力罐中用氮气加压，加压完毕，放入酒精槽中初检剔除有大漏的冒泡者，再对酒精槽抽真空，继续观察，剔除在真空条件下冒泡的不合格品。它由钟罩、机械真空泵、压力调节器、真空控制元件组成，操作简单，易于观察。所需电源 220V、400W。

氪-85 同位素检漏中也要使用抽空加压装置。由于存在放射性污染问题。它的抽空加压装置需专门设计。上面介绍的加压装置不可随意代用，以免出现质量和安全问题。

2. 细检漏设备

氦质谱检漏仪是元器件细检漏的主要仪器设备，目前市面上出售的品种非常多。有国产的，也有进口的；有便携的，也有台式的；有专用的，也有通用的。用户在选购时要根据自己的需要综合考虑。

早期的氦质谱检漏仪属纯粹的正常检漏型，后来又发展出逆扩散检漏型。近些年，国外检漏仪改进了分子泵的结构。装备复合型分子泵的检漏仪，不但将正常型和逆扩散型的功能合二为一了，而且对外接工件真空度可放宽到约 1000Pa。这种仪器的真空系统参见图 11-1。检漏口的工件可以通过三条通路与分子泵、质谱室相连。当外接工件真空度很好时，TV_1 阀打开相当于正常型检漏。外接工件真空度不好，可以分别打开 TV_2 或 TV_3 作逆扩散或半逆扩散检漏。开启哪个阀门都是靠真空规自动控制的。由于分子泵性能改进，即便是逆扩散检漏，仪器灵敏度也还是较高的。

对电子元器件作背压检漏，要在仪器入口处装一个真空盒。放入一个器件检漏，就要开关一次检漏仪阀门，效率较低，因而有的厂家就设计制作了一套与检漏仪相连的辅助检漏系统。将真空盒放在该系统上，检漏仪始终处于开启状态。而装入器件，对真空盒预抽真空、检漏、放气等均由辅助检漏系统来完成，并且是自动控制的。拒收漏率值是预先设好的。辅助台上只显示合格、不合格。不合格还附带自动报警。从器件装入真空室到检漏完毕，取出器件全过程只需 10s 左右，效率极高。如果辅助系统做成双工位，两个工位交替进行检漏，效率会更高，其系统见图 11-2。

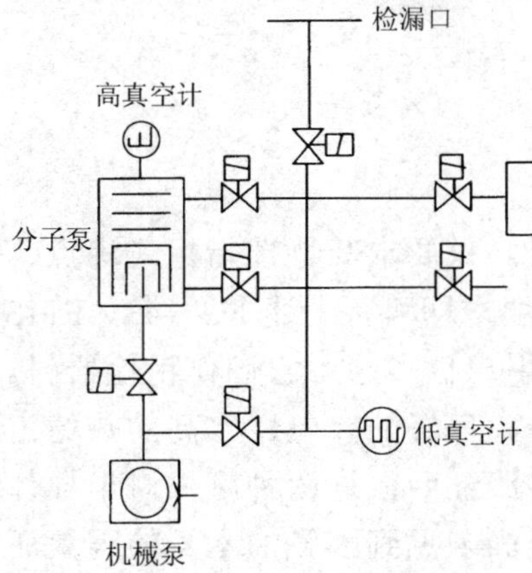

图11-1　HELIOT301排气系统图

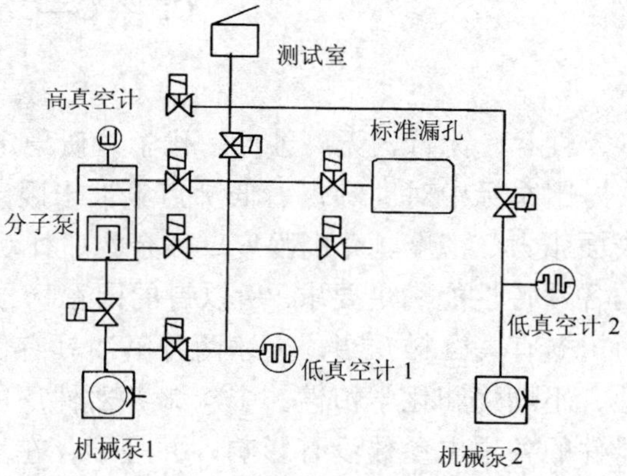

图11-2　HELIOT306S 示意图

值得注意的是：在使用这些检漏系统的时候，检漏节拍的设计要认真考虑，适当安排。不可只顾速度快而降低检漏质量。如果检漏的全过程为 8s，它包括工件预抽真空、开阀、检漏、反应、放气，打开真空盒盖，取出和放入工件。其中质谱分析、检漏显示的主要时间有几秒，能否达到 95%反应值需三倍反应时间的要求，要认真计算。半成品吹氦检漏时间太短，漏率显示还只是真正漏率的一部分，就以它来判定工件合格与否，就会产生误差，可能将不合格品判为合格品。

11.2.2　检漏用材料

元器件检漏所需的主要材料是氟油、无水乙醇和氦气、氮气等。

（1）高沸点氟油　常用型号为 FC—43，即全氟三丁胺。

分子量：671

沸点：170～180℃，化学式：　（C_4F_9）$_3N$

结构式：

$$
\begin{array}{l}
C_4F_9 \\
| \\
N—C_4F_9 \\
| \\
C_4F_9
\end{array}
$$

性状：无色无味透明液体，不燃烧，对热、化学品、金属等高度稳定，无毒、无腐蚀，介电性好。

（2）低沸点氟油　常用型号为 F113，即三氟三氯乙烷。

分子量：187.39

沸点：47.6℃（常压）

化学式：$CCL_2 \cdot FCCLF_2$

结构式：

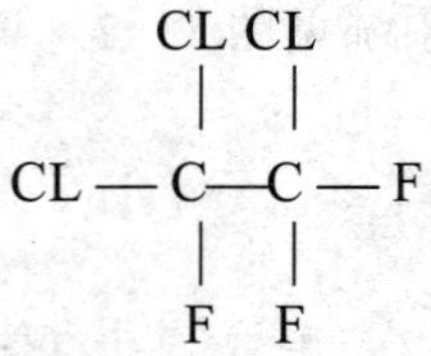

性状：无毒、无腐蚀性、化学性质稳定。

国军标中对高沸点、低沸点氟油未限定具体品种牌号，只要求其特性指标（沸点、表面张力、密度、介电强度、残余物、外观）能满足具体要求即可，上述 FC—43、F113 的各项特性能满足要求。所以有的国军标推荐它们，一般用户也多选用它们作粗检器材。

据有关资料介绍，上述两种氟油具有优良的电绝缘性、良好的介电性、高的热稳定性、不燃烧和化学惰性。多年来各器件厂的粗检漏工作实践证明，这两种氟油对半导体器件的各项电参数没有影响，并且不存在潜在失效，至今尚未见到因氟油本身的因素而导致器件失效的报告。

目前国内常用的高沸点氟油，除全氟三丁胺（系美国军用标准 MIL—STD—883 所推荐）外，还有用 FL 系列聚三氟氯乙烯型仪表油的，它们的牌号分别为 FL—A—10（中科院上海有机所实验工厂生产）和 4830（北京石化 621 厂生产）。全氟三丁胺（FC—43）较这两种仪表油动态粘度小，检漏后的器件表面沾油腻少，但价格较贵。代用的两种仪表油价格低。因此受到一些厂家的欢迎。

国军标 GJB128A 规定，高沸点氟油中不允许有大于 1μm 的颗粒，但在实际检漏中，由于工件及环境等因素的影响，油中会逐渐积聚一些杂质，使油的浊度增加，不便于观察，所以检漏的氟油应经常过滤。低沸点氟油也应清洁无杂质，否则在器件用 F113 加压时，油中的杂质会将器件上的漏孔堵塞，影响检漏的结果，也应经常过滤。按国军标规定，氟油检漏设备上应配置能从流体中清除尺寸大于 1μm 颗粒的过滤系统，但是在目前见到的各类氟油检漏设备上都没有这种装置。所以，从事氟油检漏的人员必须自备过滤装置。

国军标中没有规定氟油检漏用油的具体牌号规格，但对用油的相应指标提出了要求。其物理性能如表 11-1 所示

表 11-1　对全氟碳液要求的物理性质（摘录自 GJB128A—1997）

性能	Ⅰ型	Ⅱ型	Ⅲ型
沸点 / ℃	50～95	140～200	50～110
在 25℃下表面张力 /（N/cm）	$<2\times10^{-4}$		
在 25℃下密度 /（g/cm^3）	>1.6	>1.6	>1.6
在 125℃下密度 /（g/cm^3）		>1.5	
介质强度 /（v/μm）	>12	>12	>12
残留物 /（μg/g）	<50	<50	<50
透明无色			

注：全氟碳化合物不含氯或氢。

表 11-1 中的Ⅰ型即低沸点氟油，Ⅱ型即高沸点氟油，Ⅲ型是用在增重粗检漏试验的。

低沸点氟油 F113 也是良好的清洗剂。器件在加压前要用 F113 进行清洗，器件在高

温的 FC—43 氟油中检漏完毕，还要用 F113 洗净器件表面沾附的 FC—43 氟油。用作清洗的 F113 经一段时间的使用已含有一定量的 FC—43 氟油，达到饱和程度，就无法使用了，就必须换新的 F113 作清洗剂。对用过的含有 FC—43 的 F113，如果觉得扔掉可惜的话，也可以进行分馏回收，根据原上海无线电十九厂的经验，大约 100kg 废油可回收 65kgF113，10kg 高沸点氟油。简单的回收装置可以自己组装，由电炉、控温仪、水槽、球形烧瓶、精馏塔、温度计、冷凝管、出料烧瓶等组成。（自己购料拼装，数百元即可）。操作方法是将废油灌入较大容量（3000～5000ml）的球形烧瓶内，放入用大口径铝锅代替的水槽，置于电炉上加热，用控温仪控制电炉加热电流，使废油温度大致稳定在 50℃左右，净 F113 即通过精馏塔和冷凝管流进出料烧瓶内，经一段时间的精馏后，球形烧瓶内余下的都是高沸点氟油和杂质，再将此倒入三角烧瓶，加入 3%活性炭充分搅拌，放在烘箱中，恒温在 120℃，经 2～3h，冷却后用定性滤纸滤去活性炭，即获得洁净的高沸点氟油。

（3）氦气与氮气　国家标准规定的瓶装氦气规格有工业用氦、纯氦、高纯氦。

氦气纯度越高，价格越贵。有的单位选用高纯氦作检漏使用，看来必要性不大。因为国军标中规定的氦气浓度为＞95%即可。

元器件粗检中，有的单位要使用瓶装氮气对元器件加压，氮气也有不同的纯度。一般使用普氮或纯氮均可，它们价格相差不多。合格的氮气产品含水量都是很低的。

用压缩空气代替氮气对器件加压，要注意压缩空气的露点必须低于-45℃。一般的压缩空气露点大都很高，含水量多，绝对不能使用。

（4）无水乙醇　也叫无水酒精。无水是相对而言，无水乙醇的纯度在 99%以上，含水和其他杂质总质量分数小于 1%，含水量的确很少。但是，在空气中，它又有很强的吸水性，如果将它长期暴露在空气中，其含水量会越来越高。因为电子元器件内腔大都有水汽含量要求，对水的问题都很敏感，所以在使用无水乙醇时一定要注意这一问题。对盛装无水乙醇的容器要盖严。

（5）元器件粗检中的荧光染料渗透检漏所需器材

1）渗透液（荧光型）。

① 自乳化型渗透液有　ZY11、ZY12、ZY21、ZY22

② 后乳化型渗透液有　HY31

2）黑光灯：与荧光渗透液配合使用的黑光灯，据介绍质量较好的有美国进口 FC－100F 型。其黑光强度在 380mm 处为 6000～7000W/cm^2。带风扇、可保持常温下操作。国产黑光灯在上海探伤仪器厂有生产。

在粗检细检中，除了必须具有上述设备仪器外，还需配备一些管道、阀门、连接接头以及各种消耗性器材（如胶板、胶管、真空泵油、清洗剂、密封脂等）等。

11.3　检测技术

11.3.1　氦质谱背压细检漏

氦质谱背压细检漏的基本原理见 8.3.1 中第 8 条。

1. 漏率计算

当漏孔较小时，通过漏孔的气流可以认为是分子流，对分子流漏孔，漏率计算公式如下：

$$Q_R=\frac{Q_L p_E}{p_0}\sqrt{\frac{M_A}{M}}\left[1-\exp\left(-\frac{Q_L t_1}{Vp_0}\sqrt{\frac{M_A}{M}}\right)\right]\exp\left(-\frac{Q_L t_2}{Vp_0}\sqrt{\frac{M_A}{M}}\right) \tag{11-1}$$

式中 Q_{R1}—— 示踪气体（氦）的测量漏率，Pa·cm³/s；

Q_L—— 等效标准漏率，Pa·cm³/s；

p_E—— 施加的绝对压力，Pa；

p_0—— 大气压力，Pa；

M_A—— 空气的分子量，g；

M —— 氦气分子量，g；

t_1—— 施加 p_E 的时间，s；

t_2—— 去除压力后到正式检漏之间的停顿时间，s；

V—— 被测元器件封装的空腔体积，cm³。

上述计算公式比较复杂，使用不方便。对于非常小的漏孔，可以用求近似值的简化公式代替。

若漏率较小，GJB 要求 Q_L＜1Pa·cm³/s 时，空腔体积 V 不太小，侯检时间 t_2 较短，根据 $e^{-X}\approx 1-X$（$0<X\ll 1$，则公式中中括号一项：

$$1-\exp[-(Q_L t_1)(M_A/M)^{1/2}/(Vp_0)]=Q_L t_1(M_A/M)^{1/2}/(Vp_0)$$

公式中最后一项 $\exp[-(Q_L t_2)(M_A/M)^{1/2}/(Vp_0)]\approx 1$

则公式可简化为

$$Q_{R1}=(Q_L^2 p_E t_1/Vp_0^2)(M_A/M) \tag{11-2}$$

式中 M_A/M 为空气分子量与氦气分子量的比值，约等于 7.17，所以简化后的测量漏率为：

$$Q_{R1}=7.17Q_L^2 P_E t_1/Vp_0^2 \tag{11-3}$$

$$Q_L=(p_0/2.7)(Q_{R1}V/P_E t_1)^{1/2}$$

简化公式的应用，在 GJB 128A—1997 中规定的条件是 Q_{R1}＜1Pa·cm³/s，在 GJB 360A—1996 规定的条件是换气时间常数 $\theta=p_0V/Q_L\geqslant$60h。在 $\theta=p_0V/Q_L$ 式中，p_0 是常数（1.01×10⁵Pa）。只有当空腔体积不特别小时，等效标准漏率 Q_L＜1Pa·cm³/s 时才能保证 θ>60h。

换气时间常数 θ 反映了密封元器件内部气体的换气速度，θ 值反映了充入其内腔的特定气体的贮存时间，对考虑元器件的寿命是很有用的。θ 的数值越大，保持元器件内原有气氛环境的时间就越长，外部有害气体越不容易置换掉内部的原有气体。

上述计算漏率的公式是按漏气为分子流推导出来的。当 Q_L＜1Pa·cm³/s 时，将通过漏孔的气流状态看作分子流，误差不是太大，所以在使用该计算公式时，应特别强调当 Q_L＜1Pacm³/s 才可使用。

2. 测量漏率 Q_{R1} 与等效标准漏率 Q_L 之间的关系

从上述各公式均可看到，测量漏率 Q_{R1} 与等效标准漏率 Q_L 之间存在函数关系。为了将 Q_{R1} 与 Q_L 之间的关系看得更清楚，将上述公式（在将 p_E、p_0、t_1、t_2 和 V 设置一定值后）制成图 11-3 所示曲线。

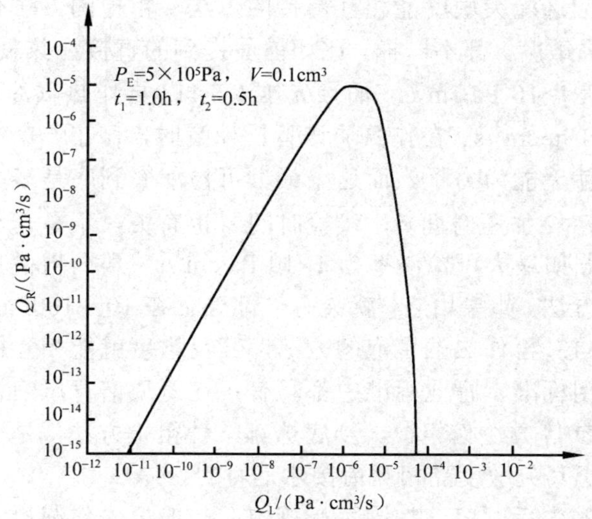

图11-3　测量漏率(Q_{R1})与等效标准漏率（Q_L）关系曲线

注：1atm=101325Pa。

从曲线可看出以下两个特点：

1）每一测量漏率 Q_{R1} 对应两个等效标准漏率 Q_L。也就是说，检漏仪上有一个测量漏率，元器件可能存在一个较小的漏孔，也可能是存在一个较大的漏孔。最典型的情况，是当测量漏率 Q_{R1} 为 0 时，元器件可能是不漏的，也即在加压时没有氦气进到元器件内腔中，则检漏时无泄漏显示；但也可能元器件有大漏孔，在加压时氦气通过漏孔进入了内腔，但在卸压后的净化过程中和检漏前的抽真空过程中，进入元器件内腔的氦气又逃逸掉了，因而在检漏时检漏仪上无泄漏显示，所以在检漏仪的测量漏率 Q_{R1} 为“0”时，被检件的真实状况可能是不漏或大漏。

2）Q_{R1} 有极值。也就是说氦质谱背压检漏时，当漏率大到一定程度后，就检不出来了，也即检漏范围有极限。

基于上述两个特点，所以元器件做过了氦质谱背压检漏（即细检）后，还应用其他（粗检）方法来检测元器件是否存在大漏。通过粗检，确认元器件无大漏后，才能判别 Q_{R1} 所对应的 Q_L 是较小的那个漏率数值，从而确定元器件的密封性是否合格。

3. 细检与粗检的关系

（1）粗检是细检的后续工序　前面已经谈到，氦质谱背压检漏从检漏仪上获得的数据。它对应两个可能的真正漏率值，所以在氦质谱细检后，必须做粗检，根据细检，粗检所获得的完整数据，才能判别元器件是否合格。

（2）细检不能代替粗检　在检漏实践中，一般地讲，可以用灵敏度高的代替灵敏度低的方法。但是在元器件检漏中，灵敏度高的氦质谱检漏，在对封闭元器件做背压检漏时，是不能代替灵敏度低的粗检方法的。在国军标中，就有这种论点，它讲可以用氦质谱背压检漏代替氟油气泡检漏，这是不恰当的。有人认为氦质谱检漏灵敏度很高。元器件做过氦检漏就没必要再去做低灵敏度的气泡检漏，这是不对的。

（3）细检和粗检应选配灵敏度能相互衔接的方法　粗检的方法有许多种，每种方法的最小可检漏率（即灵敏度）都不一样。比如前面提到的直接在热氟油中看气泡的方法，其最小可检漏率大约是＞10^2Pa·cm^3/s。而预先压入 F113 再作热氟油冒泡的方法。其最小可检漏率大约是大于 1Pa·cm^3/s。在作氦质谱背压检漏时，存在一个最大可检漏率的极限值，漏率再增大，它就无能为力了。而这个最大可检漏率到底是多少，则与工件内腔体积有关，与加压压力 p_E，加压时间 t_1，候检时间 t_2 也有关，不是一个定值。可以通过漏率公式画曲线找到。假如最大可检漏率为 1×10^1Pa·cm^3/s，那么粗检方法就不能选用直接在热油中冒泡的粗检方法。如果用它，就会有一部分存在 10～100Pa·cm^3/s 漏率的工件漏检。应该选用先压 F113 再作热油冒泡的方法。其灵敏度就能相互衔接上，不至于有工件漏检。许多国家军用标准、行业标准中都写有：在氦质谱背压细检漏后要按标准中规定的方法 A、B、C、D 等方法作粗检。到底选哪一种粗检方法，是 A 还是 B 或 C 或 D，不可随意搭配。应考虑其灵敏度能相互衔接才是对的。

（4）细检、粗检的先后顺序　按国军标规定，一般要先作细检，后作粗检。这是因为，目前常用的细检方法是氦质谱背压检漏。常用的粗检方法是氟油检漏。如果先作粗检，一部分小漏孔就可能被堵死了，后作细检是会检不出来的。但是，粗检的方法有好多种，有些粗检方法比如光学粗检漏，它不用任何液体物质作检漏介质，粗检漏的全过程都不会影响原有漏孔的状态。则这种粗检方法安排在细检之前也是允许的。

在新品制作过程，先做细检，这是没问题的，但是在用户购回元器件装机前的复检，就有问题了。因为生产厂对器件已经做过粗检。即便复检的程序也是先细检后粗检，但对于生产过程的粗检而言，则变成了先粗检，后细检了。也存在原来粗检可能堵塞小漏孔的可能。所以用户在做复检的时候，最好是先对器件做清洗，烘干，以疏通可能存在的漏孔。现有的国军标部标等标准，似乎都是用于生产厂的，没有专门制定一套给用户的检漏标准。这就要求用户方在复检时对具体问题做相应的处理为好。

4. 元器件内腔已经预埋氦气的氦质谱背压检漏

有的元器件在封装时内腔已经封存有氦气，或氦氮混合气（对密封继电器，封接时的环境条件是 10%氦气，90%氮气，因而封接后其内腔已经有氦气存在）它们在检漏前就没有必要对它压氦了。可以直接放入真空容器与检漏仪相连进行检漏，检漏仪上得到的测量漏率 Q_R 也不是被检件的真实漏率，该漏率与元器件内腔的预埋氦浓度、压力有关，还与内腔体积 V 有关。与封接后到检漏之间的停顿时间 t_2 有关，当然与元器件自身漏率大小 Q_L 也有关。它的计算公式如下:

$$Q_R = \frac{Q_L p_E}{p_0}\sqrt{\frac{M_A}{M}}\exp\left(-\frac{Q_L t_2}{V p_0}\sqrt{\frac{M_A}{M}}\right) \tag{11-4}$$

将上述公式制成曲线，曲线的形状与一般背压检漏曲线相似，Q_R 与 Q_L 的关系也具有上述的两个特色。即每一个测量漏率 Q_R 对应二个等效标准漏率，Q_R 有极值。因此，在氦质谱背压检漏后还应做粗检。才能确定等效标准漏率 Q_L 是二个可能漏率中的哪一个。

还有一个问题必须注意，对于预埋氦气的元器件在使用单位购回后，使用前或放置一段时间后要做复检时，不能认为内腔已埋有氦气，就直接放入检漏仪的真空室中做检漏，这样做得到的检漏数据可能是错误的。例如被检件存在一个较大的漏孔，经一定的时间存放后，内腔的氦气可能大部或全部漏到外界空气中。因而直接检漏可能得到一个小漏或不漏的结论。与元器件的真实情况不符，造成错判。正确的方法应该是同一般元器件背压检漏的程序一样分三步走，即先压氦，再净化表面，最后检漏。这样做才能避免对某些元器件的错判。（这个问题在国军标中没有规定，有用户在电磁继电器复检中，压完氦再检漏，就查出有的被检件不合格，可是这个结果生产厂家不认可，他们认为二次压氦加大了内腔氦浓度，将合格产品错判为不合格。生产厂家的观点也有道理，的确有这种可能。2003 年，航天 708 所在国防科工委军标中心统一安排下，组织编写了氦质谱背压检漏方法 QJ 标准，对这个问题作了规定。对内腔已埋有氦气的被检件复检，必须压完氦再检漏。为了避免错判，在压氦前先作一次检漏，检测出一个测量漏率，作为压氦前的本底值。压完氦再检漏得到的测量漏率，其中就包含了本底测量漏率，所以必须减去本底的测量漏率，用减去本底的净测量漏率值来计算被检件的等效标准漏率 Q_L 并用它来验收产品，就公平合理了。）

5. *背压检漏的灵活方法与固定方法*

在国军标 GJB 128A，GJB 360A，GJB 548A 中，对氦质谱背压检漏规定了灵活方法与固定方法两种不太一样的程序。

所谓灵活方法，就是我们前面介绍的程序。即在检漏仪上读出测量漏率 Q_R 以后，要根据加压压力 p_E，加压时间 t_1，侯检时间 t_2，器件内腔体积 V 来判定等效标准漏率 Q_L，与图样或元件规定的拒收漏率值比较，确定器件是否合格。

所谓固定方法，不要求将测量漏率 Q_R 换算成标准漏率 Q_L 而直接使用测量漏率 Q_R 的数值去判定元器件检漏的合格与否。固定方法的程序规定了加压压力 p_E，加压时间 t_1，侯检时间 t_2 的的具体数值，并按器件内腔体积大小作了分级，验收漏率的数值作了调整。采取这些限定后，在一定程度上减少了直接使用测量漏率带来的误差。固定方法的优点是简单，不用换算，便于操作者高效地完成检漏任务。因此固定方法在各生产厂家得到了广泛的应用。

经研究发现，与灵活方法相比，固定方法所造成的误差，在加压压力，加压时间，侯检时间都相同的情况下，与元器件内腔的体积有很大关系。

内腔体积 V 与测量漏率 Q_R 的关系

设 $p_E=5\times10^5$ Pa；t_1=7200s；t_2=1800s。当元器件的等效标准漏率 $Q_L=1\times10^{-2}\text{Pa}\cdot\text{cm}^3/\text{s}$ 时

$V=0.01\text{cm}^3$　　　$Q_R=2.27\times10^{-2}\ \text{Pa}\cdot\text{cm}^3/\text{s}$

$V=0.03\ \text{cm}^3$　　　$Q_R=8.31\times10^{-3}\text{Pa}\cdot\text{cm}^3/\text{s}$

$V = 0.05\ \text{cm}^3$　　$Q_R = 5.08\times10^{-3}\text{Pa·cm}^3/\text{s}$

$V = 0.1\ \text{cm}^3$　　$Q_R = 2.58\times10^{-3}\text{Pa·cm}^3/\text{s}$

$V = 0.5\ \text{cm}^3$　　$Q_R = 4\times10^{-4}\text{Pa·cm}^3/\text{s}$

$V = 1\ \text{cm}^3$　　$Q_R = 2.5\times10^{-4}\text{Pa·cm}^3/\text{s}$

当内腔体积较小时，其误差还可以容忍。但随着内腔体积增大，误差越来越大。一个内腔体积为 1cm^3 的元器件，其等效标准漏率按灵活方法计为 $1\times10^{-2}\text{Pa·cm}^3/\text{s}$。按固定方法直读其测量漏率仅为 $2.5\times10^{-4}\text{Pa·cm}^3/\text{s}$。即便将验收标准加严半个量级也远远弥补不了其误差影响。

我们常使用的密封继电器，混合集成电路等。其内腔体积一般都有几毫升。大的可到几十毫升。用固定方法检漏，带来的误差是比较大的。一个用于卫星的设计寿命为五年的密封继电器，当其漏率相差一个量级时，寿命就降到了六个月。就可能使卫星整体寿命提前终结，这是非常可怕的。

用固定方法检漏，从道理上讲是没有错误的，它根据灵活方法的计算公式，规定了加压压力 p_E，加压时间 t_1，侯检时间 t_2 的的具体数值，并按器件内腔体积大小，给出合格漏率的数值。如果能将体积从 0.1cm^3、0.2cm^3、0.3cm^3…1cm^3，2cm^3，3cm^3…差距很小地排列起来，列出一张详细验收表格，是不会出任何问题的。但是，在国军标中的固定方法验收表格却不是这样，它对体积的划分太粗了，以 0.4（或 0.5）cm^3 为界，大于 0.4cm^3 为一挡，小于 0.4cm^3 为一挡，大的大到没有尽头，1cm^3 是大于，10cm^3 也是大于，但是合格判据确是一样的，误差很大。

针对这一问题，按“灵活法”的规定，将器件内腔容积从 0.005cm^3 到 15cm^3，在四种加压条件下（0.2MPa–4h、0.3MPa–3h、0.4MPa–2h、0.5MPa–2h）。

运用公式：$Q_R = \dfrac{2.69Q_L p_E}{p_0}\left[1-\exp(-\dfrac{2.69Q_L t_1}{Vp_0})\right]\exp\left(-\dfrac{2.69Q_L t_2}{Vp_0}\right)$ 计算出所有的拒收漏率极限 Q_R，并列成表格（在公式中 t_2 取 1800s，Q_L 取三个国军标中灵活法“失效判据”中提供的等效标准漏率拒收值。压力 p_E 是绝压值见表 11-2）。这样，检漏人员按表中的加压条件对器件加压后测出的实际测量漏率，按内腔容积的大小与表中所对应的拒收漏率极限相比较，即可判定器件合格与否。省略了计算，简化了操作。运用该表进行氦质谱背压检漏，即保证了检漏精度，又方便快捷，提高了检漏工作的效率，可以称它为改进型固定方法。

电子元器件的背压氦质谱检漏，要慎用三个国军标中的固定方法。对内腔体积不大，公差要求较宽的产品可以使用；对内腔体积大而公差要求严格的产品一定要不怕麻烦，采用灵活方法或者改用改进型固定方法检漏的程序为好。

三个国家军用标准中虽然并列了灵活方法与固定方法。并不是操作者想用哪一种就用哪一种。首先要看定货方在合同中是否指明要用哪一种方法。第二要看定货方对元器件的漏率要求，若要求的拒收漏率小于国军标灵活方法所规定的拒收指标时，也不能使用固定方法，必须用灵活方法。

在灵活方法的操作中，对元器件的加压压力 p_E，加压时间 t_1 要由操作者来选取。p_E、t_1 到底要选多少合适，是有要求的。若选用的压力低、时间短，则检漏时的测量漏率 Q_R

的数值很小。若检漏仪的有效最小可检漏率大于 Q_R 值，则检漏无法进行。p_E、t_1 可按

$$Q_R = \frac{Q_L{}^2 p_E t_1}{V p_0{}^2} \frac{M_A}{M}$$

计算出的 Q_R 数值必须大于检漏仪的有效最小可检漏率 Q_e。

在选 p_E 值时，要考虑器件能承受的最大压力。若超过它，器件在加压过程可能损坏，但是按国军标规定，加压压力 p_E 至少为 203kPa（绝压）。

表 11-2　按灵活法验收指标计算的拒收测量漏率 Q_{R1} 极限值　（单位：Pa · cm³/s）

空腔容积 /cm³	加压条件(压力—时间)		
	200kPa-2h	400kPa-2h	500kPa-2h
0.005	4.27×10^{-3}	8.53×10^{-3}	1.07×10^{-2}
0.01	2.35×10^{-3}	4.69×10^{-3}	5.87×10^{-3}
0.02	4.69×10^{-3}	9.38×10^{-3}	1.17×10^{-2}
0.03	3.23×10^{-3}	6.46×10^{-3}	8.08×10^{-3}
0.04	2.46×10^{-3}	4.92×10^{-3}	6.15×10^{-3}
0.05	1.99×10^{-3}	3.98×10^{-3}	4.98×10^{-3}
0.06	1.67×10^{-3}	3.34×10^{-3}	4.18×10^{-3}
0.07	1.44×10^{-3}	2.88×10^{-3}	3.60×10^{-3}
0.08	1.26×10^{-3}	2.52×10^{-3}	3.15×10^{-3}
0.09	1.12×10^{-3}	2.24×10^{-3}	2.80×10^{-3}
0.1	1.01×10^{-3}	2.02×10^{-3}	2.53×10^{-3}
0.2	5.12×10^{-4}	1.02×10^{-3}	1.28×10^{-3}
0.3	3.42×10^{-4}	6.84×10^{-4}	8.55×10^{-4}
0.4	2.57×10^{-4}	5.14×10^{-4}	6.43×10^{-4}
0.5	2.06×10^{-4}（用于 GJB 128A—1997）	4.12×10^{-4}（用于 GJB 128A—1997）	5.15×10^{-4}（用于 GJB 128A—1997）
	1.99×10^{-2}	3.98×10^{-2}	4.98×10^{-2}
0.6	1.67×10^{-2}	3.34×10^{-2}	4.18×10^{-2}
0.7	1.44×10^{-2}	2.88×10^{-2}	3.60×10^{-2}
0.8	1.26×10^{-2}	2.52×10^{-2}	3.15×10^{-2}
0.9	1.12×10^{-2}	2.24×10^{-2}	2.80×10^{-2}
1	1.01×10^{-2}	2.02×10^{-2}	2.53×10^{-2}
2	5.12×10^{-3}	1.02×10^{-2}	1.28×10^{-2}
3	3.42×10^{-3}	6.84×10^{-3}	8.55×10^{-3}
4	2.57×10^{-3}	5.14×10^{-3}	6.43×10^{-3}
5	2.06×10^{-3}	4.12×10^{-3}	5.15×10^{-3}
6	1.72×10^{-3}	3.44×10^{-3}	4.30×10^{-3}
7	1.47×10^{-3}	2.94×10^{-3}	3.68×10^{-3}
8	1.29×10^{-3}	2.58×10^{-3}	3.23×10^{-3}
9	1.15×10^{-3}	2.30×10^{-3}	2.88×10^{-3}
10	1.03×10^{-3}	2.06×10^{-3}	2.58×10^{-3}
15	6.88×10^{-4}	1.38×10^{-3}	1.72×10^{-3}

6. 氦质谱背压检漏的最小可检漏率

在一般情况下，检漏时仪器没有反应，不能认为被检工件漏率为“0”，应为小于检漏仪的有效最小可检漏率值。在背压检漏时，检漏仪的最小可检漏率值要看成是器件检漏过程的测量漏率 Q_R 的值，不能直接代表器件的真正漏率。器件的真正漏率还必须按前述的漏率计算公式进行计算才能得出。此时仪器的最小可检漏率 Q_R 值只是计算式中的一项。经过计算得到的对应的 Q_L 值，才是氦质谱背压检漏的最小可检漏率。

在某行业标准中，有如下一条规定：“对无氦信号输出的继电器样品……粗检又无气泡冒出，则可判被检继电器的泄漏率优于 $666.5\times10^{-7}Pa\cdot cm^3/s$”（$666.5\times10^{-7}Pa\cdot cm^3/s$ 是该标准的 5.11 条对氦质谱检漏仪最小可检漏率 Q_{min} 的要求）。这一提法是不妥的。当器件检漏时，细检、粗检均无反应，工件的漏率不为“0”，应为该检漏方法的最小可检漏率值。在背压检漏时，仪器的 $Q_{min}=666.5\times10^{-7}Pa\cdot cm^3/s$ 应是计算式中的 Q_R 值，不是器件的真正漏率。因此说该标准中这一提法不妥，会带来误差，有时可能是很大的误差。

7. 元器件细检时的允许漏率

国军标 GJB 128A、GJB 360A、GJB 548A 对元器件细检时的允许漏率有详细规定，如果订货方没有特别的要求，承制方就按这一漏率指标验收产品。

这一指标肯定不是随意制定的，它是归纳了不同元器件的各方面的因素而制订的。如果能准确地执行这一指标，元器件的密封性能还是能满足一般用户需求的。

但是，元器件的品种繁多，用途各异，大小不一样，使用环境也不一样，必然有一部分用户会感到国军标的漏率指标满足不了要求。对于军工产品，它较其他产品有更高的可靠性要求。电子元器件在各类军事装备上都处于极为重要的控制系统中。所以对它们的密封性要求应认真对待。该严格的地方必须提高检漏要求，尤其是飞机、导弹、卫星，核潜艇等高科技装备，它们的工作环境特殊，使用（或贮存）周期很长，决不能凑合。

各类军事装备的设计部门必定要选用许多元器件，希望有关的设计员能搞清各元器件在国军标规定的漏率指标是多少。能不能满足所设计的军事装备的各项需求。如果满足不了，必须提出新的漏率指标，并注明在元器件订货清单上，还应在清单中注明用哪一个标准的哪一个方法进行检漏。决不能简单的写一条“按×××标准制造、实验、验收”。

当然，制造元器件的厂、所的设计人员，也应考虑漏率指标的问题。除了要画出元器件的结构图样外，还应明确漏率指标是多少。使用什么样的检漏方法检漏，绝不能只写“按×××标准生产、实验、验收”，否则是要出问题的。

军工口的各级物资部门，在订货时，要与设计部门密切合作，按设计部提出的技术要求与承制方签定订货技术协议，决不要图方便，只提一个标准号。

各级下厂去监制、验收元器件的同志，应按上述精神，搞好工作。验收人员应通晓检漏的原理，清楚国军标、部标的各相应条款，严格把关，对承制厂的不合格做法必须要求他们改正，确保检漏合格的元器件才能接收回来。

11.3.2　氟油粗检漏

1. 检漏原理与操作程序

（1）氟油高温液体法　将 FC-43 高沸点氟油盛于测试仪中，加热到 125℃±5℃，（对锗晶体管为 100℃），将元器件置于热氟油中，浸入深度要大于 50mm，浸入时间要多于 1min，仔细观察氟油中的冒泡情况，从元器件中有连续气泡或单个大气泡冒出，则判为不合格。检漏时，环境光源要好，周围无反射光。这种方法不适于内腔体积太小的元器件使用。

按照理想气体状态方程，被检气体从常温到 125℃，温度升高约 100℃，其内腔体积不变时，内腔压力可以由 10^5Pa（元器件通常是在大气压下封装的）升高到约 1.3×10^5Pa，若有较大漏孔，内腔中压力较高的气体就会冒出，形成气泡。据有的资料介绍，这种方法的最小可检漏率约为 10^2Pa·cm^3/s。

（2）氟油加压高温液体法　将被检元器件放在加压容器内，容器密闭后先抽真空到小于 600Pa，保持 30min，在真空条件下注入低沸点氟油 F113 淹没工件，并用氮气对其加压一定时间，压力和时间按有关标准执行（压力约为 203～709kPa，时间在 1～24h 不等），加压完毕，对加压容器缓慢卸压（时间要大于 20s），取出被检件，在空气中干燥 2min，然后浸入已加热到 125℃的 FC-43 氟油中，观察被检件是否有泡冒出。被检件浸入 FC-43 氟油中的深度应大于 50mm，观察时间要多于 30s。若发现被检件有连续的小气泡或个别大气泡冒出，则可判定为不合格。

这种方法检漏的原理是：若元器件有漏，加压时，F113 进入工件内腔，在热氟油中，由于 F113 在约 50℃就汽化。元器件内腔的 F113 逐渐由液体变成汽体。使内腔压力有较大的增加。内腔汽体就会从元器件的漏孔中漏出形成气泡。由于从液态转变成气态，其体积会大大增加，使元器件内腔产生一个较高的气压。即便对较小的漏孔，也能形成气泡。因此其最小可检漏率比上一种方法要小得多，也即灵敏度要高得多，据某些资料介绍，其最小可检漏率为 1Pa·cm^3/s 或更小。

2. 氟油粗检漏的灵敏度

氟油粗检漏的灵敏度，也即最小可检漏率是多少，还没有权威的数据。一般认为氟油高温液体法可检出 10^2Pa·cm^3/s 的漏率。氟油加压高温液体法可检出大于 1Pa·cm^3/s 的漏率。这组数据只是一个大概的数量级范围。但一致的看法认为，后一种方法较前一种要灵敏得多。因为前一种方法仅靠器件内腔原有的空气膨胀产生气泡，气量较小，后一种方法是靠液体 F113 气化产生气泡，气量要大得多，所以灵敏度高。某单位对使用氟油高温液体法粗检通过的 90458 只器件又用高温加压粗检漏（加压压力 p=600kPa，加压时间 t=2h），又剔除出漏气器件 8284 只，淘汰率为 9.2%，说明氟油加压粗检漏比不加压的灵敏度要高很多。

在做加压粗检漏工作时，涉及到加压压强和加压时间两个参数，对同一有漏的器件，加压压力越大，加压时间越长，进入到器件内腔的 F113 就越多，在作检漏时，灵敏度就会提高，另外器件内腔的体积越小，当加压条件相同时，其灵敏度越高。加压压力、加压时间在 GJB 128A、GJB 360A、GJB 548A 中都作了规定。表 11-3，表 11-4，表 11-5

分别为 GJB 128A—1997 半导体分立器件、GJB 360A—1996 电子及电器元件、GJB 548A—1996 微电子器件试验方法和程序规定的固定加压条件。

表 11-3 GJB 128A—1997 半导体分立器件试验方法规定的加压条件

最小压力 / kPa	最小加压时间 / h	备 注
206	23.5	加压前必须抽真空
310	8	
414	4	
517	2	
618	1	
724	0.5	

表 11-4 GJB 360A—1996 电子及电器元件试验方法规定的加压条件

内腔容积 / cm^3	加压压力 / kPa	加压时间 / h	备 注
≤0.1	620	3	加压前必须抽真空
>0.1	345		

表 11-5 GJB 548A—1996 微电子器件试验方法和程序规定的固定加压条件

封装内腔体积 / cm^3	加压压力 / kPa	加压时间 / h	备 注
<0.1	411	2	加压前必须抽真空
≥0.1	411	2	
≥0.1	310	10	
≥0.1	206	10	

为了确保加压粗检漏的灵敏度，在 GJB 548A 中，还规定了一种灵活方法，它规定了几种不同的加压压力，但加压时间要随器件内腔的体积增大而加长，器件加压的压力为 206kPa、411kPa、620kPa，加压时间 t_p 由下式计算得出（加压时间不应小于注入时间）：

$$t_p = \frac{0.1Vt_F}{6\times10^{-4}}$$

式中 t_p—— 加压时间，min；

V—— 被测器件内腔体积，cm^3；

t_F—— 注入时间，min。

式中加压压力 p=206kPa 时，t_F=45min；p=411kPa 时，t_F=15min；p=620kPa 时，t_F=10min。

氟油粗检漏的合格与否，是看器件在氟油中加热后是否冒气泡为标准的。按国军标规定：从同一位置出来的一串明显气泡或两个以上大气泡应视作器件失效。这一标准并不是很严格的，什么算一串明显气泡？什么叫大气泡，直径多少算大气泡？每个人的判别标准可能都不一样，进行操作观察的人员的视力好坏也不一样。所以氟油粗检的灵敏度到底能达到多少，很难有一个准确的数字，一般也就只能给出一个大致的量级而已。因为氟油高温液体法灵敏度不太高，所以，在国军标 GJB 128A—1997 中明确规定：在 $1\times10^2Pa\cdot cm^3/s$ 或更大的漏率就满足可靠性要求时，可选用氟油高温液体法。同时还规定，器件内腔空余体积小于 $1cm^3$，不得应用氟油高温液体法。这一规定非常重要，因为这种检漏方法要靠排出自己内腔的气体产生气泡，若内腔空余体积太小，存气量少，形成的气泡数量就很少，冒几个（甚至一两个）气泡就不冒了，很容易漏检，可靠性就很差了。元器件粗检漏是作为细检漏的后续工序。必须考虑其最小可检漏率应该与细检漏的最大可检漏率相衔接。所以在选用粗检漏方法时是不可随意的，这也是我们搞清各种粗检方法灵敏度的原因。

3. 漏气器件的判别方法

氟油检漏有不损害、不沾污器件、方法简单、观察直接等许多优点。但一个较大的缺点是漏气气泡的测定要靠操作人员的肉眼来判定，比较容易误判。这是因为器件浸入热油中后，漏孔可以产生气泡。其他一些不漏的部位（如封装材料疏松、表面粘附物，盲孔残存气体等）也可能产生气泡。这就需要操作人员认真细致，并掌握区分各类气泡的经验。器件浸入氟油中所产生的气泡一般如表 11-6 所示。

表 11-6　器件浸入氟油中所产生的气泡类型

气泡种类	发生部位	气泡形状	气泡性质	冒泡时间	漏率范围	备注
激烈气泡流	主要在封口处	漏隙处为喷射状大气泡	空气或示踪液体 F113 受热膨胀产生的气泡	短促，有时瞬间即逝	约为＞10^2Pa・cm^3/s	真漏
稳定气泡流	多发于密封圈也见于可伐脚与玻璃封接处	漏隙处为针状细小气泡流往往固定在漏孔处		较长	约为 10^2～10^0Pa・cm^3/s	真漏
随机发射气泡	器件表面的任何部位	稠密、细小、杂乱无章	—	较短一般在热平衡后停止放气	—	假漏

器件内腔空余体积越小，冒泡的时间越短；器件漏气部位漏率越大冒泡时间越短。观察冒泡时一定要认真细致，否则就可能将有漏的器件错判为不漏。用氟油加压高温液体法看冒泡时，由于漏孔中是由 F113 的液态转换成气态而冒泡，所以冒泡时间会较长。观察效果较不加压的要好。不压 F113，单纯靠加温的，有时只冒 1～2 个泡，时间仅几秒钟，很容易漏检。

判别冒泡，除了要求操作者要有丰富的经验和认真的精神外，对观察冒泡的仪器设备也应有所要求。国军标规定：实验仪器要保证有一定深度，工件浸入后距液面要大于 50mm，内表面应是暗淡的，不反射的黑色背景，应装有 1.5～30 倍的放大镜。仪器上所装光源应充足，能发平行光。仪器内部各处的照度至少为 1.61×10^5lx，光源应对观察者无强烈的入射和反射光。只有具备了这些条件，才能使操作者更方便地观察冒泡，以便将微小的泄漏都判别出来。

4. 氟油粗检漏的注意事项

1）氟油在使用前一定要过滤。不允许有＞1μm 的颗粒存在。

2）工件加压前应该用 F113 仔细清洗并烘干，以免污物堵塞漏孔，影响检漏效果。

3）工件加压完毕，卸压过程要缓慢，时间要＞20s，突然卸压会损坏元器件。

4）操作人员在热油槽旁观察时，要防止大漏溅出热油伤人。

5）FC—43 高沸点氟油加热时要防止过热。有关资料介绍，该氟油在 260℃时开始分解，300℃显著分解，326℃急剧分解，分解的产物为有毒酸性物质，所以操作人员应设法避免吸入分解产物。

6）工件浸入热氟油中，观察冒泡的时间不可太短，在每一份国军标中对看冒泡时间都有具体规定。如不少于30s，不少于1min等，这个规定值是最少的时间限定，不是说到了30s或1min必须结束观察。用气泡法检漏时，冒泡间隔时间长短与漏率有很大关系，漏孔处10s冒一个泡同100s冒一个泡，它们的漏率相差10倍。如果我们观察时间太短，较小漏率的冒泡就观察不到，小漏孔就可能漏判，所以在具体操作时，观察时间还是长些为好。当然为了赶进度而缩短规定的观察时间，那就是错误的做法。

11.3.3 抽真空气泡粗检漏

1. 检漏原理

如图11-4所示，将试验液体倒入玻璃杯中，约10cm高，将被检元器件放入杯中，盖上真空罩，开动真空泵，将罩内压力降低，使元器件壳内外产生一定的压差Δp，在此压差的作用下，壳内气体会通过某些漏孔进入试验液，产生气泡，因而漏孔被检出。一般的元器件封帽时，内部压力就是当地大气压，因此，壳内外压差Δp就是真空罩内外压差。壳内外压差Δp与被检元器件漏率的关系由下式给出：

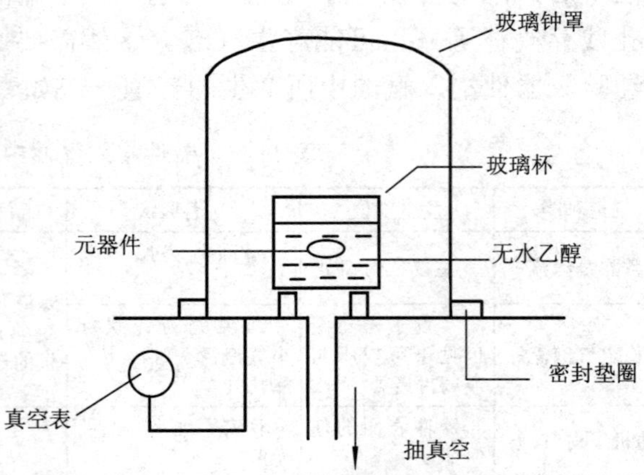

图11-4 真空气泡检漏示意图

$$\Delta P=\alpha\ (P^2/Q_R L\eta)^{0.25} \tag{11-5}$$

式中 α——试验液的表面张力系数；

P——大气压力；

R——元器件漏率；

L——漏孔长度；

η——试验液的粘滞系数。

由式（11-5）可看出，在同一压差Δp下，能够检测的漏率Q_R，与试验液体、漏孔长度有关，漏孔越短，可检测的漏率越低，试验液的表面张力系数越小，可检测的漏率也越低，灵敏度越高。

某些电子元器件封帽时，充以高于大气压的气体，例如密封式继电器充以较高氦氮混合气，这样的元器件放入试验液中，较大的漏孔就会马上冒泡，被立即剔除，然后再抽真空看冒泡，由于它的压差Δp更大，则检漏灵敏度会更高，能检出更小的漏孔。

2. 试验液的预处理

试验液被抽真空后，会冒出很多气泡，真空度越高，冒出的泡越多，这是因为在大气压下，溶进试验液的气体在外部压力降低后又释放出来造成的，这些气泡杂乱无章，影响检漏时对元器件的冒泡观察，容易造成误判。为了减少这方面的影响，可以采取两项对策。一是不要将真空度抽得太高（即压力不要太低），使试验液少冒泡；二是对试验液作抽真空预处理，也可以减少检漏时的干扰性冒泡，我们发现，在对试验液作第一次抽真空时，会冒出特别多的泡，但在快速放入空气恢复大气压后再抽真空，比第一次冒泡就少多了，第一次抽的时间越长，第二次抽时冒泡越少，所以在正式检漏前，应对试验液作一段时间的抽真空预处理，对减少冒泡可起很好的作用。

3. *检漏程序*

1）调试检漏设备，应具有良好的抽真空性能和便于气泡观察。

2）检查试验液，应清洁无杂质，不洁的试验液应更换或过滤后使用。

3）对试验液作抽真空预处理，抽真空时间不可太短，应使试验液中溶解的气体充分放出，反复抽空—放气—再抽空，效果会更好。

4）检查元器件在检漏前必须处于室温，其表面不允许有任何异物（包括标签）。

5）将需要检漏的元器件缓慢放入试验液中，以防止带进空气，元器件的关键面朝上，浸入深度不少于 25.4mm。

6）抽真空到约 50kPa 保持至少 1min。

7）仔细观察被检漏元器件，若有成串气泡冒出，则表明它的密封不良。

8）若有必要，检漏后的元器件应在适当的去油剂中清洗并烘干。

4. *检测灵敏度*

抽真空气泡粗检漏的灵敏度是多少，有关资料的说法相差很大，有的说是 $10^{-5}Pa\cdot m^3/s$，有的说是 $10^{-9}Pa\cdot m^3/s$，但都未见到可靠的试验数据。为此，北京航空航天大学军用电子元器件 DPA 中心进行了一系列的研究和试验，得到了可靠的数据。

他们用若干个玻璃铂金丝通道型标准漏孔作试验样件，其标准漏率事先都用氦质谱检漏仪标定。将试件放在装有无水乙醇或 F113 的玻璃烧杯中，用抽真空检漏试验台作抽真空气泡检漏试验。在真空度约为 50kPa 时，$3\times10^{-6}Pa\cdot m^3/s$ 的试件，有非常小的气泡串冒出，但要用放大镜仔细观察才能看清。而 $1\times10^{-5}Pa\cdot m^3/s$ 的试件，就有很明显的气泡串冒出，可用肉眼直接观察。对于上述 $3\times10^{-6}Pa\cdot m^3/s$ 的试件，使标准漏孔试件的玻璃管中充满氦气，作抽真空气泡检漏，发现在漏孔处有明显气泡串冒出，可用肉眼直接观察。其效果与试件内为空气的 $1\times10^{-5}Pa\cdot m^3/s$ 的试件检漏效果相似。也就是说，抽真空气泡检漏，当内部气体为氦气时，检测灵敏度可等于或小于 3×10^{-6} $Pa\cdot m^3/s$，而当内部气体为空气时，检测灵敏度应该说仅能够到 1×10^{-5} $Pa\cdot m^3/s$。

一般地讲，元器件内腔气体多为空气，那么 $1\times10^{-5}Pa\cdot m^3/s$ 这一粗检漏灵敏度是否能与氦质谱背压细检漏的最大可检漏率相互衔接呢？这是人们非常关心的，假如细检漏的最大可检漏率到 10^{-4} 或 $10^{-5}Pa\cdot m^3/s$，则相互衔接是没有问题的，但最大可检漏率到 $10^{-6}Pa\cdot m^3/s$ 或更小，则有可能衔接不上，这一担心是有道理的。从粗检漏细检漏这一工艺方法的整体来讲，是应该这样要求的。但是对于具体的电子元器件检漏来讲，还可具体分析。进行粗检漏的目的，是要检出受检元器件是否存在较大的漏率，以便确定测量漏率 Q_R 所对应的是大漏还是小漏。这一较大的漏率与电子元器件的允许漏率有关，按国军标 GJB 128A、GJB 360A、GJB 548A 规定的元器件最大允许漏率 Q_L 为 $1\times10^{-7}Pa\cdot m^3/s$，当检漏仪检出的等效标准漏率 Q_L 大于 $1\times10^{-7}Pa\cdot m^3/s$ 时，不论它对应的是大漏还是小漏，都是不合格，超过 $1\times10^{-7}Pa\cdot m^3/s$ 的漏率根本没有必要再作考虑，氦质谱背压检漏的最大可检漏率是多少也可以不管了，只要考虑与 $1\times10^{-7}Pa\cdot m^3/s$ 相对应的大漏率能否被检出就可以。与 $1\times10^{-7}Pa\cdot m^3/s$ 相对应的大漏率大约为 10^{-4} 或 $10^{-3}Pa\cdot m^3/s$，那么 $1\times10^{-5}Pa\cdot m^3/s$ 这一粗检漏灵敏度就完全可以满足它的要求。

5. 抽真空气泡检漏的优缺点

与加压高温氟油检漏相比，电子元器件检漏时不需要被加热是其优点。在氟油检漏时，由于检测过程温差变化大，受检元器件易产生新的缺陷。比如在高温下会造成元器件的玻璃、陶瓷等部位的细小裂隙扩大，进而使漏率变大，使原来细检合格的产品变成不合格的产品。由于这种缺陷是在检验过程中新产生的，只要不冒泡，粗检仍为合格，检验后仍按合格产品交付使用，势必造成装机使用后存在隐患。

试验后，试验样品内腔压力降低，在大气压力作用下，沾附在试验样品表面的试验液有可能通过漏孔进入试验样品，对试验样品产生不利的影响，是这种检漏方法的缺点。无水乙醇经常被用作抽真空气泡检漏的试验液，虽说无水乙醇的含水量极低，但是它在空气中却是极好的吸水剂。电子元器件内腔大都有水汽含量要求，如果无水乙醇的含水量较高，进入电子元器件内腔，就会使水汽含量增多，质量下降。所以在许多国军标中都不使用无水乙醇作检漏的试验液。为了避免这一影响，建议采用 F113 作抽真空气泡检漏的试验液。

11.3.4 使用压力变化检漏仪对元器件作粗检漏

最近几年，国内外应用了一种新的元器件粗检漏方法，就是压力变化检漏。这种方法不使用氟油、不加热，检测速度快，精度也可以满足要求。压力变化检漏是通过测量被检件内腔压力随时间降低或升高，来检测被检件漏率大小的检漏方法。过去由于检测压力变化的仪表精度不高，所以应用范围有限。近些年来，各种新型压力测量仪表的精度越来越高，应用范围也越来越广。利用薄膜差压传感器制造的一种检漏仪已经成功地应用于元器件的粗检漏，其最小可检漏率为 $10^0Pa\cdot cm^3/s$，一般手动检测时单个器件检测时间在 10s 左右，在使用多工位全自动检测设备时检测一个元器件的平均时间最小仅为 1s，对于不同外形尺寸的元器件，可以快捷地更换检漏卡具，一台检漏仪同时可设置 8 组不同的检测参数，可以方便地实现切换。检测不用氟油，不用加热，检测完毕不用清洗，效果很好。

差压式检漏仪是通过测量被检件与基准物内腔的压力差再经计算而得到总漏率的。检漏仪在工作时，一端连在被检件上，另一端连在基准物上，对被检件充压的同时也对基准物充压，充压结束时两端压力完全一样，经过一段时间后，有漏的被检件与不漏的基准物之间就产生了压力差，由此检漏仪可以按获取的差压值及各种检漏参数进行运算，得出被检件的总漏率。由于它采用测量压力差的检测方式，检测精度与被检件的充压压力无关，所以能获得较高的检测精度。另外，采用基准物作对比检测，可以克服环境温度和其他多种干扰因素对检测结果的影响，检测误差也就更小。差压式检漏仪工作原理图参见第 6 章的图 6-5。

用于元器件粗检漏的检漏仪，它的原理与一般差压式检漏仪一样，只是在安装被检件和基准物的位置连接了两个可以打开和关闭的密闭容器。其中的一个放置被检元器件，另一个放置与被检元器件相同的基准物（已经确认是不漏的），它的检测程序分两步进行

（见图 11-5）。

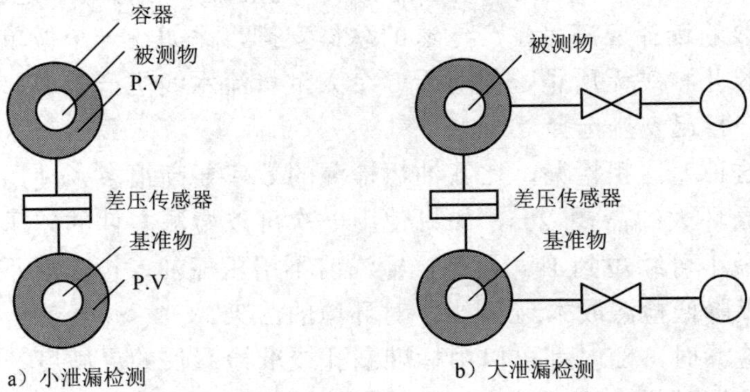

图11-5　元器件差压检漏流程示意图

第一步作小漏率检测。将被检件与基准物分别放入检漏仪的两个容器内，并将容器推到规定位置，加盖密封。然后起动检漏仪，仪器将按照设置好的程序向两个容器内同时充气加压，停止加压以后，等待一定时间，如果被检件有比较小的漏孔，容器内的气体就会逐渐流进被检件内腔，导致放被检件的容器内压力逐渐降低。因为基准物是不漏的，所以放基准物的容器内压力不会降低，这样，两个容器的压力就不一样了，差压传感器就能测量出来（见图 11-5a）。

如果被检件上有较大的漏孔，在充压过程中，压力较高的气体会比较快的进入被检件内腔，导致充压停止以后，被检件内腔的压力与所处容器压力相同，虽然被检件有漏也不再有气体流进被检件，这个放置被检件的容器的压力保持不变。另外放置基准件的容器因为基准件不漏，压力也保持不变。仪器上放置被检件和基准件的两个容器压力相同，差压传感器没有信号输出。但是，对于不漏的被检件进行检漏，检漏仪显示的结果也是没有信号输出。也就是说，检漏仪没有泄漏信号显示时，被检件可能是不漏的、也可能是有大漏的。为了解决这一问题，所以安排了第二步大漏率检测。

小漏率检测完毕，仪器将自动转入第二步，进行大漏率的检测。

第二步大漏率检测。它的具体做法是在第一步小漏率检测完毕以后，自动打开仪器上的两个阀门，使放置被检件和基准件的容器与另外一对容器 B 相通（见图 11-5b）。如果被检件有大漏，其内腔的气体加上所在容器的气体总量，比放置基准物的容器内的气体量要多，当阀门打开与容器 B 连通以后，被检件一端的最终平衡压力要高于基准物一端的最终平衡压力，差压传感器有信号输出，说明被检件有大漏。

第一、二两步都做完以后，检漏仪会根据所得到的两组数据综合判断，给出合格或不合格的结论。

差压式检漏可以用于元器件的粗检漏，与氦质谱背压检漏得到的数据一起来判断被检件合格与否。另外它也可以用于允许漏率不太严格的元器件的检漏，例如某个元件的最大允许漏率为 1×10^1Pa.cm^3/s，不作氦质谱背压检漏而直接作一次差压式检漏就可以满足检验要求。如果被检件的漏率要求再严格一些，比如最大允许漏率为 1×10^1Pa·cm^3/s（甚

至到 1×10^{-1}Pa·cm^3/s），通过延长检漏时间，也是可以满足要求的。其实差压式检漏仪的灵敏度不是一个不变的数字，改变某些检漏参数，它的最小可检漏率是可以有所减小的。当然各种检漏参数的选择应满足生产厂家的总体安排，比如在一个做单件小批量生产厂家，检漏时间延长几秒钟无所谓，但对于一个大批量流水线生产来讲，半秒钟都会计较的。这就需要用户自己安排选择。

元器件采用这种差压粗检漏，比氟油粗检漏的效率要高很多，使用单件的差压式检漏仪，一个检测循环大约需要 20s，如果使用一次可以检测多件的差压式检漏仪，平均每件的检测时间最小可缩短到 1s。再有，检漏前不用压氟油，检漏后不用清洗，即可以提高效率，又可以降低检漏成本,还减少了对环境的污染。

在作氦质谱检漏时，随时都可以用标准漏孔校准检漏仪的灵敏度，可以保证检漏仪工作是正常的，检漏结果是可靠的。这种差压检漏仪也有类似的标准漏孔和相应的校准程序，在检漏的开始、中间、结束各个节点都可以很方便的检查和校准仪器，以保证仪器正常可靠地工作。这种检漏仪的检漏程序是预先设置好的，例如一台小型元器件差压检漏仪，检漏人员只需要放进和取出被检件，其他的八步程序（夹紧、充压、平衡、小泄漏检测、大泄漏检测、判定、排气、解除夹紧）都是仪器自动完成的。

当检测过程出现异常情况时，仪器能够马上反应出来，以便检漏人员及时处理。当被检件的体积与基准物有差异时，会形成检测误差，仪器内设置了检测和修正这一误差的程序，能够及时测出误差数值并在漏率运算中给以修正。检漏仪有小漏率灵敏度校正和大漏率灵敏度校正的功能，小漏率灵敏度校正类似于氦质谱检漏仪的灵敏度校正，其数据即可保证检漏结果的可靠性，也是漏率计算的依据。国内外元器件厂家对这种仪器的使用结果表明，将它用于元器件粗检漏是可靠的。

另外，这种检漏设备还可与氦质谱检漏仪组合成一体机，从而使细检漏、粗检漏在同一台设备上按程序进行，即节省时间又节省人力。从送料到检出分装全部实现了自动化，检测效率高。这种组合式检漏设备适用于连续生产、批量大的元器件生产厂。

11.3.5 国家军用标准规定的其他检漏方法

1. 光学检漏方法

将封装好的器件放入密封实验箱，将光学干涉仪调整到观测封装的盖帽。然后将实验箱抽真空，同时用光学干涉仪观测盖帽是否变形。在视野内，同时观测每一只封装的盖帽是否随压力变化而变化。在减小的压力下保持时间 t_1，其盖帽有无继续变形。如果开始时随着实验箱压力改变，未检测到盖帽变形，或在实验箱压力保持恒定的情况下，检测到盖帽变形，则器件粗检漏不合格，应该拒收。上述程序为光学粗检漏。

该实验方法也用于细检漏，其程序与粗检漏类似。具体做法是，前半段与粗检漏一样。在粗检漏实验程序完成后，再对实验箱用氦气加压，压力不大于 2×10^5Pa。然后用光学干涉仪在时间 t_2 观测其盖帽是否变形。若有变形，则器件细检漏不合格，应该拒收。

该法只适用于薄形盖帽封装（一般金属盖帽的厚度小于 0.6mm）。实验灵敏度与盖帽变形的程度有关，即与盖帽的材料种类、几何尺寸有关，只有符合下列数值的器件才能进行这种方法的检漏。

$$\frac{R^4}{ET^3} > 3.68\times10^{-7}\text{mm/Pa}\qquad \text{可作粗检漏}$$

$$\frac{R^4}{ET^3} > 36.8\times10^{-7}\text{mm/Pa}\qquad \text{可作细检漏}$$

式中　R—— 单个盖帽的最小宽度（内腔尺寸），mm；

E—— 盖帽材料的弹性系数，铝：E=6895×10^7^Pa，铁镍钴合金：E=1379×10^8^Pa，陶瓷：E=4137×10^8^Pa；

T—— 盖帽的厚度，mm。

光学实验的漏率灵敏度按下式计算：

$$Q_L=(-1\times10^5V_0/K_2t)\ L_\text{n}\ (1-drt/P_0L_0)$$

式中　Q_L—— 实验的漏率灵敏度，Pa·cm^3/s；

V_0—— 封装内腔体积，cm^3；

K_2—— 试验气体常数，空气漏率为 1，氦气漏率为 2.67；

t —— 试验时间，s；

drt ——封装盖帽变形的测量值，mm；

P_0——试验时的实验箱压力，Pa；

L_0—— 盖帽硬度常数，根据封装尺寸计算，mm/Pa。

光学检漏方法是 GJB 128A—1997 介绍的一种检漏方法。相比之下，这种方法操作比较麻烦，检测结果受多种因素的干扰，容易出现误判。体积很小的器件，在压力变化时即便有漏，也很难检出，但是对于体积较大，盖帽较薄的器件，也是可供选择的方法之一。

2. *放射性同位素检漏方法*

基本原理：将密闭电子元器件放入放射性同位素增压箱中，抽真空后，再用 Kr85 干氮混合气结器件加压，若器件有漏，则放射性同位素气进入器件内腔，加压完毕取出器件，用闪烁晶体计数器（检测放射性的仪器）对其进行检测，计数器就能显示出器件内存在放射性物质和放射性强度，并计算出器件漏率数值。

3. *重量增加检漏法*

在半导体分立器件粗检中，常采用一种重量增加检漏法，其步骤如下：

1）将被检器件放在装有清洁的合适的溶剂的容器中（25℃）进行清洗，浸渍时间至少 2min；

2）将器件取出，在 125℃的烘箱内至少烘烤 1h，然后将其冷却到室温；

3）用分析天平对每个器件进行称重，其精确度为 0.1mg，并记下其重量做为最初的重量，并按下列原则进行分组：体积小于或等于 0.01cm^3 的器件按 0.5mg 的重量差分组；体积大于 0.01cm^3 的器件按 1.0mg 的重量差分组；

4）将器件放入真空压力箱中，对真空压力箱进行抽气，使其压力降至 667Pa 并保持 1h（内腔容积大于或等于 0.1cm^3 的器件可以不抽空）；

5）在真空条件下向真空压力箱中注入示漏液；

6）将真空压力箱加压到 517kPa（若器件免抽真空时，应加压到 618kPa），保压至少 2h，如果器件经不住 517kPa 的试验压力可把压力降为 310kPa，但真空循环和保压时间至少 10h；

7）将真空压力箱中的压力释放，将器件从真空压力箱中取出，放在氟泊槽内；

8）将器件从氟油槽内取出，用空气吹干 1～3min；

9）将器件单个地放在天平上进行称重，记下其重量，而且要求从氟油槽内取出后的 4min 内，把所有器件称重完毕；

10）根据器件的最初重量和试验后的重量计算出器件的重量变化，并应将经过分类的器件分成两大组，重量变化为一个重量差或更小的为一组，重量变化大于一个重量差的为另一组。

当内腔容积小于或等于 $0.01cm^3$ 时，增重≥1.0mg 的器件被认为失效。

当内腔容积大于 $0.01cm^3$ 时，增重大于 2.0mg 的器件被认为失效。

这种重量增加检漏法容易实现自动化。由于实现自动化，不但可以降低检漏成本，而且可以降低由于试验而逃避拒收的有漏的被检器件的数量以及好的器件被拒收的数量。

4. 染料渗透检漏

染料渗透检验是无损检测方法之一，它是将一种含有染料的渗透剂涂覆在零件表面，在毛细作用下，渗透剂渗入表面开口的缺陷中去，然后洗掉零件表面多余渗透剂停留一段时间后，可用显像剂或紫外线（黑光灯）照射，观察工件是否存在各种表面缺陷，如裂纹、气孔、夹渣等。若在涂染料的反面也能检查出渗透过去的染料痕迹，说明工件存在穿透性缺陷，也即泄漏缺陷。在军工科研生产中，这种方法应用于锻件、铸件、焊接件，各种机加工零件及陶瓷、玻璃、塑料、粉末冶金等零件的表面质量检验。

电子器件检漏也应用了这种方法。按 GJB 128A—1997 规定，他仅能用于透明玻璃外壳的器件，对不具备透明外壳的器件只用于破坏性实验（因为国军标规定的是加压渗透法）。

有资料介绍，用染料渗透检漏，不用加压法。也可以很容易地检出 $10^{-6}Pa\cdot m^3/s$ 的漏孔。如果延长渗透时间，灵敏度还可提高。

按 GJB 128A—1997 的规定，器件检漏时要浸在渗透剂中加压，让染料渗入器件上存在的漏孔中。因此加压渗透法只能用于已封接好的器件。其实对器件也可以不加压，用涂刷的办法也可使带染料的渗透液由毛细作用渗入漏孔中，达到检漏的目的。所以对某些电子元件（如要求密封的接插件）或尚未封接的器件半成品的帽盖等也可以用涂刷染料渗透液来检验它的密封性。这种检漏方法可以扩大元器件检漏领域的应用范围，而不仅限于国军标所规定的使用区域。

国家军用标准 GJB 128A—1997 规定，器件检漏仅使用染料渗透中的荧光检测，有荧光剂的染料比没有荧光剂的染料捡漏灵敏度要高。

11.3.6 氟碳汽粗检漏试验

国家军用标准 GJB 128A—1997 试验条件 K 氟碳汽粗检漏试验，就是检漏界常用的卤素检漏法。

检漏的原理是，若密封器件有漏，在压力箱中加压时，示踪介质 F113 溶液被压入器件内腔，将加压完毕的器件从压力箱中取出并风干后，放入检测系统温度为 125℃±5℃的实验箱中，加压时进入器件内腔的 F113 液体，在高温下转化为氟碳汽。从器件内逸出进入到实验箱，经过一定时间，实验箱中的氟碳汽会达到较高的浓度。此时用卤素检漏仪的外探头伸入实验箱探测，检漏仪的输出表就会有漏率显示。

本章介绍了电子元器件检漏的常用方法，在各种标准中还有许多其他的电子元器件检漏方法，因为使用得不多或没有人使用，就不在本章中介绍了。关于其他一些检漏方法的知识，在本教材的其他篇章中还有介绍，各位读者可按需要查找和学习。

复　习　题

1．什么是电子元器件的标准漏率？
2．什么是电子元器件的测量漏率？
3．什么是电子元器件的等效标准漏率？
4．是否任何一种粗检漏方法都可以作为氦质谱背压检漏的后续工序，为什么？
5．氦质谱背压检漏以后为什么还必须做粗检漏？
6．2×10^{-2} Pa·cm^3/s 等于多少 Pa·m^3/s？
7．670Pa 等于多少 Torr？

第12章 检漏安全

在检漏工作中，要面对各种被检对象，有压力高的，有压力低的，也有真空的；体积有大到几百甚至上千立方米的，也有小到 1mL 以下的；有些被检对象本身就存在安全隐患，同时还要与各种有毒的，易燃易爆的液体、气体或蒸气接触，甚至还要与放射性物质、紫外线打交道；不仅要使用各种高压气瓶、压力调节装置，还要使用各种电子设备和电源；不但有时需要夜以继日的连续工作，还要在各种不同的有时是非常恶劣的环境和条件下工作。因此，检漏工作中要遇到许多形形色色的有时是意想不到的安全问题。稍有疏忽就会出现人身和没备的安全事故。因此，检漏工作中要特别注意安全。

12.1 充压、抽真空过程可能造成的破坏及安全防范措施

12.1.1 在充压检漏和抽真空检漏中出现爆破的危险

在被检压力系统中，由于所用的空气或不可燃气体能量的积蓄而产生爆炸，使压力容器破坏失效。在用可燃示漏气体进行检漏的地方，由于存在空气或氧气可能发生激烈的燃烧或爆炸。为了确保检漏期间的安全，必须预防这些危险并且小心地加以控制。

当被检压力容器的体积很大、试验压力很高、材料很硬很脆时，试验中出现危险的可能性就越大，造成的伤害就越严重。用气体加压的容器中所储存的总能量是压力和体积的函数。因此，大体积低压力的容器可能与小体积高压力的容器含有相同的储存能量，因此它们都存在同样大小的危险。被检容器由脆性材料制造时，破坏造成的危害要大于塑性材料。

尽管结构的破裂极限是能够很好预测的设计因素。但是要精确确定压力试验中出现的破裂危险是困难的。压力容器在制造、安装、试验期间或使用期间产生的任何伤痕，如焊缝的未熔合处、某些划伤或压伤，如果这些伤痕是严重的话，都可能引起爆破。小的裂纹能够进一步扩展，这取决于金属的塑性和负载的类型。由于容器伤痕而产生的表面应力集中可能不会立即引起破裂，但是可能慢慢发展并且最后产生破裂。当壳体产生孔洞时，会因孔洞扩大而产生撕裂作用。当孔洞中逸出的气体的力超过外壳能够耐受的力时就会产生爆破。

在抽真空检漏试验中，也存在容器破坏的危险。容器被抽真空以后，每平方米面积上的大气压力大约有 10t，假如其强度不够，就会破坏。若不注意防范，容器周围的人员也可能受到伤害。

12.1.2 充压、抽真空过程的安全防范措施

从安全的角度出发，系统在输入气体进行压力检漏之前要用液体进行压力试验。用液体对系统加压不会像使用高压气体那样有引起爆炸的危险。通常，液压试验的压力要

高于气压试验的压力。

用于充压、抽真空检漏的场地建筑物和结构的大小、形状和形式需要做一些特别的考虑，检漏场地建筑物的屋顶应该用强度较低的轻结构制造，以便容器爆破时释放的大量能量从屋顶跑掉，减少对周围的破坏。检漏操作应该安置在一间小的被隔离的安全建筑物内，检漏人员通过防弹玻璃窗观察检漏的场地。

被检工件检漏前，必须是经过检验部门按照相关图样、技术文件检验合格的产品，否则不能从事充压、抽真空检漏。

试验时，在容器上必须安装符合要求的安全阀和压力表。如果送检容器自身不带有安全阀和压力表，检漏工装里就应按照要求准备这些安全附件，而且它们必须符合相关规定：①压力表必须由计量部门定期校验并在有效期内使用，每个容器必须由两条管路安装两个相同量程的压力表；②安全阀、必须定期校验并附校验报告和加装铅封；③安全阀，压力表必须是由经批准的厂家生产的合格产品。

在充压过程，人员不要靠近被检件。充压完毕，要等待10～15min以后，再进入检漏现场开始工作。

对已经加压的容器（尤其是大型容器）不要随意搬动或转动，还要防止外来物体的撞击。

12.2 试验过程可能造成的中毒与窒息的伤害及防范措施

在检漏的实施过程中，可能要接触许多有毒的物质，若不注意防范，会对检漏人员造成中毒的伤害，我们应该尽量避免或减少这些物质对人体的伤害。

12.2.1 对示漏气体的防范措施

在示漏气体的安全方面，除了考虑压力容器爆破的可能性外，像可燃性、窒息或特殊的生理影响等都必须加以考虑，大多数示漏气体是无毒的。但是，许多示漏气体不能维持人的生命，如果这样的示漏气体取代了容器中的氧，没有良好的通风装置就不能进入这样的容器中。这种良好的通风装置是一种自身包含空-氧气体补给的气体防毒面具。呼吸所需要的氧气可能偶然地从一个区域中被排除。例如，如果用氟里昂作示漏气体，它可能不流动并且停留在最低的部位，如果检漏人员进行喷吹检漏，停留在这里的示漏气体可能最终置换了足够的空气而使人窒息。为了避免这种情况，必须提供适当的通风。

对氨（NH_3）的预防：在利用化学指示剂的氨检漏中，氨被用作示漏气体。在室温和大气压下，NH_3是一种无色的、具有刺鼻气味的碱性气体，氨气对眼睛和潮湿的皮肤有刺激。氨在空气中的浓度低于5×10^{-5}时虽然没有伤害，但却有非常讨厌的臭味。在7×10^{-4}以上的高浓度下，能够对眼睛产生大面积的伤害，包括严重的刺激、出血并且眼球突出。如果不立即处理，可能出现损失部分或全部的视力。嘴的粘膜、喉咙、鼻子和肺特别容易被氨气腐蚀。氨在空气中的浓度达到1.7×10^{-3}时，会导致危险的咳嗽，支气管痉挛，在其中低于半小时的暴露也可能是致命的。浓度达到 5×10^{-3} 时，则会产生危险的水肿、箝制、窒息，几乎即刻丧命。

对二氯二氟甲烷（CCl_2F_2，F-12）的预防：它是卤素检漏中最普通的一种示漏气体，它的商品名称为氟里昂 12，在空调器中使用的很多。它是一种无色的，在普通温度和压力下不可燃的气体。在体积分数低于 20%时，它是无气味的。F-12 能迅速被液化，并且通常由钢制气瓶以一种液化气体来提供。在 21℃下，它本身的压力约 480kPa。这种气体如果被喷射在很热的金属表面上，或存在火焰时，它能够分解形成像光气那样的致命的有毒气体。有资料介绍，在常温下 F-12 是无毒的。把猪放在体积分数至少为 20%的 F-12 中暴露 2h 的实验可证明 F-12 是无毒的。在更高的浓度下，F-12 可能产生一些生理作用，主要是由于缺氧引起。一般认为，人员每天暴露 8h 的最大允许浓度为 1.0×10^{-3}。值得注意的问题是，任何一种化工产品，都不可能很纯，F-12 中经常有少量的氯气存在，氯气是巨毒性的。有人在卤素检漏中，接触了浓度很低的 F-12 以后，感觉头晕、眼睛和咽喉疼，实际就是轻微的氯气中毒。六氟化硫也是一种卤素气体，在电器高压开关中经常使用，需要使用卤素检漏仪对六氟化硫容器进行检漏，也可能接触到它。纯的六氟化硫是无毒的，但是化合不完全的四氟化硫对人体有巨毒，曾经发生过清洗六氟化硫容器造成工人中毒死亡的事故，其原因就是在容器中有少量残存的四氟化硫所致。所以，对于检漏人员来说，不要对某些可能存在有毒物质的检漏材料失去警惕，以免被造成伤害。

对氦气（He）的预防：在氦质谱检漏中，氦被广泛地用作示漏气体。它在稀有气体家族中是最轻的成员，并且是一种化学惰性的、无色的、无气味的气体。氦是无毒的，但是当它置换了维持生命所需的氧气量时会起窒息的作用。由于它的密度小，氦有上升到封闭容器或包围物顶部的倾向，它将导致在这些高度上工作的人员窒息。

对氢气（H_2）的预防：氢是无色、无气味并且是最轻的气体，它是无毒的。氢与空气或氧化合能够产生猛烈的爆炸。氢气虽然在环境温度下相对地不活泼，但是在较高温度下能与几乎所有其他元素起反应，并被认为是一种非常危险的示漏气体。因此，应尽可能避免使用氢气。最近几年，氢作为一种高能燃料。在航空、航天、兵器等行业的应用逐渐增多，使用氢作示踪介质的检漏，也会增多，希望检漏人员注意安全。当对大容器进行试验时，或者大量使用氢气时，提供监视装置给出实验区域中氢气与空气含量的连续指示是必不可少的。在含有氢的检漏现场，人员要穿防静电的服装（比如全棉服装），使用的检漏设备，应该是防暴型的，千万不可大意。

对氮气（N_2）的预防：氮气（N_2）通常不被用作示漏气体。但是在检漏中能够用来充填真空容器，或者在进行压力检漏前，可与示漏气体混合充入到容器中。N_2气在空气体积中约占 79%。它不会燃烧，也不会助燃。它是无毒的，但是，当氮气置换了维持生命所需的氧气量时能够产生窒息作用。这种气体是极其不活泼的。除了加热到很高温度时，它与金属化合能形成氮化物外，在 400kPa（4atm）或更高的压力下，普通空气中的气态氮起一种麻醉作用，这点可以由工作能力的下降、心情的变化等症状来证明。这些反应类似于酒精中毒那样。

对氧（O_2）气的预防：尽管氧（O_2）通常不用作示漏气体，但是检漏人员有可能接触到以液氢液氧为燃料的各种产品，所以对它的潜在危险应给予充分注意。氧是一种无色、无味的气体。它的突出的性能是能维持动物的生命和助燃。在大气压（100kPa）下，在较短的时间里吸入 100%的氧虽然不会产生氧气中毒，但将使喉咙不舒服。长时间的暴露于较高氧压下能够影响神经肌肉的协调和注意力。当氧的分压超过 200kPa（2atm）时，氧的吸入可能产生氧气中毒的症状，包括手指和脚趾的刺痛、听觉的幻觉、神志迷乱、肌肉抽筋（特别是面部）和作呕，最终导致痉挛。如果立刻停止暴露于高分压的氧中，痉挛就会结束。值得注意的是，二氧化氮提高了氧的毒性和氮的麻醉作用。增压氧与油、油脂、燃料气体或金属微粒激烈反应，通常产生燃烧或强烈的爆炸。供应气态氧的钢瓶通常被加压到 14～15MPa，因此，决不允许油、油脂、或易燃物质进入氧钢瓶、阀门、压力调节器和配件内部。这些部件决不能用油、油脂或其他可燃物质来润滑。空气或其他气体使用的压力表、调节器和配件决不能用在氧系统上，以免发生爆炸。氧气瓶不应在靠近乙炔或燃料气体钢瓶的地方储存。

12.2.2 控制有毒液体的危害

在对工件进行清洗时，经常使用酒精、汽油、丙酮、四氯化碳等清洗剂，它们对人都有一定危害。

对丙酮的预防：丙酮和其他酮是工业上广泛使用的溶剂和金属清洗剂。丙酮是一种极易燃的液体，在使用和储存时，应注意防火、防爆炸。丙酮有很高的挥发性，试验显示，丙酮是一种麻醉剂，过多接触将导致对眼、鼻、喉的中度的刺激，并将引起头痛、昏迷和一般苦闷感。吸入的丙酮可以慢慢地被排除，但中毒症状是持续的。穿防护衣服可避免眼睛和皮肤与丙酮接触，丙酮蒸气浓度较高时，应该使用呼吸保护装置。

对四氯化碳的预防：四氯化碳是一种卤化碳氢化合物，无色、不易燃、有特殊气味的液体。有很强的除油能力。对皮肤有伤害，吸入人体会对肝脏造成破坏性慢性中毒。阻止它的伤害主要是防止四氯化碳蒸汽的吸入。四氯化碳燃烧时会产生光气和氯化氢这两种有毒气体。工作时应该戴手套、穿防护服。

12.2.3 防止真空泵油的危害

真空泵工作时，会排出大量真空泵油蒸汽，对人体造成危害。为了减少它的危害，最好在真空泵的排气口上安装排气管道，将废气引导到室外，以保护检漏人员的健康。

12.3 试验过程可能造成的火灾伤害及防范措施

工作中要时刻注意防止火灾的发生。要严格执行有关防火的相关规定。

在保管和使用易燃液体时，应该防止大的液体表面暴露于空气中。因为引起燃烧和爆炸的不是液体本身，而是当液体蒸发时形成的蒸气与空气的混合物。因此对易燃液体应该进行严格管理并且将其储存在封闭的容器中。低闪点的液体使用中应该被覆盖住或被包封，以防止蒸发到大气中去。在特殊的操作中，液体必须暴露于空气中时，使用后应尽快覆盖或包封。

在贮藏、保管或使用可燃液体的建筑物或区域中应禁止吸烟，禁止携带“一击即着”的火柴、打火机或其他火花产生装置。限制的区域和范围将取决于所管理的产品的类型、建筑物的结构以及当地的条件。

使用酒精、汽油、丙酮等易燃液体清洗工件时，要远离火源，也不要在易燃液体周围使用白炽灯，以免着火。

使用酒精作气泡检漏时，也要远离火源，也不要在酒精上面使用白炽灯观察气泡，以免着火。某厂曾经发生过酒精气泡检漏使用白炽灯观察气泡，造成火灾严重烧伤工人的事故。希望今后不要再发生同样事故。

12.4　不规范用电可能造成的伤害及防范措施

安全用电的基本常识有：

1）在任何情况下，都不能用手去鉴定接线端或裸导线是否带电。

2）更换保险丝时，应先切断电源，切勿带电操作。如必须带电操作时，应采取安全措施，并有专人在场监护。

3）拆开或断裂的暴露在外部的带电接头，必须用绝缘物包好，并悬挂在人身体不会碰到的高处。

4）手电钻、电风扇等各种用电设备的外壳都必须有可靠的专用接地线。

5）不得把 36V 以上的照明灯作为手持的照明灯使用。

6）多人进行电工作业时，接通电源前应告知所有人。

7）遇有人触电时，应迅速切断电源。若附近没有开关，则应尽快用干燥的木棍、竹杆等绝缘物打断导线，或将触电者与电源分开，切勿用手去接触触电者。如触电者脱离电源后已昏迷，应及时进行抢救。

8）非专业电工不得从事涉电操作。

应该注意对静电危害性的预防：静电是不同物体摩擦产生的静止电荷的积累。例如，当液体流过管道或者从管口流入容器时，就会产生静电。它可能达到很高的电压。在有易燃易爆蒸气、气体或粉末的地方，由于发生火花放电而引起燃烧和爆炸，这是静电造成的主要危险。当两个物体间没有良好的导电通路时，它们之间就会因静电产生火花。因此，为了防止静电引起的火花，将装有易燃液体的容器接地并互相连接是非常必要的。

静电火花的最大危害存在于空气中存在可燃蒸气的地方，例如，在可燃液体加注管的出口处或输运软管的管嘴处。利用接地或连接或者二者合用的方法使它们具有相同的静电位或电势，从而防止产生静电火花的点火源。

“连接”和“接地”这两个词代表了不同的功能。“连接”是为了消除两个物体间的电位差，而“接地”的目的是为了消除物体与大地之间的电位差。连接和接地只对导体有效。人体是一个导体，它与大地或其他物体间可能存在电位差，因此，人体也可能成为静电火花源。

尽管连接能够消除被连接物体间的电位差，除非这些物体中至少有一个物体具有到大地的良好的导电通路，否则连接消除不了这些静电荷，它只能使这些被连物体间的电位达到平衡。

为防止电气设备外壳带电，通常采用的措施是，一是将设备的金属外壳用较粗的导线同接地装置连起来，二是将设备的金属外壳与电网（电源）的零线接起来。

第 13 章　设备与器材的使用

13.1　正确使用检漏仪器

13.1.1　熟悉各种检漏仪器的结构与配置

1. 氦质谱检漏仪的结构

氦质谱检漏仪由真空系统、质谱室、电器线路三大部分组成。具体见 8.1.2

2. 压力变化检漏仪的结构

压力变化检漏仪分为两类，一类通常叫做压力测量检漏仪，它是通过测量被检件在一定时间内的压力变化，再按被检件体积换算出总漏率的一种仪器；另一类通常叫做流量测量检漏仪，它能够通过不断给被检件补充气体，使有漏的被检件内腔始终维持在规定的压力状态下不变，给被检件补充的气体就是被检件漏出的气体，测量出的补充气体的流量就是被检件的总漏率。

用做压力测量法的仪器又可分为两种，既直压式气密检漏仪和差压式气密检漏仪。

（1）直压式气密检漏仪　直接测量被检件内腔的压力变化而得到总漏率，被检件的总漏率 Q 等于单位时间内压力变化值与体积的乘积（$Q=PV/t$）。它的优点是仪器结构简单，使用灵活方便，适合各种条件的检测，在检测低压时精度较高，成本较低。它的缺点是随着检测压力的上升和被检件体积的增大而精度降低，同时外界温度对检测结果的影响也较大。它比较适合允许漏率大、体积小、检测时间短的被检件使用。

（2）差压式气密检漏仪　通过测量被检件与参照标准物内腔的压力差而得到总漏率。差压式气密检漏仪在工作时，一端连在被检件上，另一端连在参照标准物上，对被检件充压的同时也对参照标准物充压，充压结束时两端压力完全一样，经过一段时间后，有漏的被检件与不漏的参照标准物之间就产生了压力差，由此可以得到总漏率。由于它采用对比压力差的检测方式，检测精度与被检件检测压力无关，与直压式气密检漏仪相比，它能获得更高的检测精度，另外，采用参照标准物作对比检测，可以克服环境温度和其他多种干扰因素对检测结果的影响，所以它的检测精度、灵敏度和检漏速度比直压检漏仪要高许多。当然它的结构比直压检漏仪复杂，操作烦琐一些，价格也贵一些。最近，有的厂家研制出了不需参照标准物的差压式气密检漏仪，它利用计算机的识别功能，代替原来的参照标准物，因而简化了仪器，也简化了操作，效果很好。这种检漏仪适于漏率要求较小、体积较大的被检件使用。

（3）流量式检漏仪　它能直接测量补充到被检件内腔的气体流量，也就是被检件在单位时间内漏掉的气体量，即被检件的总漏率。测量漏率的过程不需要测量被检件的体积大小。这种方法虽然是测量流量，但是与压力的关系非常密切，在检测过程中，只有当被检件内腔的压力变化值达到压力传感器能感受到了的程度，才可能使检漏仪打开充气阀门向被检件充气，流量计才能测量出流量。当被检件体积太大漏率太小，压力变化达不到传感器灵敏度的时候，就无法测量了。因此这种检漏仪的最小可检漏率就不会太小。

3. 卤素检漏仪的结构

卤素检漏仪由本体和探测头组成，分为内探头式和外探头式，具体结构见 7.3。

13.1.2 熟悉各种检漏仪器的操作程序

上面介绍了三种常用检漏仪，实际上每一种检漏仪又有多个品牌及多个型号，具体的操作程序可能会不一样，但是基本要求应该是一样的。比如检漏仪内部的真空系统启动时，一定要先打开低真空泵，系统具备一定真空度后才能打开高真空泵。再比如氦质谱检漏仪的灯丝起动，一定要在质谱室真空度达到一定程度之后才能打开，否则灯丝很容易被烧毁。现在有一些新型检漏仪，自动化程度很高，操作者只要打开检漏仪的电源开关，后面的各种操作程序它都可以自动完成，俗称傻瓜机。对操作者而言特别简单，不需要你对仪器作任何调试，好像更没有必要再去了解、熟悉各种检漏仪器的操作程序了，但是并非如此，因为检漏仪能够自动完成的程序是预先设计好的，这个程序不一定能满足所有被检件的检漏要求，对操作者来说，你必须熟悉所有的操作程序，当前面一个程序不能使用时，你可以马上再设置一个新的程序，否则检漏工作就无法进行了。所以，不论是自动化的检漏仪还是手动的检漏仪，你都必须认真了解和掌握它的操作程序。对每一台检漏仪的操作说明书都要认真研读，全面理解和掌握。

每一位操作者都要熟练的掌握打开检漏仪和关闭检漏仪的操作程序，分子泵检漏仪的开机与关机都比较方便，但是扩散泵检漏仪就比较麻烦（如成都仪器厂的 ZLS-23 型氦质谱检漏仪），开机的时候要预热一段时间，此时检漏仪的抽速阀还不能打开，关机的时候要先将冷阱中的液氮排除以后再将抽速阀关闭，扩散泵停止工作降温期间，机械泵还不能停止工作，要等扩散泵外表冷却到室温左右才能停止工作。当遇到突然停电，要迅速关闭检漏阀和抽速阀，并对扩散泵进行强制降温。

13.1.3 熟悉各种检漏仪器相关参数的调试方法

检漏仪的种类、型号不同，其原理与结构有很大差异，使用和调试方法也不一样。一般地讲，检漏仪起动打开以后，不会自然进入最佳状态，都需要作一些参数调试，才能使它逐步进入最佳状态。多数情况下，我们都会将检漏仪的灵敏度调试到最好的数值，也就是将最小可检漏率调到越小越好。但是，有时正好相反，要求将检漏仪的灵敏度调试到比较差的状态，也就是将最小可检漏率调到越大越好。这是因为检漏仪能够检测的漏率范围是有限的，比如，一般的氦质谱检漏仪，它的漏率检测范围大约为 4～5 个量级，假如其最小可检漏率是 $1\times10^{-11}Pa\cdot m^3/s$，那么它的最大可检漏率大约在 $1\times10^{-6}Pa\cdot m^3/s$ 左右。假如被检件的漏率在 10^{-4} 或 $10^{-5}Pa\cdot m^3/s$，检漏仪的反应值就会超出表头，看不出来了。遇到这种情况，就要将检漏仪的灵敏度调试到比较差的状态，比如，将最小可检漏率调到 $1\times10^{-9}Pa\cdot m^3/s$ 左右，那么它的最大可检漏率大约在 $1\times10^{-4}Pa\cdot m^3/s$ 左右，就可以对 10^{-4} 或 $10^{-5}Pa\cdot m^3/s$ 的漏率进行检测了。

检漏仪的噪声太大、本底太高，对检漏仪的灵敏度都会有影响。设法减少噪声、降低本底，是检漏仪调试中很重要的一项工作。造成检漏仪噪声大、本底高可能与下列因素有关：

1）环境因素的影响，如检漏仪周围有较强电场、磁场的干扰，电源电压不稳定。

2）检漏仪自身的问题，如氦质谱检漏仪质谱室磁钢位置发生偏移或磁钢的磁场强度降低；质谱室接收极位置不对；质谱室灯丝位置不对；检漏仪真空泵油量不够或泵油太脏；质谱室离子源太脏；检漏仪自身真空系统不密封；氦质谱检漏仪内部安装的某些橡胶零件吸氦放氦严重等等。

查清原因，采取相应措施，就可以减少噪声、降低本底，提高检漏仪的灵敏度。

有些自动化程度较高的检漏仪，要按照程序中的菜单进行调试，对这种检漏仪就必须熟悉它的程序。有些人认为仪器是自动化的，不需要人去调试的观点是不对的，有时候它的调试可能还要更麻烦一些。还有一个问题要特别注意，仪器调试以后可以设置密码，锁定程序，防止其他人将程序搞乱，但是往往时间一长当事人就将密码忘记了，或者当事人调走不在了，别的人需要调试仪器的时候就麻烦了。所以，这个密码一定要有记录，以便工作正常进行。

13.2　正确使用各种充压、抽真空设备

13.2.1　正确使用各种充压设备

不论什么检漏方法，多数都离不开充压设备，要使用好充压设备，首先就要熟悉它的结构和原理。所以，在拿到一个新设备的时候，不要急于开机，先要仔细阅读设备说明书，最好再翻阅一些相关资料和书籍，对照新到的设备，搞懂它的结构和原理，然后再开机使用，这样才能将设备使用得更好。

使用充压设备，一般都离不开高压气源，所以要特别注意安全问题。高低压管路不可混合使用；充压系统内一定要安装安全活门；必须使用两块压力表观察被检件的充压压力。这些规定一定要认真执行，决不可马虎从事。

压力表与被检件的连接管路和管路中间的连接接头必须是密封良好的状态，万万不可漏气。如果这些地方漏气，压力表就不可能真实反映被检件的充压压力，本来比较高的压力在压力表上显示的却是一个较低的压力，使被检件充压时超过规定的压力值甚至发生事故。

充压设备中的压力表、安全活门、高低压管路在使用前必须检查它的合格证明，它们应该经过计量安全部门鉴定过并且在允许使用期内使用。

13.2.2　正确使用各种抽真空设备

检漏中经常要使用真空设备，为了更好的使用它们，就应该熟悉它们的结构和工作原理。

旋片式机械真空泵是应用最多的一种低真空泵。在使用新泵之前，要先察看泵油量是否合适，再用手板动叶轮旋转一下，看看抽气口是在抽气还是在排气，然后试探性地

打开电源，让真空泵快速起动并关闭一次，观察泵的旋转方向是否正确。确认没有问题以后，才能正式起动真空泵。

高真空机组开机时，必须要先起动低真空泵，等到系统具有一定的真空度以后，才能起动高真空泵。

旋片式机械真空泵是低真空泵，它可以从大气压开始抽气，但是长时间在大气压下面工作，对真空泵也不利。如果遇到长时间真空度抽不上去，就要停下检查原因，不要长时间在大气压下抽气，以免真空泵损坏。

真空泵油使用一定时间以后，会溶进许多杂质，性能下降，所以要定期换油。换油的时候，要先对真空泵清洗一下，一般是将旧油放掉以后，加进一些新真空泵油，将泵旋转一会，把泵油再放掉。反复两三次，放出来的泵油比较干净了，就可以加满油正常使用了。

真空系统安装的真空计是计量器具，应该定期由计量部门鉴定并在有效期内使用。高真空计不可以在低真空环境下使用，否则真空规会被烧毁。

13.3 正确使用各种检漏工艺装备

检漏方法不同、被检件对象不同，使用的工艺装备也不同。有的工艺装备是专用的，使用时比较方便，也比较可靠。但是在使用通用的工艺装备时，就必须注意选择，比如堵盖、堵帽，使用在充压被检件上和使用在抽真空被检件上时，它们的密封要求是不一样的，一般地讲，使用在抽真空被检件上时，要求更高一些。再比如，管路的连接接头，使用在充压被检件上和使用在抽真空被检件上的形式是不一样的，因为抽真空时，管路承受的是一个大气压的负压力，接头处没有限位装置，工作时也不会被拉开；但是在充压被检件上就不一样了，管路承受的是若干大气压的正压力，接头处没有限位装置，系统充压以后，接头就有可能被拉开。再比如，抽真空使用的管路的壁厚是相当厚的，内径10mm的抽真空橡胶管的壁厚也是10mm，而充压管路的壁厚要小许多。

工艺装备中有许多橡胶密封件，一般都可以反复使用，但是时间一长，就容易变形，密封性能下降，所以要准备一些备件，经常更换。另外橡胶件在氦质谱检漏时容易吸附氦气，检漏时产生干扰，使本底升高，有效灵敏度下降，在氦质谱检漏时应注意这个问题。

13.4 正确使用各种标准漏孔和标准样件

标准漏孔和标准样件在检漏定量时是作为基准使用的，所以在使用和保管上都必须特别认真，以免破坏了它的准确性。

标准漏孔的漏率值是在特定条件（漏孔两端压力、气体种类、温度）下鉴定出来的。使用时的条件也应与它一致，不一致时就要进行修正。

连接标准漏孔的系统应该清洁、无油污，以免堵塞漏孔。

标准漏孔容易破碎，使用安装时要特别小心。

标准漏孔必须按规定定期由计量部门进行鉴定校准。

渗氦型标准漏孔在存放时应将阀门打开，否则，再次使用时，打开阀门后需要很长的漏率稳定时间。

标准漏孔和标准样件最好存放在真空箱中。或者存放在清洁的有防潮设施的环境里，以免漏孔被堵塞。

一般的通道型标准漏孔，外面都有一段保护罩，在作氦质谱喷吹检漏时，氦气很难达到漏孔位置，与被检件喷吹氦气的状态不一致，漏率对比时容易产生误差，所以在吹氦气时要将气管伸进保护罩内部，这样比较准确。

13.5　准确辨认和正确使用各种检漏器材

检漏中使用的器材种类很多，我们应该熟悉它们和了解它们，才能合理正确的使用它们。

有些检漏器材使用不当，会产生有毒气体。比如气泡检漏使用的氟油，在高温下会产生有巨毒的气体，所以加热温度不可以太高。再比如卤素检漏使用的 SF6（六氟化硫），它本身无毒，但是在生产制造 SF6 的过程中，会产生少量化合不完全的 SF4（四氟化硫），夹杂在 SF6 当中。SF4 对人体有巨大毒性，当人体吸入了很少量的 SF4 时，就有可能造成内脏萎缩，短时间内使人死亡。

有的检漏用气体对某些金属有腐蚀性，比如作氨检漏使用的氨气就是一种。为了减少有害作用，检漏时可以将氨气浓度减低一些。

复　习　题

1. 氦质谱检漏仪由几大部分组成？
2. 压力变化检漏仪可分为哪两类
3. 直压式气密检漏仪和差压式气密检漏仪哪一种灵敏度更高？
4. 差压式气密检漏仪检漏时为什么要与参照标准物连接在一起？
5. 卤素检漏仪的探测头有几种型式
6. 标准漏孔和标准样件最好存放在什么容器中？
7. 压力表与被检件的连接管路和管路中间的连接接头为什么必须密封良好？
8. 自动化的检漏仪就不需要人去调试吗？
9. 检漏仪噪声大、本底高可能与哪些因素有关？
10. 旋片式机械真空泵可以长时间对大气抽真空吗？

第 14 章　检漏前的准备技术

14.1　被检件的清洗与烘干

14.1.1　清洗操作

清洗与烘干是检漏前的预备工作，一定要特别重视，被检件在检漏前表面沾附的水、油及其他杂质有可能堵塞漏孔，若不清洗疏通，检漏时可能漏检。清洗方法要根据被检件的表面状态、材料、污染程度来决定，一般对被检测部位要作溶剂除油清洗，常用汽油、丙酮、四氯化碳等擦洗，再用无水乙醇擦净。清洗用材料多为易燃物品，使用中注意防火。清洗用材料不应反复使用，否则其中的污物会造成二次污染。电子元器件作粗检漏前要用 F113 清洗，国家军用标准规定，F113 中不允许有大于 1μm 杂质存在。清洗完毕以后，一定要进行烘干，烘干炉内腔要干净无粉尘，烘干过程中应有排风扇将烘出的气体排出烘炉。烘干的温度和时间要按图纸规定。下面介绍溶剂除油的具体办法。

被检件沾附的油脂分为矿物油、动植物油两大类，矿物油可以用有机溶剂去除；动植物油可以用碱溶液化学除油。但实际上两类油脂经常同时存在，往往要应用几种溶剂进行清洗。

碱溶液化学除油时，将被检件浸入碱溶液后，可使动植物油转化为脂肪酸盐类（皂化作用），这些盐类能溶解于水，从而能使被检件除去油脂。矿物油不与碱溶液起反应，但是在一定条件下，例如在碱溶液中加入一些肥皂，可使油膜遭到破坏，形成很小的油滴，悬浮在溶液中（既乳化作用），达到部分去油的目的。常用的碱溶液有氢氧化钠、氢氧化钾（浓度 50～100g/L）；碳酸钠、碳酸钾（浓度 100～150g/L）。使用时加热到 70～80℃，可加速去油过程。被检件在碱溶液中清洗完毕，应立即放入温水中彻底清洗，然后再用冷水清洗。若金属表面不被水湿润（有水滴）即表示油污尚未除净，应再清洗。（真空橡胶管的清洗，使用 15%～20%氢氧化钠溶液在 70～80℃热煮 1h 以上，再用凉水漂净，在水中煮沸后取出吹干或烘干即可。）

有机溶剂去油剂能够溶解矿物油和动植物油，通常可与碱溶液配合使用。常用有机溶剂有三氯乙烯、乙醚、甲醇、乙醇、汽油、丙酮、四氯化碳等。三氯乙烯不燃烧，比汽油安全，它能很好地溶解矿物油、石蜡、树脂、橡胶等，其缺点是加热时（125℃以上）容易分解出氯化氢等有毒物质，直接加热时还会分解出巨毒的光气，光照也会加速分解，所以要避光存放。另外铝制工件不能使用三氯乙烯清洗。被检件使用三氯乙烯清洗后要用去离子水清洗，最后用无水乙醇脱水，再用 70～80℃的温度烘干。

四氯化碳几乎不溶于水，但溶解于乙醇及其他有机溶剂。有较强的去油能力。

丙酮是易燃的有机溶剂，使用时要注意安全，它的去油能力较强，能和水及乙醇以任何比例混合，被检件经丙酮去油后，要再用无水乙醇清洗，然后烘干。

汽油易燃烧，使用时必须注意安全。它可用来清洗不耐碱的被检件，如铝制工件，通常使用的汽油为杂质少的航空汽油。

甲醇可以和水以及其他溶剂很好地混合，它的沸点低、易挥发，适宜对被检件作二次清洗，用以脱水和加速干燥。

乙醇可以和水以及其他溶剂很好地混合，适宜对被检件作二次清洗，用以脱水和加速干燥。通常使用的是无水乙醇。

乙醚能很好地溶解油脂和其他有机化合物，它的沸点很低，极易挥发，但难溶于水。

水也是良好的溶剂和清洗剂，自来水中含有较多的氯离子和其他杂质，对金属一定的腐蚀作用，不宜直接使用，一般用加热的自来水清洗。当要求较高时，可采用蒸馏水或去离子水。

除了上述清洗方法以外，某些较小的被检件还可以使用超声波清洗。超声波清洗的原理是利用它所造成的介质的“空隙现象”，即由超声波的振动引起清洗介质疏密的变化而达到清洗目的。振动使介质时而稀疏形成瞬时的空隙，时而闭合，当闭合时产生的瞬时压力可达到几个大气压，这个强大的冲击能破坏物体表面的油膜，使之和污染物一起脱离物体表面被冲落到溶液中。超声波清洗可以去掉有孔被检件内部的污染物，这是一般清洗方法所无法实现的。超声波清洗的溶液可以用水或其他溶剂，若用三氯乙烯会有更好的清洗效果。常用超声波工作频率为 4～10MHz。

14.1.2　烘干操作

清洗完毕以后，一定要进行烘干，烘干炉内腔要干净无粉尘，烘干过程中应有排风扇将烘出的气体排出烘炉。烘干的温度和时间要按图样规定。烘干温度超过 100℃效果较好，但有的被检件烘干温度有限制，不能太高，那就需要延长烘干时间，到底需要多么长的时间和多么高的温度才能将规定的漏孔疏通，没有现成的数据，如果图样没有规定烘干温度和时间，检漏人员还应该作点工艺试验，以便取得可靠的数据。一般的讲，漏孔越小，需要烘干的温度越高、时间越长。烘干炉如果能够造成密闭能抽真空的，一面烘干、一面对炉内抽真空，则烘干效果会更好。应该要求烘干炉内部的温度尽量一致，即炉内各位置的温度相同，要防止局部温度过高而烧伤被检件。烘干时间一般都很长，烘干炉虽然能自动控制炉内温度，但也需要经常派人查看温度是否合适，以免自动控制失灵，造成事故。烘干完毕，被检件冷却到室温后，应该尽快检漏，放置时间过长，空气中的水分也可能堵塞小漏孔，尤其是在潮湿的环境里。烘干完以后来不及检漏的被检件应放置于干燥容器或环境中。

14.2　被检件与检漏设备的连接

14.2.1　真空系统的连接

真空系统安装连接之前，要对所有的待装部件进行检查，首先查看真空机械泵是否完好，泵油是否干净，泵油量是否足够。先用手转动电动机看泵的抽气口是否有吸力，然后再快速接通和关闭电源，观察电动机转动方向是否正确，以避免使用时造成泵的抽气口喷油。确认泵转动方向正确后，在泵口接真空规，起动真空机械泵，检查泵的抽真空能力和极限真空度，其真空度应小于 1Pa。

检查真空管路，应清洁无油污，管内无多余物，接头处应完好无划伤、碰伤。

检查各种阀，应清洁无油污，无多余物，开关灵活自如，两端面无划伤、碰伤。

检查各种密封圈，应清洁无油污，表面光洁无划伤、碰伤，无明显变形。

检查被检件各连接法兰盘、管接头，应清洁无油污，表面光洁无划伤、碰伤。

检查真空计、真空规，应完好无损，应有计量部门的鉴定证书，并在有效期内使用。

当上述检查完成以后，再将真空系统与被检件连接在一起。不要有怕麻烦的心理，工作一开始不作任何检查就将被检件与真空系统连接起来，这样作很容易出故障。在装配连接各法兰盘时，要注意密封件的安装必须准确定位，若将密封件装偏就会造成漏气，连接法兰盘的各螺栓拧紧时用力要均匀，切不要拧得太紧，对有螺纹的连接接头，安装前要仔细查看螺纹有无损伤，装配连接中若拧动吃力，应卸下仔细检查，对螺纹有损伤部件就不要再使用了。螺纹表面可以涂抹少量真空脂，但不要将真空脂抹到管路内部。在安装玻璃部件（如真空规管）时，首先查看其端头应光滑无破损，装卡时要特别小心，不要使其破碎，更不能将破碎物落入管子内部。

14.2.2 充压系统的连接

同真空系统一样，在连接之前，也要对所有的充压部件进行检查。

首先检查高压气源。使用管路系统供给高压气体的，要查看管路、阀门、接头等相关部件，应完好无损，接头密封面无变形、划伤，连接螺纹无损伤和变形。使用高压气瓶供给气体的，要查看气瓶外观，应完好无损，接头密封面及连接螺纹完好，还要查看气瓶上有无定期校验的钢印。

然后检查减压阀门应完好无损，开关灵活。气瓶上装的减压阀门应按气体种类分开使用，不可混用，尤其是氧气瓶配装的减压阀门必须是专用的，严禁将其他气瓶使用过的减压阀门装在氧气瓶上使用，以免发生燃烧爆炸事故。

检查各种阀门、管路、密封件，同真空系统的要求一样，也应清洁无油污，管内无多余物，接头处应完好无划伤、碰伤，连接螺纹无损伤和变形。

检查各种压力表，应完好无损，应有计量部门的鉴定证书，并在有效期内使用。

检查安全活门，活门上标注的使用压力与被检件的检测压力是否一致，活门应有相关部门的鉴定证书，并在有效期内使用。

当上述检查完成以后，再将系统与被检件连接在一起。在装配连接管路系统时，要特别注意不能将高压管路与低压管路装错，在装配连接各法兰盘时，要注意密封件的安装必须准确定位，若将密封件装偏就会造成漏气，连接法兰盘的各螺栓拧紧时用力要均匀，对有螺纹的连接接头，安装前要仔细查看螺纹有无损伤，装配连接中若拧动吃力，应卸下仔细检查，对螺纹有损伤的部件就不要再使用了。螺纹表面可以涂抹少量图样中规定的该被检件允许使用的专用润滑油脂（是为了防止被检件工作时使用的介质与某些润滑油脂不相容可能出危险的缘故），以便减小拧动螺纹的阻力。

14.3　检漏系统的调试

14.3.1　检漏系统密封性能调试

不论是真空检漏系统还是充压检漏系统，都对它本身的密封性有较高的要求，如果在作氦质谱检漏时，真空系统密封不好，真空抽不上去，检漏仪有可能打不开，就无法检漏。即便检漏仪能勉强打开，但是本底会很高，检漏灵敏度很低满足不了被检件的要求。真空系统的泄漏，还会干扰检漏的正常进行。如果作压力变化检漏，管路系统的泄漏就会与被检件的泄漏一起反映到检漏仪中，容易造成错判。在充压检漏时，如果连接压力表的管路系统有泄漏，则压力表显示的压力比被检件真实压力要小，就有可能造成超压破坏事故。总之，管路系统的不密封，会带来许多问题。因此管路系统连接好以后，一定要对它作密封性检测，确认符合要求以后，才能用于被检件的正式检漏。

真空检漏系统连接好以后，暂时不与被检件相连，将端头堵严，起动机械真空泵，检查系统的抽真空能力，其真空度应能抽到 1Pa 以下。抽真空一段时间以后，关闭阀门，对系统作压力升高试验，若压力升高很快，说明漏放气量太多，应检查连接部位查找原因并采取相应措施。若抽不上真空或真空度太差，应连接检漏仪检漏，找出漏孔，排除故障。

充压检漏系统连接好以后，暂时也不要与被检件相连，将端头堵严，对管路系统充压到检测压力，观察一段时间，看系统压力是否下降，若压力能稳定在原来位置，说明系统的密封性还好；若压力稳定不住，说明系统有漏，要对系统的各个接头连接部位刷肥皂水，作气泡检漏，找出漏孔，排除故障。

14.3.2　检漏系统检测灵敏度的测试

在使用各种检漏仪对被检件作检漏前，都要对检漏仪的灵敏度进行检测，一般检测其最小可检漏率值，但这只是检漏仪自身的灵敏度，当检漏仪连接在检漏系统中，它的有效灵敏度就要降低，是否能满足被检件的需要，还必须进行检测。一般是借助一支已知漏率的标准漏孔，将它装在被检件上，模拟检漏状态，检测系统的有效最小可检漏率，若能满足被检件需要，该检漏系统可以应用于检漏。否则，要更换灵敏度更高的检漏仪或更改检漏方法。

14.4　环境条件的准备

14.4.1　通风换气

卤素检漏和氦质谱检漏是使用卤素气体和氦气作检漏示踪介质的，假如作检漏的环境空间存在这种介质，就会对检漏造成干扰，严重时检漏就无法进行。所以要求检漏工作间具有一定的通风换气能力，保证检漏时环境空间的示踪介质本底要小到不影响检漏仪的正常工作。充压检漏完毕，被检件内的示踪气体不要直接排放在工作间内，应该用管路排放到检漏间外面较远处。盛装卤素气体和氦气的气瓶，管口处容易漏气，不要放在检漏工作间内，应放在相邻、通风良好的房间内。

14.4.2 照明条件

检漏环境的照明必须良好，检漏才能正常进行。尤其在作气泡检漏和渗透检漏时，照明条件不好，小漏显示看不清楚，就很容易漏检。电子元器件作氟油气泡检漏时，要求光源能发出平行光，在空气中离光源最远处的照度至少 161000 lx。

14.4.3 安全设施

检漏工作存在许多不安全的因素，所以在检漏环境上要有一些安排，以确保检漏工作的安全性。

检漏厂房的房顶应该是轻型结构，万一被检件充压时发生爆破，外泻的能量就可以从房顶排出，不致对周围造成破坏。检漏厂房旁边还要有一个小型的防暴房间，结构比较强，用以观察检漏厂房的窗口应装备防弹玻璃，充压的时候，工作人员在此操作。

如果在普通大厂房内或在外部空阔地作检漏时，要将工作地周围用栏杆围起来，无关人员不许靠近。被检件充压和抽真空以后，要特别注意防止外来物品击打被检件（如从高处掉下或从邻近抛来的物品）。

复习题

1. 被检件检漏前为什么要进行清洗与烘干？
2. 常用有机溶剂清洗剂哪有几种，各有什么特性？
3. 简单叙述超声波清洗的原理？
4. 真空系统与被检件连接前需要作些什么检查？
5. 为什么要求检漏系统有较好的密封性能？
6. 检漏系统的检测灵敏度与检漏仪的灵敏度是相同的概念吗？
7. 电子元器件作氟油气泡检漏时，要求离光源最远处的照度至少为多少？
8. 清洗电子元器件使用的 F113，国家军用标准规定不允许有什么样的杂质存在？
9. 被检件检漏前为什么要清洗烘干？
10. 对检漏场地都有些什么要求？

第15章 检 测 操 作

15.1 氦质谱抽真空检漏操作

15.1.1 氦质谱检漏仪的起动操作

1. 所需条件

1）氦质谱检漏仪一台；

2）带阀门和氦室渗氦型标准漏孔（漏率 10^{-10}～10^{-8}Pa · m^3/s）一支及其与检漏仪检漏口相连的连接件；

3）液氮（检漏仪需用时准备）；

4）电源、水源、气源（检漏仪需用时准备）。

2. 操作步骤及要点

1）开机前检查电源、水源、气源是否符合要求，检查检漏仪上所有开关、旋钮是否在应处的关机位置。检查机械泵油位和油质是否符合要求。

2）接通电源、气源、水源，开预抽泵和前级泵。开机后如果发生机械泵逆转，应将机械泵三相电源中任意两相调换。

3）当前级压力低于 5Pa 后开高真空泵（分子泵或扩散泵，开扩散泵前应关抽速阀，30min 后再打开）。

4）冷阱中加液氮（检漏仪需要时），当质谱室压力低于规定值（一般为 5×10^{-2}Pa 左右）后打开质谱室灯丝，并调整检漏仪各参数使其处于正常工作状态。

5）利用标准漏孔正确调整氦峰位置。其方法是：打开标准漏孔阀，调整加速电压使输出指示达到最大值后关标准漏孔阀，如果输出指示明显下降则认为氦峰位置已调好；如果输出指示无明显变化则认为不是氦峰位置，应继续调整加速电压使输出指示达到最大值，直到找出氦峰位置为止。至此，仪器已处于检漏状态。

6）关机。正确的关机步骤为：关高真空泵前应先关质谱室灯丝、检漏阀、质谱室电源，吹除冷阱中的液氮，关闭抽速阀，然后关高真空泵。（待扩散泵冷却后）关机械泵。

7）关电源、水源、气源。

15.1.2 氦质谱检漏仪最小可检漏率的校准操作

1. 所需条件

1）氦质谱检漏仪一台；

2）带阀门的氦室型标准漏孔（漏率 10^{-10}～10^{-8}Pa · m^3/s）一支及其与检漏仪检漏口相连的连接件；

3）液氮（检漏仪需用时准备）；

4）秒表一只。

2. 操作步骤及要点

1）起动检漏仪的前级泵和高真空泵，加液氮（检漏仪需用时），使质谱室压力达到工作压力（一般为 5×10^{-2}Pa 左右）。

2）开灯丝，调整检漏仪各参数，调氦峰，使其处于最佳工作状态。

3）将氦室型标准漏孔（漏率已知为 $Q_0<10^{-7}\text{Pa}\cdot\text{m}^3/\text{s}$）与检漏仪检漏口相连，打开检漏仪预抽系统及标准漏孔阀对标准漏孔出口端抽气，当压力低于 5Pa 后打开检漏阀使标准漏孔与质谱室连通，继续抽气使质谱室压力达到工作压力。

4）测本底 I_0。关标准漏孔阀，当仪器输出指示稳定后读出仪器输出指示值即本底 I_0。

5）测本底噪声 I_n。关标准漏孔阀，当仪器输出指示稳定后，读出仪器输出指示（即本底 I_0）在 2min 内的最大变化值ΔI_0，共测 10 次ΔI_0，取其平均值作为本底噪声 I_n 值。测试过程中偶尔出现的大的脉冲值可以略去不计。

6）测标准漏孔的信号值ΔI。打开标准漏孔阀，当仪器输出指示稳定后，读出仪器输出指示值，设为 I，那么，标准漏孔的信号值$\Delta I=I-I_0$。

7）计算氦质谱检漏仪最小可检漏率 $Q_{\min}$。信噪比取 1。其计算公式为：

$$Q_{\min}\leqslant\frac{I_n}{\Delta I}Q_0=\frac{I_n}{(I-I_0)}Q_0 \tag{15-1}$$

如果测试时的温度 T 与标准漏孔校准温度 T_0 相差较大时，要对标准漏孔的漏率值 Q_0 进行修正，即

$$Q_T=Q_0[1+\alpha（T-T_0）] \tag{15-2}$$

式中 α ——温度系数，K^{-1} 或℃$^{-1}$，由实验确定并由校验单位给出。对渗氦型漏孔，α 为 2%/℃$^{-1}$～7%/℃$^{-1}$；对物理漏孔，$\alpha<0.5\%$/℃$^{-1}$。

15.1.3 氦质谱检漏仪反应时间的测试操作

1. 所需条件

1）氦质谱检漏仪一台；

2）通道型标准漏孔（漏率 $10^{-7}\sim10^{-9}\text{Pa}\cdot\text{m}^3/\text{s}$）一支，应具有与检漏仪检漏口相连接的接头，标准漏孔进气端的管子应很短，使喷枪喷嘴能够方便地靠近漏气元件进口；

3）喷枪一把；

4）氦气瓶及氦气袋；

5）秒表一只；

6）液氮（检漏仪需用时准备）；

2. 操作步骤及要点

1）起动检漏仪的前级泵和高真空泵，加液氮（检漏仪需用时），使质谱室压力达到工作压力（一般为 5×10^{-2}Pa 左右）。

2）开灯丝，调整检漏仪各参数，调氦峰，使其处于最佳工作状态。

3）将标准漏孔与检漏仪检漏口相连，打开检漏仪预抽系统对标准漏孔出口端抽气，当压力低于 5Pa 后打开检漏阀使标准漏孔与质谱室连通，继续抽气使质谱室压力达到工

作压力。

4）测本底 I_0。在标准漏孔进气端未施氦的情况下，当仪器输出指示稳定后读出仪器输出指示值即本底 I_0。

5）用喷枪向标准漏孔进气端喷吹氦气，当输出指示稳定后读出指示值 I，那么，标准漏孔的信号值 $\Delta I=I-I_0$；

6）计算出相当于标准漏孔的信号值 ΔI 的63%的仪器输出指示值 I'，即

$$I'=0.63\left(I-I_0\right)+I_0 \tag{15-3}$$

7）停止喷氦，并清除标准漏孔进气端的氦气，使输出指示恢复至本底 I_0 值。

8）向标准漏孔进气端喷吹氦气并同时按下秒表开始计时，当输出指示上升到 I' 值时停止计时，此时秒表记录的时间便为该检漏仪的反应时间。

15.1.4 氦质谱检漏仪清除时间的测试操作

1. 所需条件

1）氦质谱检漏仪一台；

2）通道型标准漏孔（漏率 $10^{-7}\sim10^{-9}\text{Pa}\cdot\text{m}^3/\text{s}$）一支，应具有与检漏仪检漏口相连接的接头，标准漏孔进气端的管子应很短，使喷枪喷嘴能够方便地靠近漏气元件进口；

3）喷枪一把；

4）氦气瓶及氦气袋；

5）秒表一只；

6）液氮（检漏仪需用时准备）。

2. 操作步骤及要点

1）起动检漏仪的前级泵和高真空泵，加液氮（检漏仪需用时），使质谱室压力达到工作压力（一般为 5×10^{-2}Pa 左右）。

2）开灯丝，调整检漏仪各参数，调氦峰，使其处于最佳工作状态。

3）将标准漏孔与检漏仪检漏口相连，打开检漏仪预抽系统对标准漏孔出口端抽气，当压力低于5Pa后打开检漏阀使标准漏孔与质谱室连通，继续抽气使质谱室压力达到工作压力。

4）测本底 I_0。在标准漏孔进气端未施氦的情况下，当仪器输出指示稳定后读出仪器输出指示值即本底 I_0。

5）用喷枪向标准漏孔进气端喷吹氦气，当输出指示稳定后读出指示值 I，那么，标准漏孔的信号值 $\Delta I=I-I_0$。

6）计算出相当于标准漏孔的信号值 ΔI 的37%的仪器输出指示值 I'，即

$$I'=0.37\left(I-I_0\right)+I_0 \tag{15-4}$$

7）标准漏孔进气端停止喷吹氦气并同时按下秒表开始计时，当输出指示下降 I' 值时停止计时，此时秒表记录的时间便为该检漏仪的清除时间。

15.1.5 喷吹检漏法操作

1. 所需条件

1）氦质谱检漏仪一台；

2）通道型标准漏孔（漏率 10^{-7}～10^{-9}Pa · m^3/s）一支，应具有与被检容器相连接的接头；

3）喷枪一把；

4）氦气袋一个；

5）具有环焊缝和竖焊缝的被检容器一个，容积大于 100L，其上具有与标准漏孔、辅助泵及检漏仪相连的接头及管道，焊缝上有一漏孔（位置不标示，漏率在 10^{-7}～10^{-9}Pa · m^3/s 之间并事先标定）；

6）辅助泵（机械泵，抽速 1L/s）一台；

7）低真空阀一个。

2. 操作步骤及要点

1）将被检容器与检漏系统连接好。将标准漏孔接在被检容器远离检漏仪的位置上。

2）起动检漏仪，调整好检漏仪的参数使其处于检漏状态。

3）开辅助泵及辅助阀，将被检容器抽至低真空（5Pa 以下）。

4）打开检漏仪的检漏阀使检漏仪质谱室与被检容器连通。

5）以检漏仪能正常工作为度，尽量关小辅助阀。

6）当仪器输出指示稳定后记下其稳定值，该值为本底 I_0。

7）对标准漏孔喷吹氦气，当仪器输出指示稳定后记下其稳定值 I_1，（I_1-I_0）值为标准漏孔信号值。

8）用喷枪对标准漏孔喷吹氦气，确定检漏系统的反应时间。

9）关闭标准漏孔阀，使仪器输出指示恢复到本底值 I_0。

10）用喷吹法对被检容器进行检漏，要做到：

① 检竖焊缝时要从上往下检。检水平焊缝时要由近而远检（相对于检漏仪位置）；

② 喷枪的移动速度要由反应时间来确定，不能太快。喷枪离被检表面的距离不能太大（5mm 以内）；

③ 检漏仪输出指示一旦上升，要立即将喷枪移开，待输出指示下降后再喷，观察输出指示是否再次上升，要反复多次以验证是否真正有漏。

11）一旦发现漏孔，要在漏孔的位置旁作上明显的标记，当仪器输出指示稳定后记下其稳定值 I_2，（I_2-I_0）值为漏孔产生的漏气信号。

12）利用下面公式计算被检出的漏孔的漏率 Q。

$$Q=\frac{(I_2-I_0)}{(I_1-I_0)}Q_0 \tag{15-5}$$

15.1.6 氦罩检漏法操作

1. 所需条件

1）氦质谱检漏仪一台；

2）通道型标准漏孔（漏率 10^{-7}～10^{-9}Pa · m^3/s）一支，应具有与被检容器相连接；

3）塑料布一块（30×5cm^2）；

4）医用胶布一卷；

5）玩具充气咀一个；

6）喷枪一把；

7）氦气瓶或氦气袋一个；

8）具有环焊缝和竖焊缝的被检容器一个，容积 20L 左右，其上具有与标准漏孔及检漏仪相连的接头及管道，焊缝上有一漏孔（位置不标示，漏率在 10^{-7}～10^{-9}Pa·m^3/s 之间并事先标定）。

2. 操作步骤及要点

1）将被检容器与检漏仪及标准漏孔连好，起动检漏仪，调整好检漏仪的参数使其处于检漏状态。

2）将玩具气咀用胶布贴在塑料布中间，并将塑料布用胶布贴在被检容器上的某段焊缝上成为氦罩。

3）将氦罩内的空气基本挤出后，将与氦气袋相连的喷枪插入玩具气咀中，向氦罩内充入氦气，观察检漏仪输出指示有无变化。如无变化，移动氦罩至另一段焊缝上进行检漏，用这种氦罩分段检查焊缝法，直到把漏气区段找出来为止；如有变化，则可认为该段焊缝上有漏，记下检漏仪输出指示变化值。

4）用标准漏孔比较法校准出该段焊缝的漏率值来。

15.1.7 真空室检漏法操作

1. 所需条件

1）氦质谱检漏仪一台；

2）真空容器一个，容积约 20L，其上具有与标准漏孔、辅助泵、充气管道及检漏仪相连的接头及管道。

3）带阀门和氦室的渗氦型标准漏孔（漏率 10^{-9}～10^{-8}Pa·m^3/s，漏率 Q_0 已知）一支，应具有与真空容器相连接的接头；

4）氦气瓶一个；

5）被检容器一个，容积约 2L，其上具有与氦气瓶相连的接头及管道，容器上有一漏孔（位置不标示，漏率事先标定，漏率 10^{-9}～10^{-8}Pa·m^3/s）；

6）辅助泵（机械泵，抽速 1L/s）一台；

7）低真空阀一个。

2. 操作步骤及要点

1）将真空容器与检漏仪、低真空阀、辅助泵、标准漏孔连接好。将被检容器放入真空容器中，并与氦气瓶连接好。充气管道穿过真空容器处的接头要密封好。

2）起动检漏仪，调整好检漏仪的参数使其处于检漏状态。

3）检漏。其步骤为：

① 用辅助泵预抽真空容器，然后打开检漏阀使真空容器与检漏仪相通。

② 当仪器输出指示稳定后记下其稳定值，该值为本底 I_0。

③ 打开标准漏孔阀，当仪器输出指示稳定后记下其稳定值 I_1，(I_1-I_0) 值为标准漏孔信号值。

④ 关闭标准漏孔阀，使仪器输出指示恢复到本底值 I_0。

⑤ 被检容器中充入一个表压的氦气（浓度γ约 50%），当仪器输出指示稳定后记下其稳定值I_2，(I_2-I_0)值为被检容器产生的漏气信号。

4）利用下面公式计算被检容器的漏率Q。

$$Q=\frac{(I_2-I_0)}{(I_1-I_0)}Q_0\frac{1}{\gamma} \tag{15-6}$$

15.1.8 检漏盒检漏法操作

1. 所需条件

1）氦质谱检漏仪一台，其上具有与标准漏孔相连的接头；

2）检漏盒一个，其上具有与检漏仪相连的管道与接头；

3）拼焊成的平钣被检件一件，其上有条焊缝，焊缝上有一漏孔，其漏率Q事先标定，漏率10^{-9}～10^{-8}Pa·m^3/s；

4）带阀门和氦室的渗氦型标准漏孔（漏率10^{-9}～10^{-8}Pa·m^3/s，漏率Q_0已知）一支，应具有与检漏仪相连接的接头；

5）喷枪一把；

6）氦气袋一个；

7）真空泥少许；

8）辅助泵（机械泵，抽速 1L/s）一台；

9）辅助阀（低真空阀）一个。

2. 操作步骤及要点

1）将检漏仪与簿膜渗氦型标准漏孔、检漏盒、辅助泵、辅助阀等连接成检漏系统。

2）起动检漏仪，调整好检漏仪的参数使其处于检漏状态。

3）将检漏盒扣在被检焊缝上，用真空泥密封好。

4）起动辅助泵，打开辅助阀将检漏盒抽空。

5）打开检漏阀使检漏盒与检漏仪相通。

6）当仪器输出指示稳定后记下其稳定值，该值为本底I_0。

7）打开标准漏孔阀，当仪器输出指示稳定后记下其稳定值I_1，(I_1-I_0)值为标准漏孔信号值。

8）关闭标准漏孔阀，使仪器输出指示恢复到本底值I_0。

9）在焊缝的另一面喷吹氦气找漏，观察检漏仪输出指示有无变化。如无变化，关检漏阀使检漏盒与检漏仪断开，关辅助阀，对检漏盒放气，移动检漏盒至另一段焊缝上，重复 3）～5）。

10）喷吹氦气继续找漏（用这种检漏盒分段检查焊缝，直到把漏孔找出来为止），如检漏仪输出指示有变化，则可认为该处焊缝上有漏，当仪器输出指示稳定后记下其稳定值I_2，(I_2-I_0)值为漏孔产生的漏气信号。

11）利用下面公式计算被检容器的漏率Q。

$$Q=\frac{(I_2-I_0)}{(I_1-I_0)}Q_0 \tag{15-7}$$

15.1.9 实际漏孔漏率的测定操作

1. 所需条件

1）氦质谱检漏仪一台；

2）被检真空容器一个，容积大于 100L，上面有与标准漏孔、高真空机组相连的接头和法兰；被检容器焊缝上有一漏孔，漏率 10^{-7}～10^{-9}Pa · m³/s（事先标定）；

3）带阀门和氦室的渗氦型标准漏孔（漏率 10^{-9}～10^{-8}Pa · m³/s，漏率 Q_0 已知）一支，应具有与检漏仪相连接的接头；

4）高真空机组（抽速＞100L/s）一台；具有与检漏仪及被检真空容器相连的接头、法兰和管道，具有前级阀；

5）喷枪一把；

6）氦气及氦气袋。

测试系统如图 15-1 所示。

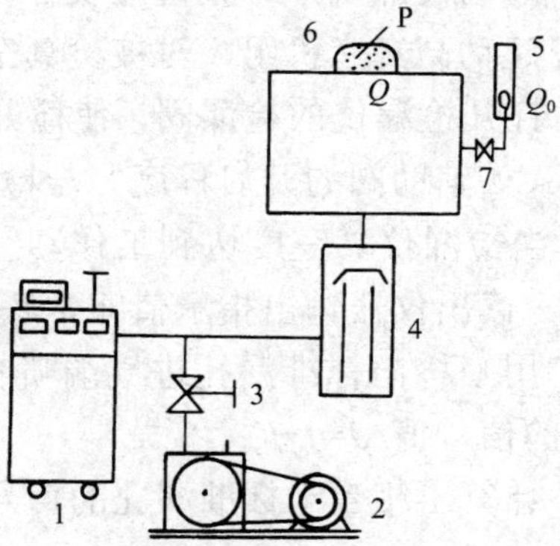

图15-1 实际漏孔漏率的测试系统

1—检漏仪 2—辅助泵 3—辅助阀 4—次级泵 5—渗氦型标准漏孔 6—实际漏孔 7—标漏阀

2. 操作步骤及要点

1）将检漏仪、被检容器及标准漏孔按图 15-1 连接好；

2）起动检漏仪，调整检漏仪各参数使其处于检漏状态；

3）开高真空机组，将被检容器抽真空至 10^{-2}Pa 以下压力；

4）打开检漏仪的检漏阀使检漏仪与检漏系统相通，并适当关小辅助阀，维持检漏仪的正常工作压力；

5）当仪器输出指示稳定后记下其稳定值，该值为本底 I_0；

6）用喷吹法找出被检容器上的漏孔位置来，当仪器输出指示稳定后记下其稳定值 I_2，（I_2-I_0）值为实际漏孔产生的信号；

7）打开标准漏孔阀，当仪器输出指示稳定后记下其稳定值 I_1，（I_1-I_0）值为标准漏孔信号值；

8）利用下式计算出实际漏孔漏率 Q

$$Q = \frac{(I_2 - I_0)}{(I_1 - I_0)} Q_0 \tag{15-8}$$

15.1.10 检漏系统反应时间的测试操作

1. 所需条件

1）氦质谱检漏仪一台；

2）被检真空容器一个，容积大于 100L，上面有与标准漏孔相连的接头，具有与高真空机组相连的法兰或接头和管道；

3）通道型标准漏孔（漏率 10^{-7}～10^{-9}Pa · m³/s）一支，应具有与被检真空容器相连接的接头，标准漏孔进气端的管子应很短，使喷枪喷嘴能够方便地靠近漏气元件进口；

4）高真空机组（抽速＞100L/s）一台；具有与检漏仪及被检真空容器相连的接头、

法兰和管道，具有前级阀；

5）喷枪一把；

6）氦气及氦气袋；

7）秒表一只。

2. 操作步骤及要点

1）将检漏仪、被检容器及标准漏孔连接好（假设该系统为检漏系统）；

2）起动检漏仪，调整检漏仪各参数，使其处于检漏工作状态；

3）起动高真空机组，对被检真空容器抽真空（压力 10^{-2}Pa 以下）；

4）打开检漏仪的检漏阀，使检漏仪与检漏系统连通，并使检漏系统的其他参数和工作状态（如辅助阀的开启程度）与检漏时保持一致；

5）当检漏仪真空度达到工作真空度且输出指示稳定后，在标准漏孔进气端未施氦的情况下，读出仪器输出指示值即本底 I_0；

6）用喷枪向标准漏孔进气端喷吹氦气，当输出指示稳定后读出指示值 I，那么，标准漏孔的信号值 $\Delta I=I-I_0$；

7）计算出相当于标准漏孔的信号值 ΔI 的 63%的仪器输出指示值 I'，即

$$I'=0.63（I-I_0）+I_0$$

8）停止喷氦，并清除标准漏孔进气端的氦气，使输出指示恢复至本底 I_0 值；

9）向标准漏孔进气端喷吹氦气并同时按下秒表开始计时，当输出指示上升到 I' 值时停止计时，此时秒表记录的时间便为该检漏系统的反应时间。

15.1.11 检漏系统最小可检漏率的校准

1. 所需条件

1）氦质谱检漏仪一台；

2）被检真空容器一个，容积大于 100L，上面有与标准漏孔相连的接头，具有与高真空机组相连的法兰或接头和管道；

3）通道型标准漏孔（漏率 10^{-7}～10^{-9}Pa · m^3/s，漏率 Q_0 已知）一支，应具有与被检真空容器相连接的接头，标准漏孔进气端的管子应很短，使喷枪喷嘴能够方便地靠近漏气元件进口；

4）高真空机组（抽速＞100L/s）一台，具有与检漏仪及被检真空容器相连的接头、法兰和管道，具有前级阀；

5）喷枪一把；

6）氦气及氦气袋。

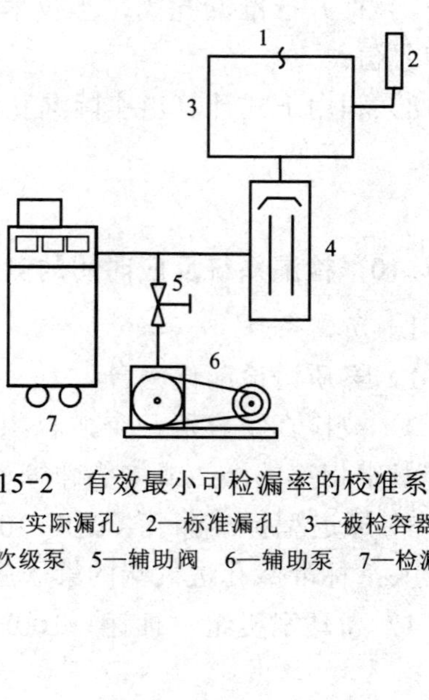

图15-2 有效最小可检漏率的校准系统

1—实际漏孔 2—标准漏孔 3—被检容器 4—次级泵 5—辅助阀 6—辅助泵 7—检漏仪

2. 操作步骤及要点

1）将检漏仪、被检容器及标准漏孔按图 15-2 连接好（假设该系统为检漏系统）。

2）起动检漏仪，调整检漏仪各参数，使其处

于检漏工作状态。

3）起动高真空机组，对被检真空容器抽真空（压力 10^{-2}Pa 以下）。

4）打开检漏仪的检漏阀，使检漏仪与检漏系统连通，并使检漏系统的其他参数和工作状态（如辅助阀的开启程度）与检漏时保持一致。

5）当检漏仪真空度达到工作真空度且输出指示稳定后，在标准漏孔进气端未施氦的情况下，读出仪器输出指示值即本底 I_0。

6）测本底噪声 I_n。在标准漏孔进气端未施氦的情况下，当仪器输出指示稳定后，读出仪器输出指示（即本底 I_0）在 2min 内的最大变化值ΔI_0，共测 10 次ΔI_0，取其平均值作为本底噪声 I_n 值。测试过程中偶尔出现的大的脉冲值可以略去不计。

7）用喷枪向标准漏孔进气端喷吹氦气，当输出指示稳定后读出指示值 I，那么，标准漏孔的信号值$\Delta I=I-I_0$。

8）计算检漏系统最小可检漏率 $Q_{\min}$，信噪比取 1，其计算公式为：

$$Q_{\min}\leqslant\frac{I_n}{(I-I_0)}Q_0 \tag{15-9}$$

15.1.12 真空室累积检漏法操作

1. 所需条件

1）氦质谱检漏仪一台；

2）被检真空容器一个，容积大于 100L，被检容器焊缝上有一漏孔，漏率 10^{-7}～10^{-4}Pa · m^3/s（事先标定）；被检容器上面有与标准漏孔相连的接头，具有与累积阀相连的法兰或接头和管道；

3）带氦室和阀门的标准漏孔（漏率 10^{-7}～10^{-4}Pa · m^3/s，漏率 Q_0 已知）一支，应具有与被检真空容器相连接的接头；

4）累积阀（能快速开关的，如电磁阀，插板阀）一个，具有与被检真空容器相连的接头、法兰和管道；

5）氦罩（由塑料薄膜制作）；

6）医用胶布或塑料胶带一卷；

7）氦气及氦气袋；

8）喷枪一把；

9）秒表一个；

10）低真空阀（辅助阀）一个；

11）机械泵（辅助泵）一台（2L/s）。

2. 操作步骤及要点

1）按图 15-3 连接好检漏系统。

2）起动检漏仪，调整检漏仪各参数，使其处于检漏工作状态。

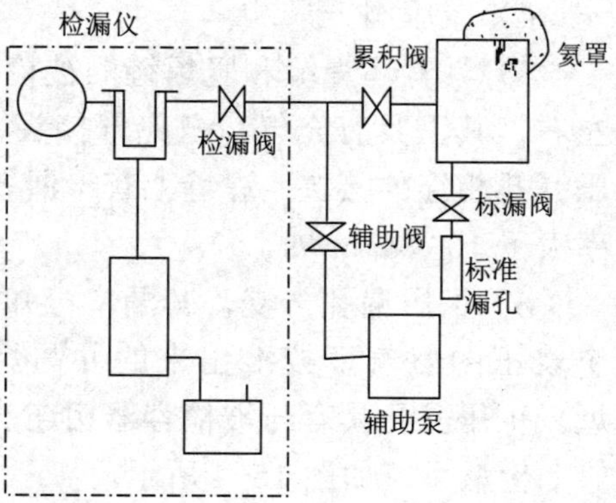

图15-3 真空室累积法检漏系统

3）开辅助泵，开辅助阀，开累积阀，对被检真空容器抽真空至 10^{-2}Pa 左右。

4）打开检漏仪的检漏阀，使检漏仪与被检真空容器连通，并尽量关小辅助阀，保证检漏仪正常工作压力。

5）测本底变化量。当氦罩内未充氦气时，在累积阀打开的情况下，读出检漏仪稳定的输出指示值，设为 I_0。然后，关累积阀，累积时间 t 后，打开累积阀，读出检漏仪输出指示的最大值（峰值），设为 I_1。那么，I_1-I_0 便是在累积时间 t 内本底的变化值。

6）测标准漏孔引起的变化值。当氦罩内未充氦气时，打开累积阀，打开标漏阀，待平衡后，读出检漏仪输出指示值，设为 I_2。然后关闭累积阀，累积时间 t 后，打开累积阀，读出检漏仪输出指示的最大值（峰值）设为 I_3。那么，I_3-I_2 便是氦漏率为 Q_0 的标准漏孔在累积时间 t 内引起的输出指示的变化值。

7）测被检容器漏孔引起的变化值。关闭标漏阀，打开累积阀，向氦罩内充入所需压力的氦气（或浓度为γ的氦混合气），待平衡后，读出检漏仪输出指示值，设为 I_4。然后关累积阀，累积时间 t 后，打开累积阀，读出检漏仪输出指示的最大值（峰值），设为 I_5。那么，I_5-I_4 便是被检件上被氦罩罩住部分（被检部位）的所有漏孔在累积时间 t 内引起的输出指示的变化值。

8）计算漏率。被检部位漏孔对氦的漏率 Q 便可以通过下式计算出来：

$$Q=\frac{Q_0}{[(I_3-I_2)-(I_1-I_0)]}[(I_5-I_4)-(I_1-I_0)] \tag{15-10}$$

15.2 氦质谱充压吸枪检漏操作

15.2.1 吸枪直闻检漏法操作

1. 所需条件

1）氦质谱检漏仪一台；

2）可调流量的吸枪一把及其与检漏仪相连的管道；

3）氦气瓶；

4）减压阀一只；

5）具有环焊缝和竖焊缝的被检容器一个，容积 20L 左右，其上具有充气口及充气接头、充气管道以及与正压漏孔相连的接头。焊缝上有一漏孔（位置不标示），漏率大于 $10^{-6}\mathrm{Pa\cdot m^3/s}$。

6）正压漏孔一支，其漏率已知为 Q_0，Q_0 值是在一个表压的氦气下校准出来的并与焊缝上的漏孔漏率接近。正压漏孔具有与被检容器相连的接头。

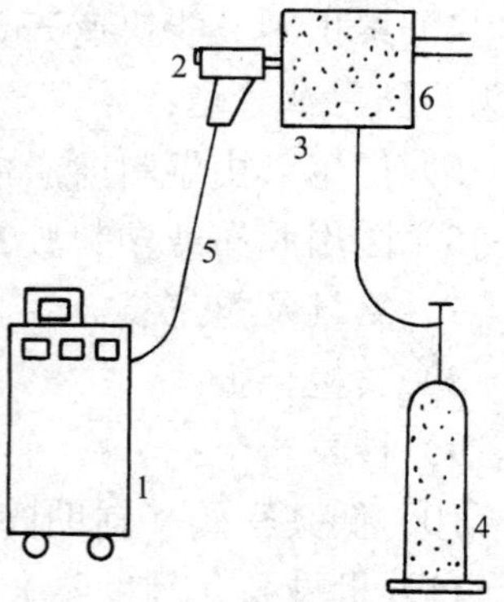

图15-4 吸枪法检漏系统
1—检漏仪 2—吸枪 3—被检容器 4—氦气瓶 5—软管 6—正压漏孔

检漏系统如图 15-4 所示。

2. 操作步骤及要点

1）将被检容器与氦气瓶及正压漏孔连好，充入一个表压的氦气（浓度约 50%）。

2）将吸枪与检漏仪连好，起动检漏仪，调整好检漏仪的参数使其处于检漏状态。

3）调好吸枪流量，用吸枪对被检容器进行检漏，并应做到：

① 从下往上检竖焊缝。

② 吸枪的移动速度不能太块，吸枪与被检表面的距离（5mm以内）不能太大。

③ 检漏仪输出指示一旦上升，要立即将吸枪移开，待输出指示下降后再吸，观察输出指示是否再次上升，要反复多次以验证是否真正有漏。一旦发现漏孔，要立即记下检漏仪输出指示变化值 I，并在漏孔的位置旁作上明显的标记后再继续进行检漏。

④ 将吸枪对准正压漏孔，记下检漏仪输出指示变化值 I_0，这样，检出漏孔的漏率 Q 便可以通过下式计算出来。

$$Q=\frac{Q_0}{I_0}I \tag{15-11}$$

15.2.2 吸枪累积正压漏孔定标检漏法操作

1. 所需条件

1）氦质谱检漏仪一台；

2）被检压力容器一个，容积2L左右，具有与充气系统相连的接头和堵头，被检容器焊缝上有一漏孔，漏率 $10^{-7}\sim10^{-4}\text{Pa}\cdot\text{m}^3/\text{s}$（事先标定）；

3）集气容器一个，容积 10L 左右，上面有与正压漏孔相连的接头，具有吸枪插入孔，集气容器一端应有大门或法兰，可将被检容器放入，或塑料局部包覆累积袋一个，容积视被包体积大小而定，上面具有吸枪插入孔及与正压漏孔相连的接头；

4）带氦室和阀门的正压漏孔（漏率 $10^{-4}\text{Pa}\cdot\text{m}^3/\text{s}$ 左右，漏率 Q_0 已知）一支，应具有与集气容器（或塑料局部包覆累积袋）相连接的接头；

5）氦气瓶及充气管道；

6）吸枪一把，具有与检漏仪相连接的接头及连接软管（1m左右）；

7）秒表一个。

2. 操作步骤及要点

1）起动检漏仪，调整检漏仪各参数，使其处于检漏工作状态。

2）将吸枪与检漏仪连好，并调整吸枪流导使检漏灵敏度较高。

3）将被检容器与充气管路连好放入集气容器中，并将集气容器密封好（或用塑料局部包覆累积袋将被检容器待检部位包覆好）。

4）将吸枪插入集气容器（或塑料局部包覆累积袋）中，读出检漏仪输出指示值 I_0，该值为集气容器（或塑料局部包覆累积袋）中空气中的氦本底值。

5）打开正压漏孔阀后，将正压漏孔接在集气容器（或塑料局部包覆累积袋）上，待检漏仪的输出指示稳定后测得检漏仪的输出指示值 I_1，并同时按秒表开始记时，拔出吸枪。

6）经过 t_1 时间后，将吸枪插入集气容器（或塑料局部包覆累积袋）中，测得检漏仪的输出指示值 I_2，拔出吸枪，关正压漏孔阀。

7）被检容器中充入表压为1atm（10^5Pa）的氦气，若大气压为 p_0，则被检容器中的氦浓度

$$\gamma=\frac{1\times10^5}{1\times10^5+p_0}$$

再次将吸枪插入集气容器（或塑料局部包覆累积袋）中，测得对应的输出指示值为 I_3，并同时按秒表开始记时，拔出吸枪。

8）经过 t_2 时间后，将吸枪插入集气容器（或塑料局部包覆累积袋）中，测得检漏仪的输出指示值 I_4。

9）被检容器（或塑料局部包覆部位）的氦漏率 Q 便可以由下式算出：

$$Q = \frac{Q_0 t_1}{(I_2 - I_1)}(I_4 - I_3)\frac{1}{t_2 \gamma} \tag{15-12}$$

15.2.3 吸枪累积标准气体量定标检漏法操作

1. 所需条件

1）氦质谱检漏仪一台；

2）被检压力容器一个，容积 2L 左右，具有与充气系统相连的接头和堵头，被检容器焊缝上有一漏孔，漏率 10^{-7}～10^{-4}Pa · m^3/s（事先标定）；

3）集气容器一个，容积 10L 左右，上面具有吸枪插入孔及标准气体放入孔，集气容器一端应有大门或法兰，可将被检容器放入，或塑料局部包覆累积袋一个，容积视被包体积大小而定，上面具有吸枪插入孔及标准气体放入孔；

4）装标准气体量小容积一个，（其体积 v_0 及氦气绝对压力 p_0 已知，即气体重 $q= p_0 v_0$ 约 10^{-2}～10^{-3}Pa · m^3）；

5）氦气瓶及充气管道；

6）吸枪一把，具有与检漏仪相连接的接头及连接软管（1m 左右）；

7）秒表一个；

8）塑料胶带一卷。

检漏系统如图 15-5 所示。

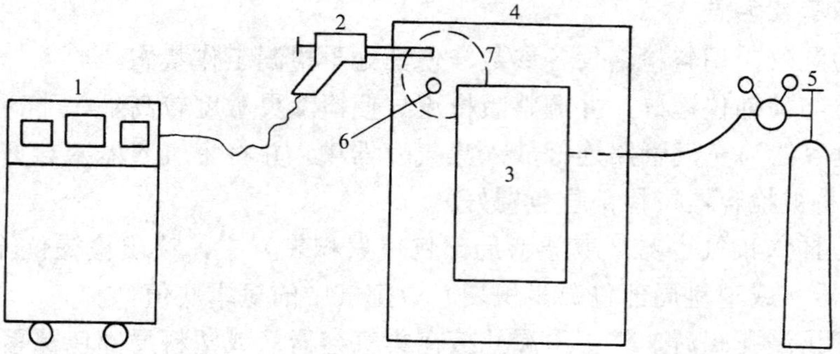

图15-5 吸枪累积标准气体量小容积定标检漏法检漏系统

1—检漏仪 2—吸枪 3—被检容器 4—集气容器

5—氦气源 6—标准气体量小容积 7—局部包覆累积袋

2. 操作步骤及要点

1）起动检漏仪，调整检漏仪各参数，使其处于检漏工作状态。

2）将吸枪与检漏仪连好，并调整吸枪流导使检漏灵敏度较高。

3）将被检容器与充气管路连好后放入集气容器中，并将集气容器密封好（或用塑料局部包覆累积袋将被检容器待检部位包覆好，周边用胶带密封）。

4）被检容器中充入氦气使容器压力（表压）为 1atm（10^5Pa），若大气压为 p_0，则被检容器中的氦浓度

$$\gamma = \frac{1\times 10^5}{1\times 10^5 + p_0}$$

5）将吸枪插入集气容器（或塑料局部包覆累积袋）中，读出检漏仪输出指示值 I_0，并同时按秒表开始记时，该 I_0 值为 t=0 时集气容器（或塑料局部包覆累积袋）中的氦本底值，拔出吸枪。

6）经过 t_1 时间累积后，将吸枪插入集气容器（或塑料局部包覆累积袋）中，测得检漏仪的输出指示值 I_1，拔出吸枪。

7）将装标准气体量的小容积放入集气容器（或塑料局部包覆累积袋）中，待检漏仪的输出指示稳定后测得检漏仪的输出指示值 I_2，并同时按下秒表停止记时，记下时间 t_2，拔出吸枪。

8）被检容器（或塑料局部包覆部位）的氦漏率 Q 便可以由下式算出：

$$Q = \frac{q + Q(t_2 - t_1)}{(I_2 - I_1)}(I_1 - I_0)\frac{1}{t_1\gamma}$$

$$Q = \frac{q(I_1 - I_0)}{(I_2 - I_1)t_1\gamma - (t_2 - t_1)(I_1 - I_0)} \tag{15-13}$$

15.3　氦质谱背压检漏法操作

15.3.1　压氦背压检漏法操作

1. 所需条件

1）被检密闭电子器件一个，内腔未充过氦，器件确实有漏，且漏率小于 10^{-6}Pa · m³/s；

2）带真空室的密闭小器件检漏用的氦质谱检漏仪一台，最小可检漏率应小于 1×10^{-11}Pa · m³/s，应具有与标准漏孔相连接的接头；

3）粗抽泵一台，具有能与加压容器连接的接头及与加压容器断开的阀门；

4）加压容器，能够承受 1.0MPa（10atm）表压的压力，能抽低真空，其顶面有能较快打开的盖子，容器上装有–0.1～0～1.0MPa 的真空压力表；

5）装有高压干燥空气（或氮气）的气瓶，纯度不低于 99.99%，瓶上装有压力调节器及喷吹管道；

6）装有高压氦气的气瓶，纯度不低于 99.99%，瓶上装有压力调节器及与充气系统连接的管道；

7）充气系统，具有能与加压容器连接的接头及与加压容器断开的阀门；

8）标准漏孔（漏率 10^{-7}～10^{-9}Pa · m³/s，漏率 Q_0 已知）一支，应具有与氦质谱检漏

仪相连接的接头；

9）秒表；

10）烘箱，烘烤温度可达150°C以上；

11）干净镊子一把；

12）干净盘一个。

检漏系统如图15-6所示。

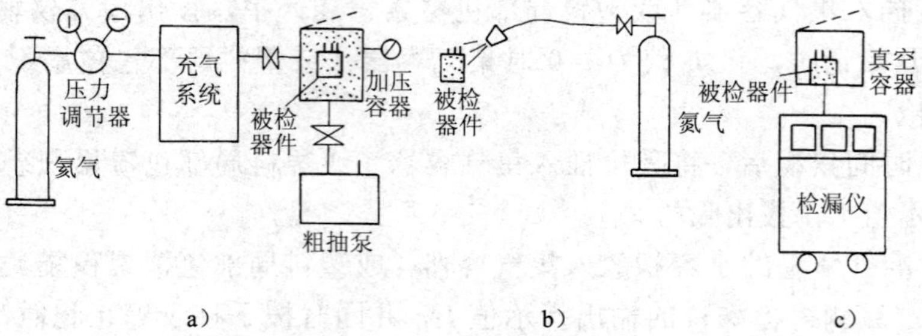

图15-6　压氦背压检漏系统

a）加氦压　b）净化　c）检漏

2. 操作步骤及要点

1）对被检件表面进行处理。油脂用有机溶剂去除，指印用拭布擦除，细布毛等用干燥空气（或氮气）吹除。再放入100°C烘箱中贮存1h，冷却后用干净镊子取出。

2）把被检件放入加压容器中，盖上并紧固盖子，用粗抽泵将加压容器抽至100Pa以下。

3）用充气系统向加压容器充氦，充氦压力达到p_E（绝压，取0.5MPa）后停止充气，并开始记时。

4）起动检漏仪，调整检漏仪各参数，使其处于检漏工作状态。装上标准漏孔，校准检漏仪，使检漏仪能直接读出氦漏率值来。

5）保压t_1（取7200s，2h）后停止记时。

6）加压容器放气，将压力降至常压后开始记时。

7）打开加压容器盖子，用干净镊子从中取出被检件放入干净盘中，用干燥空气（或氮气）吹被检件表面5min。

8）用干净镊子从干净盘中取出被检件放入氦质谱检漏仪的真空室中，盖上盖子，对真空室粗抽，压力低于10^{-2}Pa后打开检漏阀（此过程一般是自动完成的）开始检漏，停止记时，记下从降压完毕到开始检漏这段时间t_2，并记下检漏仪的漏率指示值即测量漏率Q_R。

9）被检器件的实际漏率（等效标准漏率）值Q_L可由下式算出：

$$Q_R=\frac{Q_L p_E}{p_0}\sqrt{\frac{M_A}{M}}\left[1-\exp(-\frac{Q_L t_1}{Vp_0}\sqrt{\frac{M_A}{M}})\right]\exp\left[-\frac{Q_L t_2}{Vp_0}\sqrt{\frac{M_A}{M}}\right] \tag{15-14}$$

式中　Q_R——被检器件的测量漏率，Pa·cm³/s；

Q_L —— 被检器件的实际漏率（等效标准漏率），$Pa \cdot cm^3/s$；

p_E —— 加氦（轰击）压力，Pa；

p_0 —— 大气压力，Pa；

M_A —— 空气的摩尔质量，28.7g/mol；

M —— 氦气的摩尔质量，4g/mol；

t_1 —— 加氦压（轰击）时间，s；

t_2 —— 从降压完毕到开始检漏这段时间（停顿时间），s；

V —— 被检器件的内腔体积，cm^3。

15.3.2 预埋氦背压检漏法操作

1. 所需条件

1）被检电子器件一个，其上有一根能充气、能抽气的管子，内腔末充过氦，器件确实有漏，且漏率小于 $10^{-6}Pa \cdot m^3/s$；

2）带真空室的密闭小器件检漏用的氦质谱检漏仪一台，最小可检漏率应小于 $1\times10^{-11}Pa \cdot m^3/s$，应具有与标准漏孔相连接的接头；

3）装有高压氦气的气瓶，纯度不低于 99.99%，瓶上装有压力调节器及与充气系统连接的管道；

4）充气系统，能抽低真空，且具有能与被检电子器件及氦气瓶连接的接头；

5）标准漏孔（漏率 10^{-7}～10^{-9} $Pa \cdot m^3/s$，漏率 Q_0 已知）一支，应具有与氦质谱检漏仪相连接的接头；

6）秒表；

7）干净镊子一把；

8）干净盘一个。

检漏系统如图 15-7 所示。

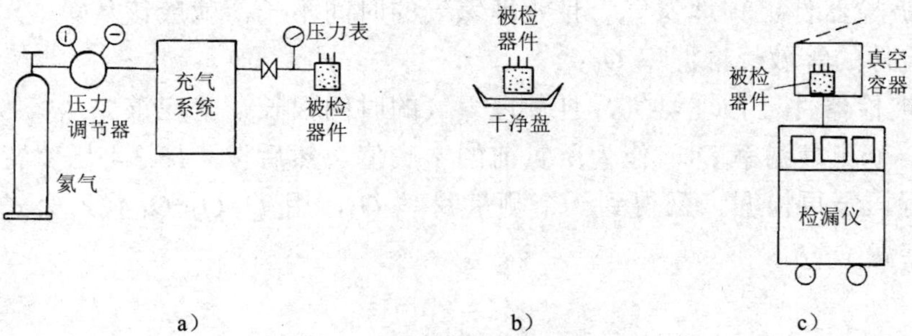

图15-7 预埋氦背压检漏系统

a）充氦 b）候检 c）检漏

2. 操作步骤及要点

1）对被检件表面进行处理。油脂用有机溶剂去除，指印用拭布擦除，细布毛等用干燥空气（或氮气）吹除。再放入 100°C 烘箱中贮存 1h，冷却后用干净镊子取出。

2）把充气系统与被检电子器件及氦气瓶连接好，用充气系统的粗抽泵将被检电子器件抽至 100Pa 以下。

3）用充气系统向被检电子器件充氦，充氦压力达到 p_E（绝压，取 0.15M a）后停止充氦。

4）从充气系统上用干净镊子取下被检电子器件，并将被检电子器件上的充气口密封好，开始记时，然后将被检电子器件放入干净盘子中候检。

5）起动检漏仪，调整检漏仪各参数，使其处于检漏工作状态。装上标准漏孔，校准检漏仪，使检漏仪能直接读出氦漏率值来。

6）候检一段时间（取 7200s，2h）后，用干净镊子从干净盘中取出被检件放入氦质谱检漏仪的真空室中，盖上盖子，对真空室粗抽，压力低于 10^{-2}Pa 后打开检漏阀（此过程一般是自动完成的）开始检漏，停止记时，记下从充压完毕到开始检漏这段时间 t_2，并记下检漏仪的漏率指示值即测量漏率 Q_R。

7）被检器件的实际漏率（等效标准漏率）值 Q_L 可由下式算出：

$$Q_R = \frac{Q_L p_E}{p_0}\sqrt{\frac{M_A}{M}}\exp\left[-\frac{Q_L t_2}{V p_0}\sqrt{\frac{M_A}{M}}\right] \tag{15-15}$$

式中 Q_R —— 被检器件的测量漏率，Pa · cm³/s；

Q_L —— 被检器件的实际漏率（等效标准漏率），Pa · cm³/s；

p_E —— 充氦压力，Pa；

p_0 —— 大气压力，Pa；

M_A —— 空气的摩尔质量，28.7g/mol；

M —— 氦气的摩尔质量，4g/mol；

t_2 —— 从充压完毕到开始检漏的这段候检时间，s；

V —— 被检器件的内腔体积，cm³。

注意：

① 如果被检器件已预埋氦气，且预埋氦气的时间不长，就应该从第 5）步开始测量并计算出被检件的等效标准漏率 Q_L；

② 如果被检器件已预埋氦气，且预埋氦气的时间很长，就应该先从第 5）步开始测量，检测出一个测量漏率 Q_1，作为压氦前的本底值。然后按“15.3.1 压氦背压检漏法操作”步骤进行压氦再检漏，又得到一个测量漏率 Q_2，用 $Q=Q_2-Q_1$ 代入公式中计算被检件的等效标准漏率 Q_L。

15.4 气泡检漏操作

按使被检件产生压力差方法的不同，气泡检漏可以分为三种，即充压法气泡检漏、热槽法气泡检漏和抽真空法气泡检漏。

15.4.1 充压法气泡检漏的操作

1. 对被检件充压

充压之前要仔细察看工艺规程和施工卡片，搞清楚充压压力的准确数值。还要搞清楚工艺规程所讲的压力是绝对压力还是相对压力（习惯上管相对压力叫表压）。相对压力（表压）是不计算大气压力的，在压力表上大气压力的显示值为“0”，也就是当被检件没有充压时，其压力为“0”；而绝对压力是要计算大气压力的，当被检件没有充压时，其压力已经是一个大气压了。假如图样上规定的是绝对压力，而你按相对压力（表压）去充压，就会超压，被检件就有可能破坏，是很危险的事情。

另外，压力容器在作充压检漏之前，按规定是要先作水压试验的。如果容器不首先经过水压试验的考核就直接作气体充压检漏，是很危险的，遇到这种情况，要找有关人员搞清楚，不要冒险充压检漏。

向被检件充压的速度应该有所控制，尤其是大容器。有的被检件图样规定充压要分阶段进行，就是不要一下子将压力充到最大值，而是先充一部分，比如40%，停顿一定时间，观察没有问题以后，再充10%或20%，一步一步逐渐地向上升。这样作对被检产品和检漏人员都是非常安全稳妥的，即便麻烦一些，我们也应该按规定去进行操作。

对被检件充气和放入水中的顺序应该是：先充气后放入水中。有的人将被检件放入水中以后再充气是不对的，在被检件内部没有充压的时候，小漏孔很容易被水堵塞，然后再充气，这些小漏孔可能就检不出来了。

一些大型的压力容器，在充压完毕以后，就不要再动它了（指的是移动、滚动、转动或搬动），充压的容器，内部贮存了大量的能量，此时对它的任何搬动都是不恰当的，都可能产生危害。万一容器破裂，内部贮存的巨大能量从裂口泄出，会产生强烈冲击波，具有极大的伤害力。

2. 漏点检测

气泡检漏是通过观察冒泡来判断被检件是否有漏和漏点位置的，可是在检漏过程中，由于某些外来因素的干扰，我们发现被检件冒泡的地方不一定是真的漏点，必须善于分辨各种干扰因素，才能找到真正的漏点。被检件表面的缝隙、盲孔、粘贴的标签都可能产生气泡，形成虚漏。但这都是由于某些寄生空间残留的气体造成，它的冒泡时间一般不会太长，冒泡也不规则，仔细观察，是可以与真漏孔冒泡相区别的。

被检件冒泡的状态是各种各样的：有的冒泡又多又快；有的冒泡虽然不快，但连续不断；有的冒一段时间不冒了，但过一段时间又冒泡了，冒冒停停；有的开始不冒泡，过一段时间以后才冒泡。所以，我们在观察冒泡的时候，不可过急，要有一定的观察时间。

观察冒泡的时候，可以使用放大镜和其他的光学仪器，提高检测小漏孔的能力。

在作涂肥皂水气泡检漏时，肥皂水自己很容易产生气泡，干扰检漏的正常进行，如果涂肥皂水时动作缓慢一些，可以减少这种气泡的产生。对法兰盘作涂肥皂水气泡检漏时，应该将它外边一圈的缝隙中涂满肥皂水，只涂局部是没有用的。

3. 漏率检测

气泡检漏属于低灵敏度的检漏方法，一般只作漏和不漏的判定，要求测量漏率的情况不多，但这并不是说气泡检漏就不能测量漏率。

在航天标准 QJ 1610 中规定了两种气泡检漏测量漏率的方法。其中方法 B 是用一个带计量刻度的密闭小容器，罩在被检试件上，将漏出的气泡收集在小容器中，经过一段

时间积累，小容器内的气体体积会产生一个增量，测出气体增量，就可算出试件的漏率 Q

$$Q=pV/t \tag{15-16}$$

式中　Q—— 漏率，$Pa \cdot m^3/s$；

p—— 当地大气压，Pa；

V—— 气体增量，m^3；

t—— 时间积累，s。

为了便于观察和计量，收集气泡的小容器应该选择下面大、上面小的形状，以便在较短的时间内观察到气体的增加量。

收集气泡的观察时间是越短越好，观察时间太长，环境温度变化就会增大，而环境温度与漏率关系密切，测量得到的数据误差就大。但是时间太短，收集到的气体量太少，又无法观察和计量，如果想得到比较准确的数据，就要设法使环境温度保持不变或变化很小。还有一个简单但又比较准确的办法就是，观察时间定为 24h，一般地讲，环境温度经过 24h 以后，基本上与前一天相同，这样测得的数据误差就比较小。

QJ 1610 中的方法 C 是将试件漏出的气体，通过一根管子引入水或酒精中，产生气泡，在试验参数稳定状态下，记录观察时间内的气泡逸出数量，可按标准中规定的公式计算试件漏率。在标准中规定的测量条件是：示漏液为酒精，引出管内径 5mm，浸入酒精下 5mm，记录时间不少于 15s。漏率 Q 按下式计算：

$$Q=np10^{-6}/14.1t \tag{15-17}$$

式中　Q—— 漏率，$Pa \cdot m^3/s$；

n——t 时间内漏出的气泡数；

p—— 当地大气压，Pa；

t—— 检测时间，s；

常数 14.1 的单位是 cm^{-3}。

该计算式是实验结果，如果试件漏率在 10^{-2}～$10^{-3}Pa \cdot m^3/s$，按上述规定条件，相当于每秒冒 1～2 个泡或 10s 冒 1～2 个泡，人们观察是比较方便的。如果试件漏率在 $10^{-1}Pa \cdot m^3/s$，相当于每秒冒 10～20 个泡，用人的眼睛就数不清楚了。如果想观察到 10^{-4} $Pa \cdot m^3/s$ 以下的漏率，就必须延长观察时间。

在使用这一方法的时候，要注意连接管路和管接头的密封性，如果密封不好，一部分气体在冒泡之前就跑掉了，肯定会影响漏率测量的准确度。

15.4.2　热槽法气泡检漏操作

热槽法气泡检漏一般应用于小型封闭被检件，如密封继电器、集成电路、压力传感器等。首先将热槽中的试验液加热到规定的温度并保持稳定，然后将被检件开口封严，放入热槽中。等待一段时间后，观察被检件是否有气泡冒出。这种检漏方法是靠被检件内腔气体被加热后压力升高而产生气泡的，所以被检件放人热槽中要等待一段时间后，才会产生冒泡，时间太短，可能看不到气泡造成误判。被检件内腔体积太小，内存气体量少，温度升高导致的气体量增加也少，冒泡数量就会很少，有时可能只冒一、两个泡，若观察不及时，看不到冒泡，就会漏检。所以对这种被检件的观察要特别小心。

还有一种热槽法气泡检漏，是先将一些氟里昂-113液体压入被检件内腔，然后再将它放入125℃热槽中。由于氟里昂-113液体的沸点只有约50℃，遇热后由液体变为气体，使被检件内腔压力升高，增加的气体量也很多，这些遇热后由液体变成的气体，可以较长时间冒泡。检漏效果很好。

热槽法气泡检漏也存在假漏冒泡的问题，当温度上升以后，试验液体自身会产生气泡，被检件表面吸附的一些有机物也会产生气泡，但这些假漏产生的气泡都比较凌乱，没有规则，位置也不固定。仔细观察，与真漏产生的气泡还是可以区分开的。

被检件如果有大漏，放进热槽中，会很快冒出许多大气泡，溅出一些热油。我们要防止这些热油溅在身上，伤害自己。

检漏时环境的照明条件应该符合规定，热槽中的试验液应该清洁无杂质，否则小气泡就看不到，造成漏检。

电子元器件检漏时，热槽中的试验液一般为FC-43氟油，加热温度125℃，温度高低靠设备自动控制。但是，我们在检漏时仍然需要不断关注温度的高低，特别要防止超过温度。温度超过规定，一是可能伤害被检件；二是在高温下，氟油要释放出许多有害气体，对人体不利。其实即便温度不超标，氟油也要释放相对少一些的有害气体，所以应该加强检漏环境的通风，比较简单的办法就是在热槽上面安装一个排油烟机。

15.4.3 抽真空气泡检漏操作

被检件开口封严，放入真空检漏容器，并在容器中倒入试验液，使其液面淹过被检件约5cm，用真空泵对检漏容器抽真空，使被检件内外产生压差，被检件内的气体就会通过漏孔向外泄漏，在试验液中形成气泡。

抽真空气泡检漏也存在假漏冒泡的问题，当检漏容器抽真空以后，溶解在试验液中的气体和吸附在被检件凹凸不平表面及缝隙中的气体会释放出来，形成气泡，对检漏造成干扰。但这些假漏产生的气泡也都比较凌乱，没有规则，位置也不固定，而且是越冒越少，仔细观察，与真漏产生的气泡还是可以区分开的。真漏产生的气泡位置比较固定，冒泡速度比较均匀，与假漏的冒泡差别还是比较大的。

抽真空气泡检漏前，应该对容器中的试验液预先抽真空一段时间，使溶解在试验液中的气体释放出来，经过这样处理以后，正式检漏时，试验液自身冒泡就很少了。检漏时，真空度不要抽得太高，也可以减少试验液和被检件假漏冒泡的干扰。

对大型被检件，不便直接放进试验液中检漏，可以作局部抽真空气泡检漏。在被检件需要检漏的位置涂刷试验液，然后将一个特制的检漏盒扣在被检部位，被检件与检漏盒接触部位用橡胶垫或真空密封泥密封，对检漏盒抽真空，通过检漏盒上的透明窗口观察被检件有没有气泡冒出。检漏盒的形状、大小要根据被检件外形设计制造。

用于观察气泡的试验液，可以使用无水乙醇、氟油和去离子水。试验液的表面张力系数越小，它的检漏灵敏度越高。无水乙醇、氟油的表面张力系数都比较小，检漏灵敏度较高，而水的表面张力系数比较大，所以灵敏度较差。普通未经处理的自来水含有很多杂质，对金属材料有腐蚀作用，不宜作为试验液使用。

第 16 章　检测结果的记录与评定

16.1　做好检漏过程的原始记录

检漏过程的许多原始状态和原始数据都是很有用的资料，不但检测结果的评定需要这些资料，而且在日后质量复查的时候，或装备出现问题需要查找原因的时候，更是不可少的证明材料。所以，检漏人员在检漏操作过程中，必须认真地作好有关数据和状态的原始记录。原始记录的内容应包括下列各项：

1）检漏仪的型号、编号。检漏仪在当天的噪声、最小可检漏率、反应时间、清除时间的实测值。

2）检漏系统在当天的噪声、有效最小可检漏率、反应时间、清除时间的实测值。

3）标准漏孔的种类、名称、编号以及它的标称值、鉴定日期及有效使用期。

4）被检件名称、图号、序号及漏率要求指标。

5）选用的检漏方法及执行的标准。

6）被检件检漏过程的有关数据：

① 检测部位及检测点；

② 漏点的具体位置；

③ 各检测点检漏时的反应值。

7）检漏人员姓名、检漏日期。

16.2　漏率计算

16.2.1　单点漏率计算

各种检漏方法的单点漏率计算都不一样，前面相关章节已经作过介绍。但是有一点必须注意，当所使用的检测方法在检测位置上没有检测到漏气信号时，该位置的单点漏率不能判定为“0”，其单点漏率应该是等于和小于该方法的有效最小可检漏率。

16.2.2　总漏率计算

有的检测方法可以直接对总漏率进行检测，检测完毕再通过相应计算就可以得出总漏率。但有的方法不能直接检测出总漏率，只能一个点一个点地检测出单点漏率，然后再将所有的单点漏率累积起来，算出总漏率。对于大型被检件，一般都是这样作的。但这样做会带来一些误差，比如一个大容器检漏，可以对所有的焊缝、焊点、法兰盘、接头等都进行分段检漏，然后再将所有的单点漏率累积起来，算出总漏率。但是容器的基本金属没有作检漏，有没有漏、漏多少你就说不清。再比如充压的被检件在水中作气泡检漏，有五个地方冒小泡，假定它的有效最小可检漏率是 1×10^{-6}Pa · m^3/s，总漏率累积起来就是 5×10^{-6}Pa · m^3/s，但是这么计算往往偏小，因为有一些小于 1×10^{-6}Pa · m^3/s 的漏孔可能检测不出来，总漏率没有将它们计算进去。

16.2.3　关于检漏仪漏率判读问题的讨论

在氦质谱检漏漏率判读计算方面，经常会出现一些错误的做法，若不将这些问题搞清楚，就有可能得出错误的结果，造成错判。下面就专门讨论这个问题。

现代检漏的概念认为：漏是绝对的，不漏是相对的，不同的产品有不同的漏率要求。因此检漏的任务，不但是检测工件漏或不漏，而且要给出漏率多少和漏点位置。

氦质谱检漏仪不但是目前具有较高灵敏度的一种检漏仪，它还能广泛应用已知漏率的对比漏孔，给出被检工件的漏率大小，因此在国内外，它已被广泛应用于各种密封工件的检测。

氦质谱检漏仪能对通过被检漏孔进入检漏仪的氦气电离，形成离子流，被检漏仪的接收极接收，经放大后在输出仪表上显示一个电量，电量的大小与通过漏孔进入仪器的氦气多少，也即漏率大小相关。但该电量所对应的漏孔漏率是多少，还必须借助一支标准漏孔进行比对才能得到。所谓标准漏孔即一支人为制造的微流量装置。它在规定条件下（温度、压力）对某种气体在单位时间内通过漏孔的气体量为恒定值即漏率值。按规定该漏率值的大小还必须经计量部门检定确认才可合法地用于检漏工艺过程，没有比对漏孔的参与，检漏仪它测不出被检工件漏孔的漏率大小，所以我们认为氦质谱检漏仪它是一种比对仪器而不是计量仪器。有些厂商往往宣传自己的检漏仪具有直读功能，可以直接测出被检工件的漏率大小，这种说法是很不严格的。

有了检漏仪，有了标准漏孔，还必须有合理的使用方法，才能达到正确的检漏结果。从某种意义讲，检漏过程就是一个比对过程。在对工件正式检漏前，要用标准漏孔调试检漏仪，测出仪器的最小可检漏率 $Q_{\min}$。这就是一个比对过程，在对工件的检漏中，找到了漏孔，仪器输出表显示了一个电量还必须模拟工件检漏状态，对已知漏率的标准漏孔再重复一次检漏过程。看输出表上显示多少电量，并以此为基准。计算出工件的漏率值。这也是对比过程；一批工件检漏完毕，或一个工作班结束时，还要用标准漏孔测试检漏仪的最小可检漏率值是否与开机时一致，这也是对比过程。检漏工作，从头到尾都在比对。但是，比对要讲条件，比对要合理，否则，通过比对得到的结果会发生问题。

工件检漏时，与检漏仪的连接方式多种多样，有抽真空后与检漏仪直接相连的；有充压后用检漏仪的吸枪在空气中取样再与检漏仪相连的；也有工件充压后作背压检漏的。另外被检工件有大有小，有的可以直接装在检漏口检漏，有的要通过抽空管道，抽空机组才能与检漏仪相连。在各种各样的检漏状态下，同样大小的一个漏孔检漏时，一定要讲究比对条件，总的一个原则是，工件在什么状态下检漏，标准漏孔也要模拟这一条件来进行比对，通过这样的比对，得到的工件漏率数值才是正确的。

一个体积大的工件，作抽空检漏不可能直接装在检漏仪的检漏口上，必须通过抽空管路，辅助真空机组才能进行。在这种情况下，检漏仪不处在最佳工作条件，仪器的灵敏度得不到充分发挥，有效最小可检漏率肯定大于仪器的最小可检漏率，是绝对不可以使用仪器的直读功能的。所以标准漏孔要装在被检工件上，与被检部位靠的越近越好，工件检漏时的吹氦方式，观察时间要与比对漏孔相一致。

对于小体积的工件作抽空检漏，可以直接放在仪器检漏口上，检漏吹氦后若发现工件有漏，输出表上有电量显示。工件检漏以后，应在不卸去工件的状态下，打开检漏仪的内置标准漏孔，观看此时它在检漏仪上的电量显示，并以此来计算工件的漏率值，这才是可靠的。有人提出对这种小件检漏 ，仪器处在最佳工作条件下，可以利用仪器的直读功能，勿须再作对比，这种说法有一定道理。但通过实践发现，若工件存在大漏，或工件安装时，安装口不能很好密封，会对仪器质谱室的真空度产生影响，仪器本底升高。在这种条件下，仪器的内置标准漏孔打开后显示的电量值与不装工件校准仪器显示的电量值是有差别的。所谓仪器的直读功能，是在仪器口封闭不带任何工件时，标准漏孔处在仪器的最佳状态下的显示的一个电量值。若所装工件很小，没有大漏，且装配口密封极好，使用这一数值直读出漏率，问题不大，但要求所有的小件检漏都能达到这一最佳条件，肯定是不可能的，因而即便是小件直接装在检漏口，也不宜使用仪器的所谓直读功能，否则是会产生误差的。

有的工件是在充压以后装入一个真空罐，真空罐再与检漏仪相连进行检漏的，此时检漏仪的工作状态与前面提到的抽空检漏相类似。若真空罐体积大，则必须用抽空管道相连甚至加辅助真空系统，这与前面提到的大容积抽空检漏相当，标准漏孔应装在真空罐上。若真空罐很小，可以直接装在检漏仪的检漏口上。在检漏过程中也应经常打开仪器内置标准漏孔，观看检漏前后的电量显示值有无差异，若有差异则不能使用仪器的直读功能。

在抽空检漏时，标准漏孔安装的位置合理后，还应注意吹氦浓度的影响，且前使用较多的标准漏孔均为渗氦型有源漏孔。它在使用时提供给检漏仪的是 100%的纯氦气，而对工件检漏吹氦时，通过漏孔进入检漏仪的氦气一般达不到 100%。所以，一定要注意，找到漏点后，要对准漏点用较大的氦气量吹氦，力争进入漏孔的氦浓度接近 100%，或对检漏数据进行必要的修正。

对于被检工件充压后，用氦质谱检漏仪的吸枪来作检漏，我们称之为正压检漏。以区别前面提到的抽空检漏。现在各检漏仪厂商在出售检漏仪时，提供的标准漏孔都是真空标准漏孔，它的使用条件是一端为 10^5Pa（1atm），另一端为小于 1kPa 的真空纯氦气向真空泄漏的漏率。对于抽空检漏，用它来比对并计算工件漏率是对的。所谓正压标准漏孔也是人为制造的有漏的装置，漏孔装在一个容器上，在容器内充有高于一个大气压的氦气，经计量部门检测，可以提供该装置在常温下，在所给定的充压压力下，某种气体通过漏孔向大气压的漏率值。

目前，工业领域大量的产品，都是在充压条件下使用的，为保证使用时的可靠性，在生产过程均应按工况作充压检漏。因此，如何正确测试正压检漏时的工件漏率也是目前值得注意的问题。由于多数检漏仪厂商在出售检漏仪时都不提供正压标准漏孔，对用户来讲就给正压检漏的漏率测定带来困难。有的用户就用各种各样的方法以真空标准漏孔来进行正压漏率测定。这必然会对检漏结果造成误差，甚至很大的误差，因为定量的依据就是错的。

即便有了正压标准漏孔，如何正确使用它，也要讲究比对条件，比对要合理，其总的要求也是：工件在什么状态下检漏，正压标准漏孔也应模拟这种状态为检漏仪提供比对所需的数据。其具体作法可参照航天标准 QJ 3089—1999。在本教材第 17 章将对正压检漏标准 QJ 3089—1999 作详细介绍。

无论应用哪一种检漏方法，检漏系统都有一个有效最小可检漏率。在具体检漏时，检漏仪没有漏率显示，不等于工作漏率为“零”。只说明工件漏率比该检漏系统的有效最小可检漏率 Q_e 还小，检测不出来了，所以在写工件的检漏报告时，要写工件漏率小于 Q_e，绝不能写工件漏率等于零。

16.3 数据处理及误差修正

16.3.1 温度修正

同一个漏孔，在不同的温度下其漏率是不一样的。按国家标准《无损检测术语 泄漏检测》GB/T 12604.7—1995 规定，标准漏率的温度是 25℃。如果检漏现场的环境温度不是 25℃，就应该对漏率值作相应修正。

$$Q=Q_1T/T_1 \tag{16-1}$$

式中 Q—— 被检件的标准漏率，$Pa\cdot m^3/s$；

Q_1—— 被检件在 T_1 温度时的漏率，$Pa\cdot m^3/s$；

T—— 标准漏率规定的温度 25℃（计算时用热力学温度，即 273℃+25℃）；

T_1—— 被检件的实际检测温度（计算时用热力学温度）。

氦质谱检漏时，标准漏孔的漏率数值也要随环境温度的变化而修正。通道型标准漏孔漏率的修正可参照以上公式作线性修正。渗氦型标准漏孔受温度影响变化比较大，温度变化 1℃漏率变化大约 4%，在使用渗氦型标准漏孔时，就按标准温度与实际温度的差值乘以 4%进行修正即可。

16.3.2 示踪气体浓度变化的修正

在作氦质谱检漏或卤素检漏时，因多方面的原因，使用的示踪气体浓度都不会是 100%，也没有必要都使用纯示踪气体。但是在作漏率比对时，标准漏孔在检漏仪上显示的漏率值确是 100%纯示踪气体的数值，所以，计算被检件漏率时就必须将它的影响考虑进去。通常是按线性关系修正漏率值的。

$$Q=Q'/D \tag{16-2}$$

式中 Q—— 被检件的标准漏率，$Pa\cdot m^3/s$；

Q'—— 相应浓度的漏率，$Pa\cdot m^3/s$；

D—— 示踪气体的体积分数，%。

有人认为按线性关系修正漏率值有误差，有时可能还是较大的误差。因为不同种类的气体在通过漏孔时，其流量是不一样的，示踪气体的体积分数为 50%，通过漏孔时不一定是 50%。所以他们认为，应该对标准漏孔使用与检漏时一样的示踪气体浓度，这样就可以消除误差。比如，作氦质谱抽真空检漏时，使用通道型标准漏孔，对被检件和标准漏孔的喷吹氦气浓度都是一样的；作氦质谱充压检漏时，正压标准漏孔的充氦气浓度与被检件相同，这样就不会有误差了。

上述两种作法都在合法应用，大家可根据自己的具体情况选择应用。

16.3.3 标准漏孔安装位置不同所需的修正

不论使用什么种类的检漏仪作检漏，仪器都无法直接给出被检件的漏率值，必须依靠与标准漏孔在相同的条件下作比对，才能得出被检件的漏率值。比如，作氦质谱抽真空检漏时，就应该将标准漏孔放在被检件漏点附近，这样得出的被检件漏率值最准确。

但是，在某些情况下，不可能在被检件上安装标准漏孔，只能够在检漏仪上安装标准漏孔。同一个标准漏孔，放在检漏系统的不同位置，检漏时检漏仪上显示的数值是不一样的，有时差别还很大。当被检件上不能安装标准漏孔，依靠检漏仪上安装的标准漏孔来比对计算漏率时，必然会产生一定的误差，应该加以修正。这一误差能有多大，必须通过工艺试验才能知道。准备一个与被检件类似（最好一样）的试验件，装在检漏系统上，将标准漏孔安装在试验件离检漏仪最远的位置处，检测标准漏孔在检漏仪上的反应值；再将标准漏孔安装在检漏仪上，检测检漏仪上的反应值。比较这两个反应值，就可以得到它们相差的倍数。以后在检测与试验件类似的被检件时，不能安装标准漏孔而靠检漏仪上的标准漏孔得到的漏率数值，乘以这个倍数，结果就准确了。

16.3.4 氦气漏率与空气漏率的相互转换

氦质谱检漏时，因为使用的标准漏孔是氦气漏率，所以被检件得到的漏率值一般也为氦气漏率，但是有的被检件规定的验收指标却是空气漏率（即标准漏率）。从理论上讲，在漏孔处气体流动状态为分子流时，氦气漏率与空气漏率之间的关系是

$$Q_1=(M_a/M)^{1/2}Q \tag{16-3}$$

式中 Q_1—— 氦气漏率，$Pa{\cdot}m^3/s$；

Q—— 空气漏率，$Pa{\cdot}m^3/s$；

M_a—— 空气相对分子质量，28.96；

M—— 氦气相对分子质量，4.003。

氦气漏率与空气漏率之比大约是 2.69，平时人们常说的 2.7 倍就是这么计算出来的。

但是，这个 2.7 倍的关系不能乱用，一说到氦气漏率与空气漏率之比就是 2.7，也不管漏率大小、也不管漏孔处气体流动状态是不是分子流，这样得到的检测结果往往误差很大。至于什么条件下漏孔处气体流动状态是分子流，我们搞检漏的人又很难判断，现在有一种比较通俗的说法，就是当漏率小于 10^{-9} $Pa{\cdot}m^3/s$ 时，基本是分子流，当漏率大于 10^{-3} $Pa{\cdot}m^3/s$ 时，基本是粘滞流，而中间这一段为过渡流，过渡流里面漏率越小的分子流成分越多；漏率越大的粘滞流成分越多。为了工作方便起见，电子元器件作背压检漏时，国家标准规定，标准漏率小于 $1Pa\cdot cm^3/s$（即 $1\times10^{-6}Pa{\cdot}m^3/s$）的检漏称为细检漏，其气体流动状态可看成是分子流，它的标准漏率（即空气漏率）计算，就按上述公式执行。它这样作虽然也有误差，但是它限定了使用范围必须小于 $1\times10^{-6}Pa{\cdot}m^3/s$，相对来说，误差较小，在工程应用上是合理的。这一精神可供大家参考。

16.3.5　漏孔位置不同所需的修正

在作氦质谱抽真空检漏时，被检件是一个大容器或者是一根很长的管子，标准漏孔一般是装在容器或管子的最远端，但是漏孔的位置不一定就在最远端，这时计算出的漏率可能偏大，当然按这个结果验收被检件质量是有保证的，但是也可能将合格产品判成不合格产品，造成不必要的损失，对生产厂家不利。为了提高判断的准确性，我们应该作些工艺试验，试验方法与 16.3.3 相似，准备一个与被检件类似（最好一样）的试验件，装在检漏系统上，将标准漏孔安装在试验件离检漏仪最远的位置处，检测标准漏孔在检漏仪上的反应值；再将标准漏孔安装在离检漏仪最近的位置及中间的位置，检测标准漏孔在检漏仪上的反应值。比较这几个反应值，就可以得到它们相互之间的倍数关系，今后对同类型被检件检漏时，就能够比较准确地判断不同位置漏孔的漏率了。

16.4　检测报告的编写

16.4.1　报告内容

检测报告的内容不能太简单，应该满足送检方的要求。因为有的送检方需要某些检测数据，再结合其他一些资料，才能对被检件的质量作综合判断。

检测报告至少应包括所用方法或技术的下述内容：

1）被检件的名称、图号、序号；

2）检测工艺规程及检测标准的名称、编号；

3）检测的方法和技术；

4）检测用检漏仪的型号、编号、有效最小可检漏率；

5）压力表、压力传感器的型号、编号、鉴定日期及有效使用期；

6）标准漏孔的型号、编号、漏率值、鉴定日期及有效使用期；

7）检测条件、检测压力和气体浓度；

8）实测总漏率数值及单个漏孔的数量、位置、实测漏率数值；

9）检测日期；

10）检测人员的姓名、证书等级；

11）其他内容。

其他内容包括不是经常可能碰到的一些特殊情况，但又必须记录在案的。比如被检件送检前有碰伤、变形等缺陷；检测过程中出现的特殊情况等。

16.4.2　检测报告的格式

检测报告的具体格式很难统一，也没有必要统一。检漏的方法很多，各单位需检测被检件的种类和要求也不一样，所以检测报告的格式就不会一样。只要检测报告的内容完整、准确就可以了

16.4.3　检测报告的填写规则

1）报告内容和数据必须准确、完整、真实，不应该在报告中填写虚假不实的数据和

内容。

2）报告的填写、审核、批准至少为两人。其中必须有一人持有Ⅱ级或Ⅲ级无损检测资格证书。报告还要加盖检测单位公章。

3）报告最少一式两份，一份留底、一份交送检方。

4）报告内容和数据不允许涂改。

复 习 题

1．为什么要作好检漏过程的原始记录？
2．检漏过程的原始记录包括哪些内容？
3．检漏时，被检件不漏，计算漏率为“0”，对不对？
4．计算漏率时，温度对漏率造成的影响应该如何修正？
5．计算漏率时，温度修正应该使用哪种温度？
6．某种氦质谱检漏仪可以直接读出被检件漏率的说法对不对，为什么？
7．检漏时，示踪气体的浓度对检测数据有什么影响？
8．大容器的氦质谱抽真空检漏，各部位的漏率计算结果应该如何修正？
9．充压氦质谱检漏和抽真空氦质谱检漏可以使用同一个标准漏孔数据作比对吗？
10．长管路的抽真空氦质谱检漏，各部位的有效检测灵敏度都一样吗？
11．检测报告应该包括哪些内容？
12．检测报告填写中应该注意哪些问题？
13．检测报告的填写、审核、批准全由一人完成可以吗？
14．持有Ⅰ级无损检测资格证书的人员可以签发检测报告吗？
15．未经试验检测、自己认为合理的数据可以填写在检测报告中吗？
16．检测报告的内容和数据可以任意更改吗？

第 17 章　标准与法规

17.1　法规

17.1.1　名称与编号

法规是由国家行政主管部门发布的，属于强制执行的规定，各相关单位必须认真执行。下面介绍两个由国家质量技术监督局发布的法规。

1）压力容器安全技术监察规程 质技监局锅发《1999》154 号；

2）气瓶安全监察规程 质技监局锅发《2000》250 号。

17.1.2　内容与适用范围

1. 内容

规程对压力容器及气瓶的材料、设计、制造、安装、使用等都作了详细要求，对检漏有关的主要内容为：

1）气压试验时的安全要求；

2）气密试验时的安全要求；

3）有关安全附件的规定。

2. 适用范围

上述法规适用于一切压力容器及气瓶的研制、生产、使用的全过程。压力容器必须是密封的，检漏工作是不可避免的。我们国家早期的压力容器及气瓶的生产与应用，由于技术水平较低，法规不健全，发生过许多安全事故，有血的教训，也包括检漏人员受到的伤害。针对这一情况，国家主管部门制定了一系列的规章制度，加强对压力容器及气瓶的安全管理，对降低事故发生率特别是恶性事故，重复事故的发生，起到了积极的作用。我们检漏人员应学习和掌握法规的相关内容，确保压力容器及气瓶检漏时的安全。

上述 154 号法规中规定了核压力容器及军事装备用的压力容器不属它的适用范围，因为这一类压力容器除一般的安全要求外，往往还有更严格的规定。所以对它们作检漏时，还应执行相应的技术要求。但是不能认为技监局的法规就没有用了，因为法规的内容是最基本的，如果不执行这些规定，不管是民用还是军用，都会出安全问题。当然一些军工主管部门能制定出针对本系统更适用的可替代技监局法规的制度，就更有利于研制生产。而事实是某些部门还拿不出相应可替代的东西来，为了保护检漏人员的安全，就应该认真执行技监局法规。

17.1.3 对气压试验的规定

一般规定压力容器制造完毕要先作液压（一般是水压）试验，考核强度，合格以后再作气密试验，这是因为液压试验比气压试验相对安全一些。由于液压试验时水不可压缩，只要压入少量液体，就可使压力升高，假如在试验过程容器破坏，其伤害力就较小。而气密试验时，要压入较多的气体，才能使容器升压，容器内存储能量大，假如容器破裂，其伤害程度比液压试验要大得多。另外液压试验的压力一般为容器最高工作压力的1.25倍，而气密试验的压力为1～1.15倍，液压试验合格后再作气密试验，一般不会出安全问题。

由于结构或支承原因，不能向压力容器内充灌液体，设计图样可能规定以气压试验代替液压试验，对容器进行强度考核，也可能要求检漏工作同时进行，这是有一定危险的。在这种情况下，154号规程第100条规定：

1）试验使用的气体为干燥洁净的空气，氮气或其它惰性气体；

2）钢制压力容器试验用气体温度不得低于15℃；

3）气压试验时，单位安全部门应进行现场监督；

4）要分步加压并保压，降压后检查；

5）不得采用连续加压来维持试验压力不变，严禁带压紧固螺栓。

除此以外，还应尊守96条的规定，至少采用两块压力表看压力；还应参照102条规定，安装必要的安全附件。

17.1.4 对气密试验的规定

154号规程102条规定：

1）密试验应在液压试验后进行；

2）钢制压力容器试验用气体温度不得低于5℃；

3）试验使用的气体为干燥洁净的空气，氮气或惰性气体；

4）试验时安装必要的安全附件。

除此以外，还应尊守96条的规定，至少采用两块压力表看压力，并且不得采用连续加压来维持试验压力不变，严禁带压紧固螺栓。

17.1.5 有关安全附件的规定

压力容器的安全附件包括安全阀、爆破片装置、警急切断装置、压力表、液面计、测温仪表等。154号规程的第七章140～169条对安全附件的设计、制造、安装、使用、定期校验等作了系统全面的要求。对检漏来讲，在作气压或气密试验时，除非图样中有规定外，不必在容器上安装所有的安全附件，但必须安装符合要求的安全阀和压力表。如果送检容器自身不带有安全阀和压力表，检漏工装里就应按照要求准备这些安全附件，但它们必须符合154号规程的相关规定，尤其是：

1）压力表必须由计量部门定期校验并在有效期内使用；

2）安全阀必须定期校验并附校验报告和加装铅封；

3）安全阀，压力表必须是由经批准的厂家生产的合格产品。

17.2 方法标准

本教材重点介绍了五种检漏方法，所以方法标准也应该与其对应。因为电子元器件检漏有其特殊性，它的标准单列一节介绍。下面分别叙述。

17.2.1 气泡检漏的方法标准

到现在为止，国标、国军标均没有专门的气泡检漏标准，因此本章将包含气泡检漏的行业标准和一份国外标准介绍给读者。

1.《阀门气体泄露率分级及其检测》QJ 1610—1989

（1）内容与范围　本标准是为阀门检漏制定的，其中包含气泡检漏的内容，暂时以它替代气泡检漏标准，供教学时参考。标准中介绍了两种气泡检漏方法，即方法 B —— 排液集气法和方法 C —— 气泡法。这两种方法不但适用于阀门检漏，对其他试件的气泡检漏也是可行的。

（2）原理与操作　被检试件内腔充气，压力升高，与外部大气之间形成压差，若试件有漏，气体会从漏孔处泄漏出去。将试件浸入水或酒精中，便会产生气泡。

方法 B 是用一个带计量刻度的密闭小容器，罩在被检试件上，将漏出的气泡收集在小容器中，经过一段时间积累，小容器内的气体体积会产生一个增量，测出气体增量，就可算出试件的漏率 Q

$$Q=pV/t \tag{17-1}$$

式中　Q—— 漏率，$\text{Pa·m}^3/\text{s}$；

p—— 当地大气压，Pa；

V—— 气体增量，m^3；

t—— 时间积累，s。

方法 C 是将试件漏出的气体，通过一根管子引入水或酒精中，产生气泡，在试验参数稳定状态下，记录观察时间内的气泡逸出数量，可测出试件漏率。在标准中规定的条件是：示漏液为酒精，引出管内径 5mm，浸入酒精下 5mm，记录时间不少于 15s。漏率 Q 按下式计算：

$$Q=np10^{-6}/14.1t \tag{17-2}$$

式中　Q—— 漏率，$\text{Pa·m}^3/\text{s}$；

n——t 时间内出现的气泡个数；

p—— 当地大气压，Pa；

t—— 检测时间，s。

常数 14.1 的单位是 cm^{-3}。

该计算式是实验结果，当 p=100000Pa，n/t=14.1 时，$Q=1\times10^{-1}$ $\text{Pa·m}^3/\text{s}$（相当于 $1\text{atm·mm}^3/\text{s}$）即在 1atm 条件下，每秒漏出 1mm^3 气体量时，从管子中冒出 14.1 个泡。真是这样时，人的眼睛是数不过来的，所以在具体应用时，要按试件漏率大小，调整管子内径粗细，才能在规定的检测时间内数清楚冒多少泡。如果试件漏率在10^{-2}～10^{-3}Pa·m^3/s，按上述规定条件，相当于每秒冒1～2个泡或10s冒1～2个泡，人们观察是比较方便的。

2. 气泡法检漏标准试验方法 ASTM E 515—1995

ASTM E515已在2000年修订，此处介绍1994年版本，仅作教学参考，不作工作依据。

（1）内容与范围　它是美国材料与试验学会标准。本标准包括用气泡法进行的漏孔定位过程和漏孔检测过程。不适用于定量测量。用此方法，一般的灵敏度可达 $1×10^{-6}$ Pa·m^3/s，标准包括“浸泡法”和“适用液体法”（注：标准所说灵敏度可达 $1×10^{-6}$ Pa·m^3/s不可作为发报告的依据，气泡检漏时的许多干扰因素，比如检测液较浑浊，试件洁净度差，现场光线较弱等，都会降低灵敏度。另外，气泡检漏的种类很多，灵敏度高低也不一样，所以不好随意引用这一数据。）。

（2）原理与操作　首先要使被检件与外界产生一个压差。标准介绍了三种产生压差的办法，一是向被检件内充气压，二是升高检测环境温度，三是在被检件外部抽真空。本方法的灵敏度决定于压力差，产生压力差的气体以及测试时所采用的液体。

浸泡法适用于外形尺寸不大的工件，便于浸没在液体中。

适用液体法就是我们所说的皂泡法，对于任何能在检验区域产生压力差的试件都是适用的，如管路连接的检漏，尤其适用于大型容器的检漏。

充压检漏时，要对被检件先充压，后浸入试验液中或在表面涂检漏液体。

浸泡法检漏使用的试验液体必须清洁，混浊的试验液不易观察气泡，还可能堵塞小漏孔。

在作适用液体法（皂泡法）检漏时，涂抹检测液要小心，防止液体本身产生气泡。

（3）设备与材料　气泡法检漏的设备很简单，主要有检测槽、透明真空盒、加压管道、阀门、真空泵、照明设备等。

浸泡法检漏使用的试验液体有：水、甲醇、乙烯乙二醇、矿物油、荧光碳或甘油。

作适用液体法（皂泡法）检漏时，涂抹的检测液可使用一种商用检漏液体，它在涂抹时自身不易产生气泡，仅在漏孔处漏气时才易产生气泡。过去常用的肥皂水，除污剂等由于自身容易出泡而导致灵敏度较低。（标准中提到的商用检漏液体没有查到美国牌号，但据核工业无损检测中心介绍，核工业所属厂所已有生产。）

（4）两个标准的比较　QJ 1610—1989不是专门的气泡检漏标准，就气泡检漏而言，内容不全，但介绍的两种方法，在定量上是很有用的。

ASTM E515—2000是专门的气泡检漏标准，内容全面，在国内尚无正式标准之前，可作参考。

17.2.2　氦质谱检漏的方法标准

下面介绍三种检漏方法的标准，即氦质谱正压检漏方法，氦质谱真空检漏方法和氦质谱背压检漏方法。

1. 氦质谱正压检漏方法 QJ 3089—1999以及GB/T 15823—1995《氦泄漏检验》中附录A嗅吸探头检验技术

（1）内容与范围　这两个标准是用于氦质谱正压检漏的，所谓氦质谱正压检漏是指：

在被检系统中，充入高于一个大气压的一定氦气浓度的气体，采用氦质谱检漏仪，用吸枪在大气环境条件下获得示漏氦气，进行检漏的方法。其漏率检测范围 1×10^{-3}～1×10^{-8} $Pa\cdot m^3/s$。

各种军用装备的密封容器或系统，在使用时，多为受内压状态，因此对它们的密封检测也最好在工况条件下（即受内压状态）进行，氦质谱正压检漏正是作这种检漏的，因此它在各种各种军用装备的密封检测中得到了广泛的应用。

GB/T 15823—1995 是按美国 ASME 标准等同引进的，该标准的附录 A 即氦质谱正压检漏的内容。

QJ 3089—1999 是航天系统按多年作氦质谱正压检漏理论研究和实践经验总结编制的，虽为航天标准，对其他军工行业的产品也是适用的。

（2）检漏原理与操作　试件内充入高于一个大气压有一定氦气浓度的气体，通过漏孔泄露到大气中，用氦质谱检漏仪的吸枪在试件外吸取漏出的氦气，检漏仪上有电量显示，便可确定泄露位置。同时用该吸枪去吸取氦气正压标准漏孔漏出的氦气，也会在检漏仪上形成一个电量显示，由此可计算出试件的漏率大小。

1）直测法。用吸枪在大气中从被检部位直接获得示漏氦气，从而在检漏仪上显示泄露。这种方法主要用于寻找漏孔位置。用被检部位测得的反应值与在正压标准漏孔上测得的反应值比对，可粗略计算出漏孔漏率的大小，属半定量性质，误差较大。对于吸枪不可及的漏孔，不采用此法。

2）包封积累法。将被检件或被检部位用容器或包封材料密闭包封起来。被检件充压后，氦气通过漏孔漏入包封容积内，经过一定时间的积累，包封容积内的氦气浓度升高，用氦质谱检漏仪的吸枪对包封容积内的氦气进行探测，检漏仪有电量显示。将正压标准漏孔放入比对装置中，模拟被检试件的包封状态，进行相同时间的积累，然后用吸枪对包封容积内的氦气进行探测，检漏仪上也有电量显示，由此即可算出漏孔漏率的大小。这种方法适合对被检件作总漏率检测，漏率定量比较准确。若被检试件漏率超过规定，还要使用直测法寻找漏孔位置，以便修补漏点。修补完毕再作检漏。

3）按下列公式计算漏率

$$Q=Q_0 I/I_0 \tag{17-3}$$

式中　Q—— 被检件总漏率，$Pa\cdot m^3/s$；

Q_0—— 正压标准漏孔漏率，$Pa\cdot m^3/s$；

I_0—— 包封容积内正压标准漏孔的反应值，相对值；

I—— 包封容积内被检试件的反应值，相对值。

（3）设备与材料

1）检漏仪是氦质谱正压检漏的主要设备，要求它应该满足 GB/T 13979 规定的技术要求，具有吸枪检漏功能，仪器的最小可检漏率小于 1×10^{-10} $Pa\cdot m^3/s$

2）配备真空标准漏孔和正压标准漏孔。真空标准漏孔用于校准检漏仪的最小可检漏率。正压标准漏孔用于试件漏率测试。两种漏孔都要有计量部门校验合格的证书。

（4）两个标准的比较

1）GB/T 15823 讲得很原则，而且只有直测法，不能作定量用。QJ 3089 讲得很细，有直测和包复积累两类共五种方法，积累法可以定量。标准可操作性强。

2）GB/T 15823 未对正压标准漏孔进行论述，在用标准漏孔进行比对定量时概念不请，容易出错。QJ 3089 对真空标准漏孔和正压标准漏孔进行了严格区分，叙述了正确的比对定量方法，这是非常重要的。

2. 氦质谱真空检漏方法 QJ 3123—2000 及 GB/T15823—1995《氦泄漏检验》中附录B 示踪探头和护罩检验技术

（1）内容与范围　这两个标准是用于氦质谱真空检漏的，所谓氦质谱真空检漏是指：被检试件一端充压或不充压，另一端抽成真空并与氦质谱检漏仪相连，进行泄漏检测和漏率定量的一种检漏方法。

由于氦质谱检漏仪是在真空状态下工作的，所以特别适用于真空检漏。其检测灵敏度比正压检漏要高 4～5 个量级。被检试件在组装前后的任何阶段都可作真空检漏，所以在氦质谱检漏工作中是应用最广泛的方法。

GB/T 15823—1995 是按美国 ASME 标准等同引进的，该标准的附录 B 即氦质谱真空检漏的内容。

QJ 3089—1999 是航天系统按多年作氦质谱真空检漏理论研究和实践经验总结编制的，虽为航天标准，对其他军工行业的产品也是适用的。

（2）检漏原理与操作　被检试件抽真空并与氦质谱检漏仪相连，对被检试件外部需检测部位喷吹氦气，若有漏孔，氦气进入真空一端，检漏仪上有电量显示，便可确定漏孔位置。再对装在检漏系统上的标准漏孔喷吹氦气，检漏仪也会有电量显示，由此可计算出漏孔处的漏率大小。

1）喷吹法。使用氦气喷枪喷出已知浓度的氦气，在被检件表面扫描，进行氦质谱真空检漏的方法。这种方法主要用于寻找漏孔位置。在比对条件基本相同的情况下，也可作半定量漏率检测。所谓比对条件基本相同是指：将通道型标准漏孔装在被检试件漏点附近，比对时氦气喷吹距离，喷枪移动速度与被检试件检漏相似的一种情况。

2）氦罩法。用罩子将被检试件全部或局部罩住，罩内充入已知浓度的氦气，进行氦质谱真空检漏的方法。这种方法可以比较准确的测量被检试件的总漏率。当漏率超出规定时，还要用喷吹法寻找漏孔位置，以便进行堵漏处理。标准漏孔的安装位置，应在被检试件上，要远离抽气口。

按下列公式计算有效最小可检漏率：

$$Q_{\min}= I_n Q_s / (I_s-I_0) \tag{17-4}$$

式中　$Q_{\min}$——有效最小可检漏率，Pa·m³/s；

I_n——检漏仪噪声，相对单位；

I_s——标准漏孔反应值，相对单位；

I_0——本底值，相对单位；

Q_s——标准漏孔漏率，Pa·m³/s。

按下列公式计算被检试件漏率：

$$Q=(I-I_0)Q_s/[(I_s-I_0)D] \quad (17-5)$$

式中　Q—— 被检试件漏率，Pa·m³/s；

I—— 被检试件反应值，相对值；

D—— 氦气体积分数。

（3）设备与材料　检漏中须用的检漏仪，标准漏孔，氦气，包封材料等，其技术要求与正压检漏基本相同，不再重复。

（4）两个标准的比较　QJ 3123 提出了检漏系统的有效最小可检漏率概念，并要求它应优于被检试件漏率要求的 1/10，这一点很重要，必须严格执行。GB/T 15823 只对检漏仪自身的灵敏度作了要求，这是不够的。

两个标准的漏率计算公式好像不一样，实质是一样的，GB/T 15823 是按美国标准翻译过来的，与我们的习惯做法不一样，而且比较麻烦。

GB/T 15823 对响应时间的定义与 QJ 3123 引用的 GB/T 13979 的定义是不一样的，GB/T 15823 所讲的“……指示信号从出现到稳定所经过的时间叫响应时间”是很不好掌握的一个时间，因为“到稳定”是个很漫长的过程，何时叫“稳定”很不好界定。而 GB/T 13979 规定指示信号到最大值的 63%所需的时间叫反应时间，这就很好界定。

3. *氦质谱背压检漏方法* QJ 31XX

（1）内容与范围　氦质谱背压检漏是指：在被检件内压入氦气，清除表面残存氦气后，放入和氦质谱检漏仪相连的真空容器，测定漏率的检漏方法。

氦质谱背压检漏主要用于没有开口的小型封闭工件的检漏。比如集成电路、密封继电器、薄膜压力传感器等。

QJ 31XX 虽为航天标准，在其他行业氦质谱背压检漏工作中完全可以通用。

（2）检漏原理与操作

原理：将被检件放入充氦箱，充入一定压力的氦气，在特定的加氦气时间内，氦气通过被检件存在的漏孔进入被检件内部，将被检件取出吹净表面后，放入与检漏仪相连的测试室，作抽真空检漏，压入被检件的氦气被抽出，进入氦质谱检漏仪，就可测出被检件是否有漏和漏率大小。检漏仪上显示的漏率叫测量漏率，它不是被检件的真实漏率，它的大小与压氦时的压力大小，压氦时间长短，侯检时间长短以及被检件的内腔体积和漏孔大小有关。标准中的相关公式体现了这种关系，我们可以按测量漏率和相关参数计算被检件真实漏率，也可以按文件规定的漏率值算出相对应的测量漏率值。

方法 1：充氦加压背压检漏。就是按上面原理介绍的程序操作的检漏方法。

方法 2：预埋氦气封接背压检漏。有的工件在封接时，内部已经是纯氦或混合氦的状态，就没有必要再放到充氦箱中加以充氦，将它直接放入测试室检漏即可。

方法 1 与方法 2 的漏率计算公式是不一样的，应按标准执行。

加压完毕或封接完毕，应尽快放入测试室作检漏，因为停留时间越长，被检件内部的氦气跑掉越多，将会影响检漏结果。

氦质谱背压检漏以后，还必须作一次粗检漏，因为从氦质谱检漏仪上得到的测量漏率，它对应一大一小两个可能的等效标准漏率，必须通过粗检漏和氦质谱背压检漏的两个数据，综合判断被检件是否合格。

（3）设备与材料　氦质谱背压检漏实质是真空检漏，所以它所需的设备与材料同真空检漏是一样的。因为它作检漏前要压氦气，所以要另外准备一个充氦箱及相连的管路，阀门，压力表等。另外还要有一个可以与检漏仪相连的测试室（实际就是一个小容器），测试室要有密闭的门或盖，它的体积越小越好但必须能容纳被检件，体积太大会降低检漏灵敏度和延长检漏时间。

17.2.3　卤素检漏方法

到目前为止，我国还没有卤素检漏方法国标，军标的标准，现正在安排制定。下面介绍一份美国的卤素检漏标准，卤素检漏方法 ASTM E427—1981，供大家学习时参考。

1. 内容与范围

这是一份卤素吸枪检漏的标准，介绍了 A、B、C、D、E 五种卤素正压检漏的具体方法。凡用卤素探索气体充压后能向大气环境泄漏的被检件，均可按该标准介绍的方法进行检漏。

2. 检漏原理与操作

该标准介绍的方法，与前面氦质谱正压检漏的做法很相似，基本上可分成直测法和包封积累法两大类。

卤素检漏仪吸枪内装了一个由铂金做成的二极（阴极和阳极）探测管，对它通电加热后，阳极发射正离子，被阴极接受，在普通空气环境中会形成一个稳定的离子流，如果有卤素气体通过铂金二极探测管，离子流会大大增加，在检漏仪的电表上就有电量增大的显示。

被检件内充入高于一个大气压有一定浓度的卤素气体，通过漏孔泄漏到大气中，用卤素检漏仪的吸枪在被检件外吸取漏出的卤素气体，检漏仪上有电量增大的显示，便可确定该处是漏孔的位置。同时用该吸枪去吸取卤素正压标准漏孔漏出的氦气，也会在检漏仪上形成一个电量增大的显示，由此可计算出被检件的漏率大小。

方法 A：用吸枪在被检件可能漏气部位直接探测，找到漏点后，记下该处泄漏在检漏仪上的反应值(即电量升高值)。再对已知漏率的卤素正压标准漏孔用相同的探测方法，得到相应的反应值，通过比对计算，得到被检件的漏率。

方法 B：与方法 A 基本相同，但在吸枪口装了阀门和供给干净压缩空气的管子。在检漏时要不断给吸枪吹入干净压缩空气，还要根据检漏现场卤素本底的高低，调节吸枪口阀门的开闭程度，以便吸枪吸入的卤素浓度不会太高保证仪器能正常工作。这种方法主要应用于有大漏部位或现场卤素本底特别高的环境检漏。因为卤素检漏仪有一个致命的弱点，就是当吸枪吸入的卤素浓度太高时，会造成二极探测管中毒，使仪器不能工作。方法 B 则可以降低吸入卤素的浓度，保证仪器的正常工作。这种方法只用作找漏点，不作定量使用。

方法 C：把被检件充压，放入一个密闭容器，在该容器一端接吹气管，另一端接出气管，出气管末端连在一个通大气的取样器上。检漏时，不断地向容器内吹入干净压缩空气，开始吹气压力要高，以便吹净容器中残留的卤素气体，然后用减低的压力，较小的气流维持吹气，若被检件有漏，泄漏的卤素气体被流动空气带到出气管末端的取样器口上，用检漏吸枪在此探测，仪器会有一个反应值。在出气管中部，连接卤素正压标准漏孔，从标准漏孔漏出的卤素气体，被带到取样器口上，用检漏吸枪在此探测，仪器也会有一个反应值，通过比对计算，可得到被检件的漏率。

方法 D：它与方法 C 相似，使用于多种已充入卤素气体的元件的检漏。它的试验容器的一端是敞开的，以便于对大批量元件的取放。具体操作与方法 C 基本相同。

以上介绍的 A，B，C，D 四种方法，都可归属于直测法。

方法 E：该法与氦质谱正压检漏的包封积累法实质是一样的。把被检件充压，放入一个密闭容器，等待一定时间后，从被检件漏出的卤素气体在容器内越积越多，浓度也逐渐升高，通过容器内的风扇搅拌，各处浓度都比较均匀，积累到规定时间，用检漏吸枪对从容器内引出的气体取样检测，在检漏仪上会得到一个反应值。将卤素正压标准漏孔也放入密闭容器中，与被检件一样地积累检测，也在检漏仪上得到一个反应值，通过比对计算，可得到被检件的漏率。

该标准还特别指出，在检漏过程中要减少干扰因素的影响。包括检漏现场空气中的卤素本底要尽量低，密封件（橡胶，塑料等）吸附和解吸要小，被检件充压时应保证各部分的卤素浓度一致（若先抽真空再充压效果最好）。

为确保检测的可靠性，检漏时应设至少 10 的安全系数，比如被检件漏率要求小于 $5\times10^{-7}Pa\cdot m^3/s$，则检漏时应控制在 $5\times10^{-8}Pa\cdot m^3/s$ 或更少。

3. 设备与材料

1）卤素检漏仪。标准中对它的灵敏度、传感器、线性量程、反应时间、噪声大小、漏率反应仪表等都作了规定。

2）卤素正压标准漏孔。标准对它的准确度、温度系数、量程等均做了规定。

3）卤素示漏气体为氟里昂 R12（CF_2CL_2）和 R22（$CHCLF_2$），它们都无毒、稳定、便宜。R12 用得最多。

17.2.4　电子元器件检漏标准

在国家军用标准（GJB）、电子行业标准（SJ）及某些行业标准中，元器件制造、试验、验收的标准非常多。如集成电路、混合集成电路、电磁继电器、固定继电器、光电耦合器、场效应管、声表器件等等。它们也都有密封要求。就检漏而言，一般元器件标准中作详细规定的不多，虽然各种密闭电子元器件都提到了要做检漏，但多数还是引用了 GJB 128A、GJB 360A、GJB 548A 中的相关条款。这三个标准对检漏都单列一章，详细规定了半导体分离器件，电子及电气元件，微电子器件检漏中相关问题，对试验的目的、漏率的定义、设备、程序、判据等都做了详细的规定，在技术上涵盖了所有的电子元器件，所以从事元器件检漏的人员必须熟悉这三个最基本的国军标，对标准中的各项规定要连贯起来理解，要作到融会贯通，并认真执行，切忌各取所需，断章取义。

现将上述三个国军标有关检漏的内容介绍如下：

（1）GJB 128A 半导体分离器件试验方法　该标准规定了分离器件有关性能试验的许多方法，“方法 1071 密封试验” 是其中的一章，它是我们要研究的对象。

（2）GJB 360A 电子及电气元件试验方法　该标准规定了元件有关性能试验的许多

方法，“方法 112 密封试验”是其中的一章，它是我们要研究的对象。

（3）GJB 548A 微电子器件试验方法和程序　该标准规定了微电子器件有关性能试验的许多方法。“方法 1041 密封”是其中的一章，它是我们要研究的对象。

1. GJB128A—1997 方法 1071 密封

试验分为细检漏、粗检漏两大类。

1）细检漏。试验条件 G，H 或 L2 规定为细检漏试验。

2）粗检漏。试验条件 A，B，C，D，E，J，K 或 L1 规定为粗检漏试验。

（1）细检漏

1）试验条件 G：放射性同位素细检漏试验。其操作程序与氦质谱背压检漏类似。首先将被检件放入密封受压容器，将示踪用的 Kr-85 气体压入其内腔。加压完毕取出被检件，表面清理后，就可进行检漏。若有漏，压入内腔的 Kr-85 的射线便漏出来，用闪烁计数器或盖格管等射线探测仪检测并计算出漏率的大小。这种方法的具体加压压力、加压时间、测试方法、漏率计算等在标准中都做了规定。这种方法的检测灵敏度很高，完全可以满足设计要求。但由于使用放射线物质，对环境有一定污染，对人体也会造成伤害，所用设备也较复杂，原来就少有厂家使用，现在国内几乎无人使用。

2）试验条件 L2：光学细检漏试验。它是将封装好的器件放入密封试验箱（箱体应有密封透明的观察窗口）将光学干扰计调整到被观察器件的盖帽，然后将试验箱抽真空，观察盖帽是否变形；再对试验箱充压，观察器件盖帽是否变形，以此来判别器件是否有漏。这种方法一般只适用于金属盖帽的厚度小于 0.6mm 的元件，而且与盖帽的尺寸，材料的弹性系数等诸多因素有关。这种方法由于使用的设备复杂，适用范围有限，在国内似乎无人使用。

3）试验条件 H1 或 H2：示踪气体细检漏试验（氦）。条件 H2 叫灵活法，就是前面介绍的按步就班的氦质谱背压检漏。先将被检件放入密封受压容器，将示踪用的氦气压入其内腔。加压完毕取出被检件，表面清理后，进行抽真空检漏。检漏仪显示一个测量漏率 Q_R，然后按测量漏率和加压，检漏的相关参数以及标准中的公式进行计算，才能判断检漏是否合格的方法。条件 H1 叫固定法（或叫规定法）。也是氦质谱背压检漏。在国军标的 10.2.1.1 条及表 1071-5 中列出了试验的规定条件，只要按此规定条件进行背压检漏的操作，在检漏仪上读出的测量漏率 Q_R 就作为被检工件的验收漏率，来判断器件是否合格。这种办法不需按各种参数去计算被检件的等效标准漏率 Q_L，简单，快速，各生产厂家都乐意使用。但固定法用测量漏率来代替被检件的真实漏率，虽然在数据处理上做了一些修定，但检漏结果会出现误差，在某些情况下误差非常大。

（2）粗检漏

1）试验条件 A：放射性同位素湿粗检漏试验。

2）试验条件 B：放射性同位素干粗检漏试验。

上面这两种方法都是用氪-85 放射性同位素作示踪介质进行检漏，具体作法类似于细检漏的试验条件 G。由于放射性污染，基本无人使用。

3）试验条件 C：氟碳液粗检漏试验。就是前面介绍的氟油加压高温液体法。将 F113 压入器件内腔，再将器件放在 125□的 FC43 热油中，若器件有漏，压入的 F113 由液态变为气态，压力升高并从漏孔中溢出，在 FC43 热油中冒泡，由此来判断器件是否漏。

4）试验条件 D：气泡试验。就是前面介绍的氟油高温液体法。被检件不作任何处理直接放入 125℃ 的 FC43 热油中，被检件内腔气体受热压力升高，若有漏，这些压力升高的气体就会从漏孔中逸出，在热油中形成气泡，由此来判别器件是否有漏。这种方法灵敏度较低，因此在标准中限定它的使用范围，只有器件内腔体积 $V>1\text{cm}^3$，器件漏率 $Q>1\text{Pa·cm}^3/\text{s}$ 才使用这一方法。

5）试验条件 E：染料渗透粗检漏试验。本试验只允许用于有透明玻璃外壳的器件或用于不透明器件的破坏性试验。将被检件放在荧光染料液中，并对其加压，加压完的器件对表面的染料清洗干净。然后用不同波长的紫外光照射器件未加压浸染料的另一面，若器件有漏，荧光物质渗透到未加压的一面，在紫外光的照射下就会有颜色显现，由此来判别器件是否有漏，这种方法使用的局限性太大，只有 DPA 试验时可能使用。

6）试验条件 J：加压粗检漏试验。（也叫增重粗检漏试验），将器件放在氟油中加压，若器件有漏，则氟油被压入器件内腔，加压完毕，取出器件清洗干净表面。加压前后对器件用分析天平称重，器件在加压后重量增加，说明它有漏。增重量超过规定值，则器件不合格。这种方法，需要精密的称重设备，且工序较烦，在国内似乎无人使用。

7）试验条件 K：氟碳汽粗检漏试验。它的做法与试验条件 C 有些类似，先将器件放在 F113 溶液中加压，然后将外表清洗、烘干，再将器件放入氟碳汽检测系统，在 125℃ 的热环境下，使压入器件内腔的 F113 汽化，并从漏孔中溢出，检测系统可检测到这种氟碳汽，并给出具体的数据。由此判断器件是否有漏，漏量大小。这种方法检测汽质量的能力等效于 0.28mg 的 F113 氟碳液，据了解在我国还没有人使用这种方法。

8）试验条件 L1：光学粗检漏试验。它的试验方法与光学细检漏相似，用光学仪器观察器件盖帽在容器中抽真空时的变形，以此来判断器件是否有漏，此法也少用。

2. GJB 360A 方法 112 密封试验

试验分为细检漏，粗检漏两大类。

（1）细检漏

试验条件 C 为细检漏，它包含六项程序。

程序Ⅰ：该程序适用于半成品的抽真空检漏。被检件通过管子与检漏仪相连，被检件一端抽真空，另一端为大气，对被检件吹氦气，则可检出漏与漏率。

程序Ⅱ：该程序适用于半成品的充（氦）气检漏。在检漏仪上连接一个抽真空箱，将被检件用管子与氦气瓶相连，对被检件充入一定的氦气，然后将被检件放进真空箱，被检件若有漏，则氦气漏入真空箱，并进入检漏仪，检漏仪显示出漏率的大小，以次来判断工件是否合格。

程序Ⅲa：该程序就是 GJB 128A 中的试验条件 H1，即氦质谱背压检漏的固定法。

程序Ⅲc：该程序就是 GJB 128A 中的试验条件 H2，即氦质谱背压检漏的灵活法。

程序Ⅲb：该程序就是 GJB 128A 中的试验条件 G，即 Kr-85 同位素检漏。

程序Ⅳ：该程序适用于被检件内腔在封装时已充入氦气的检漏，其原理与氦质谱背压检漏相似，由于内腔已充入氦气，就不需要对被检件从事压氦工序，直接将被检件放在检漏仪的真空室中就可检漏。

对于程序Ⅳ应特别指出，在 GJB360A 中只是在 3.3.7 条中简单地叙述了这一方法的基本原理，而对操作的具体步骤，漏率计算，时间控制等均未提到，因此有的厂家就误以为工件已充氦，放在检漏仪中直接看读数就可以了，检漏仪反应多少漏率就是多少，这样作就可能造成大误差。因为工件中预先充入的氦气的浓度大小以及侯检时间的长短，内腔体积的大小，都会影响到检漏仪的读数，即测量漏率 Q_R 的大小，要想知道工件的真实漏率即等效标准漏率，还必须作相应的计算才行，计算方法可按背压检漏标准 QJ31XX 的规定执行。

（2）粗检漏

1）试验条件 A 气泡检漏：检漏液为矿物油或花生油，温度为 125℃±3℃，被检件不作任何处理即放入热油中，受热后内腔气体升压，若有漏则内腔升压的气体从漏孔处溢出，在油中产生气泡，据此判定被检件是否有漏。

2）试验条件 B 气泡检漏：检漏液为硅油，检漏容器为一有可视窗口的真空容器，将被检件放在真空容器的硅油中，对容器抽真空到压力小于 5.08×10^3Pa，被检件内腔的气体可通过漏孔向低压的油中渗漏，形成气泡，由此判定工件是否有漏。在 GJB 65A 中明确规定密封继电器不许使用这一方法。

3）试验条件 D 气泡检漏：就是前面介绍的氟油高温液体法。被检件不作任何处理直接放入 125℃的 FC43 热油中，即 GJB128A 中的试验条件 D。

4）试验条件 E 气泡检漏：即 GJB128 中的试验条件 C，也就是前面介绍的氟油加压高温液体法，将 F113 压入工件内腔，再放入 125℃的 FC43 热氟油中冒泡，由此来判断工件是否有漏。

3. GJB548A 方法 1014A 密封

试验分为细检漏、粗检漏两大类。

（1）细检漏

1）试验条件 A_1：氦质谱背压检漏的固定方法。即前面介绍的 GJB 128A—1997 的试验条件 H_1，GJB360A—1996 的试验条件 C 之程序 C。

2）试验条件 A_2：氦质谱背压检漏的灵活方法。即前面介绍的 GJB 128A—1997 的试验条件 C 之程序 C。

3）试验条件 A_4：氦质谱抽真空检漏。适用于半成品的检漏，即前面介绍的 GJB 360A—1996 的试验条件 C 之程序Ⅰ。

4）试验条件 B：放射性同位素细检漏试验。

（2）粗检漏

1)试验条件 C：碳氟化合物粗检漏。即前面介绍的 GJB 128A 的试验条件 C，GJB 360A 的试验条件 E，即氟油加压高温液体法。将 F113 压入工件内腔，再放入 125℃的 FC43 热氟油中冒泡，由此来判别工件是否有漏。在 GJB 548A，它还将这一方法分为 C_1（固定法）、C_2（灵活法）两类，C_1 这一作法比较粗，只要按规定的加压压力，加压时间去操作即可，由于工件内腔体积大小不一样，最终的检测灵敏度就不一样，小漏可能检不出来。而 C_2 在加压压力，加压时间上不是简单地按规定，而要根据工件内腔体积大小进行计算，这样作虽然麻烦一些，但最终的检测灵敏度会比较好，检漏效果比 C_1 要满意。

2）试验条件D：染料浸透粗检漏。即前面介绍的GJB 128A的试验条件E，这种方法仅允许用于对器件的破坏性试验，一般少用。

3）试验条件E：增重粗检漏。即前面介绍GJB 128A的试验条件E，这种方法比较麻烦，所需设备较多，很少有人使用。

上面介绍了三个主要的国军标对密封检测的一些方法，不论是粗检还是细检，都不止一种方法，这些方法有的简单，有的复杂，有的误差小，有的误差大，若定货方不在定货合同中申明，生产厂家则可任选一种方法作粗检和细检，这是合法的。其实在每一个标准的最后都有一段说明，指出定货方应在定货合同中或制造图样中申明采用标准的哪一条，什么代号，而我们的某些设计使用者，定货者不明白这一点，在定货合同或图样中仅写一句按军标GJB×××制造和验收，这是不够严谨的，对国军标我们不能更改它，但可以作适当的选择，对它未注明的内容，可以进行增补要求。

在三个军标中，都强调一点，细检应先作，粗检要在细检完成之后再作，这是非常重要的一项规定，否则先作粗检，某些小漏孔被粗检漏的氟油堵住，再作细检漏就检不出来了，而造成漏检和错判。当然在某些特定条件下，粗检方法不会对细检造成影响，而将粗检安排在前面，也不是绝对不可以的。

上述三个国家军用标准虽然概括了元器件检漏的方方面面，但总的来看，还只是交代了一些原则，元器件检漏的方法很多，要想对每一种方法在标准中都讲的很仔细，是不可能的，为了弥补这一不足，有些品种的元器件制定了专门的检漏标准，还有些具体的检漏方法也制定了专用的标准，大家在工作中要将这些标准结合使用。有的检漏方法，国军标中讲的非常简单（如GJB360A试验C之程序Ⅳ）文字叙述又不太严密，很容易形成误导。我们在检漏实践中就必须寻找更详细的资料来应用，决不能马虎从事，以免造成错判。国军标中提到的在检漏过程中要遵循的安全标准与法规，操作者也不应忽略，比如做氪-85放射性同位素检漏一定要遵守国家制定的放射性物质使用与管理的相关法规，对这些问题都要认真对待，若不重视，就可能带来质量和安全事故。

三个国家军用标准中对检漏方法的选择是有差异的，比如在细检中，GJB 128A有光学细检，而GJB 360A、GJB 548A就没有。在粗检中，GJB 128A只有四种，这四种还都是气泡检漏，GJB 548A的数量更少，只有三种，而且在氟油检漏中只有加压高温液体法，而且将这一方法还延伸出固定、灵活两种区别的方式，显得很细。GJB 548A是针对微电子器件产品的，与半导体分离器件、元件相比，产品要复杂的多，可靠性要求更严，所以在检测方法上要求更严，更细是可以理解的。因此在使用这三个国军标规定的检漏方法时，一定要按规定选择，不要因为本单位不具备设备条件，就任意用别的标准的方法来代替，这是不对的。当然在国军标中没列入的检漏方法，更不能随意应用，以免给元器件带来危害。

三个国家军用标准中提到的加压压力应该理解为绝对压力，而不是表压（标准中多处提到这点）。密闭容器上的压力表在未充压时显示为“0”，即表压为“0”，但此时的绝对压力是约100kPa。检漏时按表压对器件加压，就比规定高了100kPa（1atm），就有可能将某些器件压坏，造成不必要的损失。假如追究起来，责任人肯定是按表压对器件加压的检漏人员。希望大家注意这个问题。

另外，在标准中有些提法不妥，希望大家注意：

1）GJB 360A 中规定的几种粗检方法，其检漏灵敏度都确定为 1.013Pa·cm^3/s，显然是不恰当的，比如试验条件 A 将元件直接放入 125℃±3℃的矿物油或花生油中看冒泡，与试验条件 E（即氟油加压高温液体法）相比，肯定其灵敏度要低的多，所以该标准提到的灵敏度数据不可引用。

2）GJB 360A 中的 2.3 试验条件的替代，认为可以用试验条件 C（细检） 代替试验条件 A（粗检），是概念错误。若改变成试验条件 E 可代替试验条件 A 就对了。

3）GJB 360A 细检后的粗检，只规定了 A、B、D 而遗漏 E，应将试验条件 E 加进去。因为它的灵敏度最高，效果最好，不应遗漏。

4）GJB 360A 中的 3.3.6.2 程序 C 讲"实验样品有关标准规定的最大等效标准漏率小于表 112-1 中规定的拒收漏率极限值时，本程序不适用"。是混淆了测量漏率与等效标准漏率的概念。

标准中个别公式有错，应改正，否则计算结果要出错：

1）GJB 360A 中的计算公式（112-4）有遗漏，正确公式应为 $R_1=\dfrac{7.17L^2 p_E t_1}{Vp_0^2}$（在国军标中测量漏率用"*R*"表示，等效标准漏率用"*L*"表示。下同）

2）GJB 548A 中的计算公式 1014A-1 丢负号，正确公式应为

$$R_1=\frac{Lp_E}{p_0}\sqrt{\frac{M_A}{M}}\left[1-\exp(-\frac{lt_1}{Vp_0}\sqrt{\frac{M_A}{M}})\right]\exp(-\frac{Lt_2}{Vp_0}\sqrt{\frac{M_A}{M}})$$

4. 设备与材料

国军标中对检漏的仪器，设备，材料均有提及，但都没有详细说明，在实际工作中可按标准的要求酌情选择。下面仅就氦质谱背压检漏和氟油检漏所需设备，仪器及材料作些介绍。

（1）氦质谱检漏仪　氦质谱背压检漏的必须设备，要求其灵敏度要优于 1×10^{-4} Pa·cm^3/s（He）。目前国内外的检漏仪都能满足这一要求。现在市场上有一种所谓元器件背压检漏的专用检漏仪，其实就是在普通检漏仪上多加一个真空罐而已，与普通检漏仪没有太大区别。应该注意真空罐的体积不要太大，有的人认为大罐通用性好，什么工件都能使用。其实不对，因为罐大了是会降低检漏灵敏度和延长检漏时间的，所以要根据工件的实际需要选择真空罐，越小越好。

检漏仪要配备渗氦型标准漏孔，该漏孔应有计量部门的鉴定证明。

（2）氟油检漏仪　它是粗检的必要设备，要求它：

1）容器要有一定深度，检漏时液面要高过工件 50mm。内部应由粗糙，不反光的黑色材料构成。

2）照明光源要发平行光，照度要符合标准的规定。

3）能对氟油加温和恒温。

（3）加压装置　粗检和细检都需要对工件加压，要求该装置：

1）能对被检件抽真空和加压，加压能力不小于 6.2×10^5Pa；

2）液体加压罐与气体加压罐要分开使用。

（4）降压罐　用于抽真空气泡检漏，应能抽真空至压力不大于 5×10^3Pa，应有观察窗，能清晰观察冒出的气泡。

（5）检漏材料　除了氦气以外，还有氟油。氟油分低沸点氟油和高沸点氟油两种，标准中对它们的物理指标提出了要求，但不限定牌号，GJB 360A 推荐使用 F113（三氟三氯乙烷）和 FC43（全氟三丁胺），多数厂家使用的也是这两种。在抽真空检漏时，GJB 360A 规定用硅油，但 GJB 65A 又不允许使用硅油，所以密封继电器作抽真空检漏是使用无水乙醇的。氟油和乙醇的洁净度要好，使用时要经常过滤。

17.3　验收标准

需要检漏的试件形式多样，用途不一，密封要求也不一样。现代检漏的观点认为，任何工件都是允许泄漏的，不同的工件有不同的漏率要求。一般讲漏率要求都写在图样或技术条件中，很少写进标准之中。国外的某些标准有时会写进一些验收数据，但往往会加注一句“除另有规定外”。我们国家在等同引进这些标准改写成国标或国军标时，也包含了这些验收数据，但应注意，这些数据是在没有其他规定时才可使用的，也不是不可更改的。我们的设计人员更要注意，要按你设计产品的实际需要提出漏率要求，标准中的验收指标不一定适合你设计的产品。

检漏标准中有验收指标的很少。GB/T 15823，GJB 128A、GJB 360A、GJB 548A 中有验收指标，分别介绍如下。

17.3.1　氦泄漏检验　GB/T 15823—1995

1）正压检漏的验收指标规定为：漏率 $Q<1\times10^{-5}\text{Pa·m}^3/\text{s}$。

2）真空检漏的验收指标规定为：

喷吹法：漏率 $Q<1\times10^{-6}\text{Pa·m}^3/\text{s}$。

氦罩法：漏率 $Q<1\times10^{-7}\text{Pa·m}^3/\text{s}$。

17.3.2　电子元器件检漏标准

GJB 128A、GJB 360A、GJB 548A 是电子元器件标准。电子元器件检漏分为细检与粗检，两种检漏都合格，才能通过验收。

1. 细检漏的验收指标

在 GJB 128A、GJB 360A、GJB 548A 三个标准中，有多种细检漏方法，但几乎所有的单位使用的都是氦质谱检漏。在氦质谱检漏中又分为灵活法和固定法，灵活法的操作程序复杂但检测结果可靠，误差小；固定法操作程序简单但误差较大，在某些场合下，可能将不合格品判为合格，造成隐患。

灵活法的验收指标为：除非另有规定，如果内腔容积小于 0.01cm^3，器件的等效标准漏率超过 $5\times10^{-3}\text{Pa·cm}^3/\text{s}$，该器件就不能被接收；如果内腔容积大于 0.01cm^3，并等于或小于 0.4cm^3（GJB 128A 是 0.5cm^3），器件的等效标准漏率超过 $1\times10^{-2}\text{Pa·cm}^3/\text{s}$，该器件就不能被接收；如果内腔容积大于 0.4cm^3（GJB 128A 是 0.5cm^3），器件的等效标准漏率

超过 1×10^{-1}Pa·cm^3/s，该器件就不能被接收。

固定法的验收标准，实际是以灵活法的数据换算过来的，将加压压力，加压时间，侯检时间选定以后，按灵活法的验收指标即可算出不同体积对应的不同测量漏率 Q_R，它就是固定法的验收指标值。假如能将体积按 0.1cm^3，0.2 cm^3，0.3 cm^3，0.4 cm^3…1 cm^3，2 cm^3，3 cm^3，4 cm^3…，按顺序逐个排列起来，列成详细表格使用，是没有问题的。但国军标中只对体积分成大于 0.4cm^3 和小于 0.4cm^3 两档（GJB 128A 分为五档），尤其是大于 0.4 cm^3 的，后限无边，都用一个验收指标值，就会造成体积越大误差越大，测量漏率与等效标准漏率可相差两三个数量级，就很有可能将大漏率判小，把不合格品判成合格品。所以对漏率要求严或体积大的器件应慎用或不用固定法而改用灵活法较为可靠。如果一定要用固定法，建议自制一份分档很细的验收表格代替国军标中原有表格，即可消除这一隐患。美国人最近也注意到这一问题，1999 年他们在对美国军标 MIL-STD-883E（既 GJB 548A 的蓝本）的改版中，已将体积由两档改为五档。

GJB 128A 固定法的表 1071-5 最下面两档的 R1 拒收极限 5×10^{-1}Pa·cm^3/s 是错误的，改为 5×10^{-3}Pa·cm^3/s 就对了。

因为固定法的验收指标是以灵活法为依据的，所以标准中规定："如果详细规范中所规定的最大标准漏率极限值小于本标准灵活法规定的极限值时，不得采用固定法。"所以固定法是不可滥用的。

在标准的最后一章指出，订货方在订货合同中可以提出新的漏率指标，可选择标准中的任何一种检漏方法，检漏人员必须按合同执行。

GJB 548A 细检中还规定，封装前的半成品作真空氦质谱检漏时，它的验收指标为：若无其它规定，如果测量漏率 Q_R 超过 1×10^{-3}Pa·cm^3/s（氦），则器件应视为失效。

其他的细检方法（如放射性同位素法，光学法等），在我国实际上无人使用，它的验收问题在此也就不讨论了。

2. 粗检漏的验收指标

在 GJB 128A、GJB 360A、GJB 548A 三个标准中，有多种粗检漏方法，但各单位常用的也就是两三种，用得最多的是氟油加压高温液体法（即先用 F113 对器件加压，再放入高温氟油中看冒泡），其次是负压气泡法，也有使用氟油高温液体法（即对器件不作任何处理，直接放入高温氟油中看冒泡）的。这三种方法都属于气泡检漏。标准规定，只要发现器件有成串气泡冒出或在一处有连续两个大的气泡冒出，则判为不合格。

元器件粗检漏的主要目的是检查有无大漏，因为在氦质谱背压细检漏时，器件的较小漏率与较大漏率在检漏仪上的电量显示是同一个值，而且是一个较小的值，如果这个值对应的是小漏孔就合格，是大漏孔肯定不合格。即一个仪器显示值对应两个可能的解，要想确定器件到底是大漏还是小漏，必须通过粗检漏，若粗检漏没有发现漏，则器件是小漏，判为合格；否则器件属大漏，应判不合格。所以对粗检漏，不要求得出具体漏率值，只看结果就行。至于粗检漏方法的灵敏度能否与细检漏相互衔接，前面讲方法时已谈到，不属验收指标的问题。

在验收时，有些问题应注意：首先要注意检漏时所用的氟油应洁净无杂质，第二检漏现场的光线应充足，第三器件距液面有足够的距离。这些要求在标准中都有明确的规定。

粗检漏的其他方法（如放射性同位素检漏，称重法检漏，光学检漏，氟碳气检漏等），虽然标准中有，但由于种种原因，基本无人使用。这些方法的验收问题，在此不作介绍。

复　习　题

1．密闭电子元器件细检漏常用方法有哪几种？

2．密闭电子元器件粗检漏常用方法有哪几种？

3．密闭电子元器件检漏前用氦气加压时，卸压时间为什么不能太短？

4．GJB 548A—1996 中器件作氟油气泡检漏时为什么有 C_1、C_2 两种方法？

5．国军标中对元器件检漏使用的氟油洁净度有何要求，为什么？

6．对于内腔已经预埋氦气的元器件，氦质谱背压检漏以后还需要作粗检漏吗，为什么？

7．电子元器件细检漏与粗检漏的顺序应如何安排？

8．国军标中对元器件检漏规定的压力是绝压还是表压？

9．正压检漏时使用什么标准漏孔测漏率？

10．气泡检漏可以测量漏率数值吗？

11．卤素检漏可以用于真空容器检漏吗？

12．GJB 548A—1996 中检漏的漏率拒收指标是唯一的、不可更改的吗？

13．元器件做氦质谱背压检漏时，直接使用测量漏率 Q_{R1} 按图样规定的允许漏率验收产品，是否为固定法检漏，为什么？

14．集成电路做氦质谱背压检漏时，直接使用测量漏率 Q_{R1} 按 GJB 548A—1996 中灵活法的允许漏率验收产品，对不对，为什么？

15．在订货合同中写“密封检漏按 GJB 548A—1996 进行验收”的提法是否合适，为什么？

16．GB/T 15823 正压检漏的验收指标规定为多少？

17．GB/T 15823 真空检漏的喷吹法验收指标规定为多少？

18．GB/T 15823 真空检漏的氦罩法验收指标规定为多少？

19．GJB 128A—1997 和 GJB 548A—1996 中规定元器件做氦质谱背压检漏时，在什么情况下不能使用固定法验收产品？

20．GJB 360A—1996 中规定元器件做氦质谱背压检漏时，在什么情况下不能使用固定法验收产品？它的规定对不对？

21．GJB 548A 规定，封装前的半成品作真空氦质谱检漏时，它的拒收指标为多少？

第 18 章　检漏工艺规程（工艺卡）的编写

18.1　编写内容

检漏工艺规程和检漏工艺卡都是指导无损检测工作实施的技术文件。由于各单位关于质量控制体系的不同，并没有统一的模式，因此在检漏工艺规程和检漏工艺卡的编制、使用和管理上也就各不相同。

检漏工艺规程是对某种被检件进行检漏时写明详细要求的工艺技术文件，检漏工艺卡是对具体被检件下达检测任务时使用的具体作业文件。

检漏工艺规程和检漏工艺卡的编制应该按照 GJB 9712—2002 的要求，由具有泄漏检测Ⅱ级及Ⅲ级人员编写，并经泄漏检测Ⅲ级人员审核和批准。没有获得相应资格的人员，不能从事检漏工艺规程的编写、审核和批准工作。

18.1.1　检漏工艺规程的编写

检漏工艺规程按照验收的技术条件及相关标准编写，至少应该包括工艺说明、仪器与设备、工艺装备与工具、材料、试件准备、检漏仪（系统）调试、检漏实施、验收准则、后处理等内容。

1. 工艺说明

编写好的工艺说明应该放在工艺规程的前面。

工艺说明中应该对被检工件的相关情况作比较详细的介绍，以便检漏人员心中有数，有利于检漏工作的顺利进行。

（1）介绍被检漏工件的图号、名称、材质　被检件的图号与名称必须清楚，许多被检件的名称都是一样的，无法区分，必须有完全清楚的图号，才能避免发生错误。

（2）画出检漏示意图，介绍相关的技术文件、标准、允许漏率指标　检漏示意图是非常必要的，检漏人员可以通过检漏示意图了解被检件的基本情况，清楚需要检漏的部位，容易使人尽快建立一个比较清楚的感性认识。检漏示意图不是将正式图样照抄一遍，画出主要轮廓即可，但是必须清楚地标明需要检漏的部位。

通过介绍相关的技术要求、标准和漏率指标，使检漏人员对被检件的技术要求有一个清楚的了解，这是必不可少的。

（3）提出对检漏仪和检漏系统的灵敏度指标　每一个被检件都有漏率指标要求，因此检漏中使用的检漏仪和检漏系统必须达到一定的灵敏度，才能满足检漏的要求。

在此应该严格区分检漏仪的灵敏度（既检漏仪的最小可检漏率 Q_{min}）和检漏系统的灵敏度（既检漏系统的有效最小可检漏率 Q_e）。氦质谱检漏仪的最小可检漏率 Q_{min} 是将仪器调到最佳工作状态，纯示漏气体通过漏孔时，检漏仪所能检出的最小（1 倍噪声）

漏率。它是氦质谱检漏仪自身的重要性能指标。

$$Q_{\min} = \frac{I_n}{I_0} Q_0$$

有效最小可检漏率 Q_e 是将仪器及其外部检漏系统调到具体工作状态（允许有辅助泵的分流），当示漏气体通过被检件上的漏孔时，示漏气体进入检漏仪，在此情况下所能检出的最小（1 倍噪声）漏率。与检漏仪的最小可检漏率 $Q_{\min}$ 不是一个概念，而有效最小可检漏率 Q_e 才是我们工作中需要应用的指标。所谓有效最小可检漏率，就是在检漏时，被检件上虽然有泄漏，但是漏率小于有效最小可检漏率 Q_e 的数值时，检漏仪就没有漏率显示了，既检测不出来了。

一般情况下，检漏系统的有效最小可检漏率 Q_e 都要大于检漏仪的最小可检漏率 $Q_{\min}$，也就是说，检漏仪的灵敏度比较高，检漏系统的灵敏度比较低。所以不能使用检漏仪的灵敏度来判断能否满足被检件检漏灵敏度的需要，而应该使用检漏系统的灵敏度（既检漏系统的有效最小可检漏率 Q_e）来判断能否满足被检件检漏灵敏度的需要。

按检漏标准规定，有效最小可检漏率 Q_e 应该小于被检件的允许漏率指标，要求小于被检件的允许漏率指标的 1/5 到 1/10。

（4）提出安全注意事项　检漏过程中，可能出现许多不安全的因素，没有必要全面叙述。但是对于该被检件检漏过程容易出现的不安全因素，必须作一些必要的说明。

在充压检漏和抽真空检漏中可能出现爆破的危险。在被检压力系统中，由于被检件存在某些缺欠，或者充压压力过高，都有可能产生爆破的危险。当被检压力容器的体积很大、试验压力很高、材料很硬很脆时，试验中出现危险的可能性就越大，造成的伤害就越严重。用气体加压的容器中所储存的总能量是压力和体积的函数。因此，大体积低压力的容器可能与小体积高压力的容器含有相同的储存能量，因此它们都存在同样大小的危险。被检容器由脆性材料制造时，破坏造成的危害要大于塑性材料。在抽真空检漏试验中，也存在容器破坏的危险。容器被抽真空以后，每平方米面积上的大气压力大约有 10t，假如其强度不够，就会破坏。若不注意防范，容器周围的人员也可能受到伤害。为了确保检漏期间的安全，必须提醒检漏人员注意预防这些危险，容器充压之前必须经过液压强度考核，充压压力一定不能超过规定，并且小心地加以控制。

当使用乙醇（酒精）作气泡检漏时，要特别提醒检漏人员注意防火问题。

要根据具体的被检件技术要求和检漏条件，有侧重点地提出一些不安全因素，提醒检漏人员注意预防这些危险。

（5）提出对检漏人员的资质要求　从事检漏的人员应按照 GJB 9712—2002 的规定参加无损检测（检漏专业）培训，通过考核与认证并取得国防科技工业无损检测人员鉴认委颁发的Ⅰ级或Ⅰ级以上资格证书。没有取得相应资格证书的人员不得从事产品的检漏工作。

2. 仪器与设备

编写为一张表格，放在工艺规程的前面。

（1）提出所需的检漏仪器　根据检漏的需要，使用不同的检漏仪，如氦质谱检漏仪、卤素检漏仪、压力变化检漏仪等。

（2）提出所需的配套仪表　根据检漏的需要，使用不同的真空表、真空计、压力表、压力计等。

（3）提出所需的配套设备　根据检漏的需要，使用不同的真空泵和加压泵，如机械真空泵、扩散泵、涡轮分子泵等。

3. 工艺装备及工具

编写为一张表格，放在工艺规程的前面。

（1）工艺装备　不同的被检件检漏时，需要配置不同的工艺装备，如检漏堵盖、检漏管路、检漏控制台、真空平台等。有些工艺装备是通用的，有些则是专用的。

（2）工具　检漏过程所需要的各种工具，都应该编写进去。

4. 提出所需的辅助消耗材料

检漏过程需要使用的各种辅助消耗材料，如酒精、汽油、丙酮、真空泵油、真空封泥、氮气、氦气等，编写为一张表格，放在工艺规程的前面。

5. 试件准备

（1）试件外观检查　检漏人员从上一工序接收被检件以后，准备开展检漏工作之前，一定要对被检件作详细的外观检查。察看被检件是否完好无损、是否与图样相符、是否存在变形、碰伤、划伤等不应该存在的缺陷，并在相关文件上做记录。当存在影响检漏的各种缺陷时，应该将试件退还上一工序。

（2）清洗试件　清洗与烘干是检漏前的预备工作，一定要特别重视，被检件在检漏前表面沾附的水、油及其他杂质有可能堵塞漏孔，若不清洗疏通，检漏时可能漏检。所以，检漏之前必须安排这一工序。清洗方法要根据被检件的表面状态、材料、污染程度来决定，一般对被检测部位要作溶剂除油清洗，常用汽油、丙酮、四氯化碳等擦洗，再用无水乙醇擦净。清洗用材料不应反复使用，否则其中的污物会造成二次污染。

（3）烘干疏通漏孔　清洗完毕以后，一定要进行烘干。要提醒操作人员注意，烘干炉内腔要干净无粉尘，烘干过程中应有排风扇将烘出的气体排出烘炉。烘干的温度和时间要按图纸规定。

（4）在试件上安装检漏工艺装备及标准漏孔等，并与检漏系统连接　要提醒检漏人员注意，在使用工艺装备时，必须注意选择，专用工艺装备，使用时比较方便，也比较可靠。但是对通用的工艺装备，使用在充压被检件上和使用在抽真空被检件上时，它们的密封要求是不一样的，一般的讲，使用在抽真空被检件上时，要求更高一些。管路的连接接头，使用在充压被检件上和使用在抽真空被检件上的形式是不一样的，因为抽真空时，管路承受的是一个大气压的负压力，接头处没有限位装置，工作时也不会被拉开；但是在充压被检件上就不一样了，管路承受的是若干大气压的正压力，接头处没有限位装置，系统充压以后，接头就有可能被拉开，非常危险，一定不能滥用。工艺装备中有许多橡胶密封件，容易变形，导致密封性能下降，要提醒检漏人员注意经常更换。

对于体积比较大的被检件，要在其上安装定量用的标准漏孔。标准漏孔安装在有合适接头的法兰盘堵盖上。

工艺规程应该写明被检件与检漏系统如何连接，以及使用什么管路、阀门等详细内容。

6. 检漏仪及检漏系统的调试

（1）调试检漏仪，测量检漏仪的最小可检漏率　在使用各种检漏仪对被检件作检漏前，都要对检漏仪的灵敏度进行检测，一般检测其最小可检漏率值。通过测量检漏仪的最小可检漏率，可以了解检漏仪自身的状态，假如检漏仪的灵敏度很差，就必须查找原因，排除故障。

（2）调试检漏系统，测量检漏系统的有效最小可检漏率　检测检漏仪的最小可检漏率，只能说明检漏仪自身的灵敏度好坏，当检漏仪连接在检漏系统中，它的有效灵敏度就要降低，是否能满足被检件的需要，还必须进行检测。一般是借助一支已知漏率的标准漏孔，将它装在被检件上，模拟检漏状态，检测系统的有效最小可检漏率，若能满足被检件需要，该检漏系统可以应用于检漏。否则，要更换灵敏度更高的检漏仪或更改检漏方法。

7. 检漏实施

被检件经过清洗烘干，检漏系统的有效最小可检漏率也符合检漏要求以后，就要对试件的检漏程序作出详细说明。

1）说明检漏技术和检漏方法。被检件对象不同，使用的检漏技术和检漏方法也可能不同，比较复杂的被检件，使用什么检漏方法，往往是经过详细研究以后确定下来的，在工艺规程里一定要讲清楚。

2）指明检漏部位及检漏程序。

3）按工序安排每一部位的具体检漏程序，找出漏点，记录检漏仪的反应值。

4）给出单孔漏率及总漏率的计算方法。通过检漏，可以从检漏仪上获得各个漏点的反应值（既测量漏率），被检件的真实漏率，还必须与标准漏孔的反应值比对计算才能得到。当比对条件不一致时，还要对漏率数据进行修正，在工艺规程中，应该写清楚单孔漏率及总漏率的计算方法。

8. 验收准则

工艺规程中最后必须按照技术文件和标准的规定，写明下列相关内容。

1）列出表格，做好各项原始记录。

2）确定试件实际漏率的判定方法或者计算方法。

3）记录所有漏点位置。应该要求在有关文件中详细记录，还应该在被检工件上标出漏点的具体位置。

4）按图样技术文件相关标准判定试件检漏是否合格。

9. 后处理

1）分解试件上的各种工装。

2）清洗试件。

3）包封试件并妥善保管。

4）关闭检漏仪和其他设备。

5）整理现场打扫卫生。

18.1.2　检漏工艺卡的编写

检漏工艺卡是对具体被检件下达检测任务时使用的具体作业文件。根据相关技术文件、检漏工艺规程编写。它只对某一（或某一批）被检件适用。它的主要内容应该包括检漏对象介绍、检漏方法、检漏所需条件、检漏程序、检漏记录内容、漏率计算方法、试验报告内容等。

（1）检漏对象介绍　内容包括被检件图号、被检件序号、检漏技术要求、单点允许漏率、总体允许漏率、检漏部位以及被检件外形示意图等。

（2）检漏方法　内容包括规定的检漏方法、适用标准、检漏系统示意图等。

（3）检漏所需条件　内容包括检漏仪型号、检漏系统有效最小可检漏率、检漏工艺装备、检漏器材等

（4）检漏程序　简明扼要地写明从头至尾的全部程序。

（5）检漏记录内容　写明检漏过程中必须记录的各种原始数据及相关问题。

（6）漏率计算方法　写明被检件真实漏率的计算方法和计算公式。

（7）试验报告内容　写明签发检测报告时必须填写的相关内容。

18.2　工艺规程及工艺卡的格式

1. 工艺规程的格式

工艺规程的格式，各个单位都有自己的方案，不能强求一致，只要内容全面完整、能够指导检漏工作正确进行即可。

2. 工艺卡的格式

同工艺规程的格式一样，各个单位都有自己的方案，也不能强求一致。为了配合第18.1节的讲解，表18-1给出了一份工艺卡的具体格式，仅供参考。

18-1　泄漏检测工艺卡

一、检测对象介绍	
被检件图号： 被检件序号： 检测部位： 检测技术要求： 单点允许漏率： 总体允许漏率：	被检件外形图
二、检测方法	
1. 方法 2. 适用标准	检测系统示意图

（续）

<table>
<tr><td colspan="2">三、检测所需条件</td></tr>
<tr><td>1．检漏仪型号
2．检测系统最小可检漏率要求
3．检测工艺装备
4．检测器材</td><td></td></tr>
<tr><td colspan="2">四、检测程序</td></tr>
<tr><td colspan="2"></td></tr>
<tr><td colspan="2">五、检测记录内容</td></tr>
<tr><td colspan="2"></td></tr>
<tr><td colspan="2">六、数据处理、漏率计算方法和公式</td></tr>
<tr><td colspan="2"></td></tr>
<tr><td colspan="2">七、试验报告内容</td></tr>
<tr><td colspan="2"></td></tr>
<tr><td colspan="2">八、人员资格要求</td></tr>
<tr><td colspan="2"></td></tr>
<tr><td colspan="2">九、附加说明</td></tr>
<tr><td colspan="2"></td></tr>
</table>

参考文献

1 达道安主编．真空设计手册．第3版．北京：国防工业出版社，2004

2 达道安主编．空间真空技术．北京：中国宇航出版社，1995

3 Robert C McMaster. Nondestructive Testing Handbook. Secondedition. Leak testing. ASNT and ASM，1982，1

4 Charles N，Jackson and Charles N Sherlock. Nondestructive Testing Handbook Third Edition， ASNT. 1998，1

5 Charles D Ehrlich and JamesA. Basford"Recommended Practicesfor the Calibration and use of leaks". J. Vac SciTechn01. A，1992，10（1）：Jan / Feb P1～17

6 肖祥正，闫荣鑫，陈光锋等．常压检漏的多种示漏气体分析仪的研制．真空与低温，1999，15（1）：1

7 张启亮，查良镇，李明蓬等．正压氦质谱检漏灵敏度的校准和微流量的测量．真空，1996（2）：4

8 张涤新等．正压漏孔校准．真空与低温，1998，4（4）：204～209

9 肖祥正．大容器检漏的有效方法．真空与低温，1983（2）：1～4

10 肖祥正，闫荣鑫等．运载火箭三子级燃料箱体快速检漏技术研究．环模技术，1995（4）：17～23

11 肖祥正．环境温度变化对静态压降法总漏率测试的影响．真空与低温．2002（3）：154～156